楊衛民　著

聚合物3D列印與3D影印技術

崧燁文化

智　慧　製　造

目錄

目錄

目錄

序

　　本書內容都力求原創，以網路化、智慧化技術為核心，匯集了許多前沿科技，反映了國內外最新的一些技術成果。這些圖書中，包含了諸多獲得科技獎勵的新技術，圖書的出版對新技術的推廣應用很有幫助！這些內容不僅為技術人員解決實際問題，也為研究提供新方向、拓展新思路。

　　其次，本書各分冊在介紹相應專業領域的新技術、新理論和新方法的同時，優先介紹有應用前景的新技術及其推廣應用的範例，以促進優秀科研成果向產業的轉化。

　　本書由控制工程專家孫優賢院士領頭並擔任編委會主任，吳澄、王天然、鄭南寧等多位院士參與策劃，具有高學術水準與編寫品質。

　　相信本書出版可以有效促進智慧製造技術的研發和創新，推動裝備製造業的技術轉型和升級，提高產品的設計能力和技術水準，從而多方提升製造業的核心競爭力。

序

前言

3D 列印技術最開始被叫做快速成型技術，誕生於 1980 年代後期，是基於材料堆積法的一種高科技製造技術。「3D 列印」的概念被提出後，使得人們重新認識快速成型技術。多學科跨領域知識的普及，也使得快速成型技術得到飛速發展。借鑒這樣一個成功的範例，我們在模塑成型的基礎上提出了「3D 影印」的概念。基於目標產品的虛擬設計或 3D 掃描建模、模具結構智慧規劃 3D 列印、智慧化射出模塑成型集成創新發展起來的「3D 影印」技術可望成為現代製造業智慧化發展的新趨勢，有著廣闊的應用前景。

3D 影印技術最早可追溯到青銅器時代，甚至比平面紙本印刷出現得還要早。早在 3000 多年前，人類就開始使用模具製造青銅立人、四羊方尊、後母戊鼎等大型青銅作品。北宋時畢昇發明活字印刷術，雕版印刷「泥活字」，先製成單字的陽文反體字模，然後按照稿件把單字挑選出來，排列在字盤內，塗墨印刷，印完後再將字模拆出，留待下次排印時再次使用。進入 20 世紀以來，隨著製造業和經濟水準的飛速發展，模塑成型以其成型效率高、產品品質好等優勢成為製造業最重要的加工方法之一。

本書圍繞聚合物 3D 列印與 3D 影印智慧製造技術的主題，通過對 3D 列印和 3D 影印的類比介紹，集成聚合物精密射出模塑成型和熔體微分 3D 列印技術應用基礎研究成果，結合智慧製造的重大需求和背景知識，創新提出並初步探索 3D 列印／影印智慧製造的核心原理和技術路線，探討了 3 個關鍵環節的科學技術問題和解決方案。全書共 6 章：第 1 章主要介紹 3D 列印與 3D 影印的概念、意義和核心原理等基礎知識；第 2 章主要介紹聚合物 3D 列印與 3D 影印工藝；第 3 章和第 4 章分別介紹幾種典型的聚合物 3D 列印機和 3D 影印機；第 5 章對聚合物 3D 影印用材料及其製品缺陷產生機制和解決辦法進行了闡述；第 6 章對聚合物 3D 影印技術的未來進行了展望和暢想，重點介紹了幾種切實可行的發展方向。

前言

本書內容參閱了國際公開發表的研究論文和技術資料，其中也包括筆者和同事們近年來在該研究領域所取得的一些研究成果，目的是幫助廣大讀者比較系統全面地瞭解該領域的理論發展與技術進步，並且以影印的觀念重新認識模塑成型技術，希望能夠推動聚合物模塑成型技術的快速發展。對本書原創成果有重要貢獻的團隊老師有楊衛民、關昌峰、張有忱、謝鵬程、焦志偉、丁玉梅、閻華、何雪濤、安瑛、譚晶等，直接以本書內容為研究課題的博士研究生有鑒冉冉、遲百宏、王建、張攀攀等，碩士研究生有解利楊、劉豐豐、劉曉軍、嚴志雲、杜彬、李月林等。此外參與本書整理工作的學生還有胡力、張玉麗等。

筆者在本書著述過程中反覆斟酌，數易其稿，系統深入介紹聚合物 3D 列印與 3D 影印創新知識，特別注意了兼顧學術參考和工業應用兩方面的需要，但是因水準所限，書中不足之處在所難免，還請讀者批評指正。

楊衛民

第 1 章

緒論

　　隨著社會的不斷發展，聚合物在各領域的應用比重逐年提高，甚至表現出比金屬材料更優異的性能，不僅可以達到金屬材料的強度剛度要求，還可以通過添加助劑使其具有阻燃、導電、抗氧化等特性以滿足特定場合的使用要求，在某些領域已經代替鋼鐵等金屬材料。而聚合物加工成型與先進製造技術也取得了長足的發展，正朝著更加精密、更加節能、更加高效的方向發展。

　　聚合物 3D 列印技術是一種先進製造技術，它為材料到結構提供了一種新的製造方法，是一種「從無到有」的增材製造方法，突破了傳統製造技術在形狀複雜性產品製造方面的技術瓶頸，能快速製造出傳統工藝難以加工，甚至無法加工的複雜形狀及結構特徵。但是，目前由於其設備和材料成本高昂，製品精確度和強度較低，應用範圍受到很大限制。此外，由於「3D 列印」是以逐層堆積的方式構造產品，成型效率相對較低。

　　在聚合物模塑成型技術基礎上發展起來的聚合物「3D 影印技術」，對 3D 實體進行精確複製，將熔融的聚合物注入特定模腔進行冷卻固化成型，是一種「從一到多」的等材製造方法。聚合物「3D 影印」技術是將注塑成型裝備作為「3D 影印機」，以 3D 列印模具為方法，實現複雜結構特徵塑膠製品的 3D 立體複製，生產過程高度自動化、效率高、速度快、製品精確度高。「3D 影印機」與傳統的紙本影印機一樣，能夠實現樣本的快速、高精確度、大量複製。而影印的價值就在於「低成本、高效率」，因此 3D 影印技術具有廣闊的應用前景，能夠滿足日益迫切的市場需求。3D 影印工藝大致分為三個階段：製品實體掃描或原型建構、模具設計與列印、模塑成型。無論是高精確度產品製造還是大量生產，「3D 影印」技術都有著其他技術無可比擬的優勢。

1.1　3D 列印概論

　　隨著新型工業化、資訊化、城鎮化的同步推進，居民消費潛力不斷釋放，客戶需求日趨多樣化和個性化，產品更新速度加快、生產週期變短、品質要求越來越高、成本越來越低。多品種、小量生產模式已成為企業現代經濟的一種模式 [1-3]。而個人化、小量的高分子醫用產品、航空航太配件、文化創意製品等需求的快速發展，又使研發及設計樣品製造需求不斷擴大，因此

一種滿足小量快速加工的塑膠成型方法成為研究熱點。

　　3D 列印技術是先進製造技術中的重要研究領域，它的優點在於可製備複雜曲面製品、近形成形、數位化設計與製造等 [4]。經過 30 多年的發展，3D 列印技術從概念、工藝及設備研發向行業應用迅速轉移，給傳統製造業及智慧製造發展趨勢帶來深刻影響。根據加工材料的類型與方式進行分類，又可分為金屬 3D 列印、聚合物 3D 列印、生物材料 3D 列印等。

　　我們平常使用的普通列印是用於列印機輸出的平面物品，但是實際上，3D 列印與普通列印的工作原理基本相似。普通列印是將墨水噴塗在紙張上，而 3D 列印則是利用金屬、塑膠等材料累積疊加成 3D 立體圖形，將電腦建立的模型以實物的形式展現出來。

　　與傳統加工方式相比，3D 列印技術的生產成本與製品的複雜程度無關，只與用料多少及用料成本有關，從一定程度上，能夠降低製造成本。

　　3D 列印技術可以直接成型整個部件，無需組裝，並且大大擴展了所加工製品形狀的範圍。3D 列印因具有的這些優勢，在未來會逐漸滲透到人們的生活中，得到越來越廣泛的應用。

1.1.1　3D 列印的工作原理

　　3D 列 印 技 術（3D Printing） 又 被 稱 為 增 材 製 造 技 術（additive manufacturing）、快速成型技術（rapid prototyping）。ASTM 國際標準組織 F42 增材製造技術委員會對其原理的定義為：「根據 3D 模型數據，通過逐層堆積材料的方式進行加工，有別於減材製造方法，通常通過噴頭、噴嘴或其他列印技術進行材料堆積的一種製品加工方法。」[5] 它與普通列印工作原理基本相同，列印機內裝有液體或粉末等「列印材料」，與電腦連接後，通過電腦控制把「列印材料」一點點疊加起來，最終把電腦上的藍圖變成實物。

　　3D 列印材料、3D 列印機、設計好的 3D 模型圖是 3D 列印的必備條件。3D 列印材料就如同普通噴墨列印機的「A4 紙」和「墨水」，想列印不同種類，只需根據自身需求，結合實際情況選擇相應的 3D 列印材料就可列印出最終作品。要提到的一點是，如果選擇金屬類材料，需選擇與之對應的金屬 3D 列印。

3D 列印基本的加工流程可分為 5 個步驟，如圖 1-1 所示。

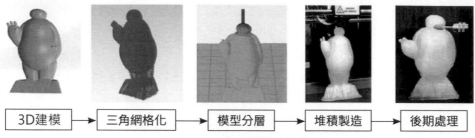

3D建模　→　三角網格化　→　模型分層　→　堆積製造　→　後期處理

▲ 圖 1-1 3D 列印基本流程

① 3D 建模運：用 3D 軟體建構 3D 曲面或實體模型，可使用的軟體包括 NX、Pro/E、SolidWorks 等工程類軟體，Rhinos、Maya、3ds Max 等複雜曲面建模軟體等。

② 三角網格化（STL）：STL 文件是一種數位化網格文件，能夠描述 3D 物體的幾何資訊。在 3D 軟體中可通過設置弦高的方式提高模型精確度，並導出模型的數位文件。

③ 模型分層將：STL 文件轉到 3D 列印軟體進行模型分層和工藝設定。不同類型的 3D 列印設備具有不同的工藝設定軟體，如開源 3D 桌面列印機的 Cura、Simplify、Makerware 軟體等；對於工業級 3D 列印機，其軟體與設備合成，開源軟體較少。在軟體中對數位模型進行切片分層、路徑規劃，並對列印速度、填充率、溫度、壓力等參數進行設定，最終生成 3D 列印設備可識別的語句，如 Gcode 切片文件。

④ 堆積製造：不同類型的 3D 列印機有不同的列印準備流程，與耗材及工藝相關，但均採用逐層堆積的方式進行加工，這樣將複雜的物理實體轉化為 2D 片層加工，降低了加工難度，而且產品的結構複雜程度對加工工藝無影響。

⑤ 後期處理：在列印完成後，為保證製品的表面精確度及其他性能，需進行一系列後處理，如清除支撐結構、清洗殘餘粉末及樹脂等；或者在丙酮蒸氣裡進行表面光滑處理，以及為提高製品力學性能，用紫外線進行照射等處理方法。

1.1.2　3D 列印發展歷程

　　3D 列印的想法起源於 19 世紀末美國的一項分層構造地貌地形圖的專利。1984 年，Hull 捷出快速成型的概念，真正確立則是以美國麻省理工學院的 Scans E.M 和 Cima M.J 等在 1991 年申報關於 3D 列印專利為標誌。近三十年來，3D 列印技術得到了迅速發展，其發展歷程如圖 1-2 所示。2005 年，Zcrop 公司成功研製出首台高清彩色 3D 列印機 —— Spectrum Z510。2010 年 11 月，第一輛 3D 列印的汽車 Urbee 由美國 Jim Kor 團隊打造出來。之後，更是出現 3D 列印金屬槍 / 飛機等。

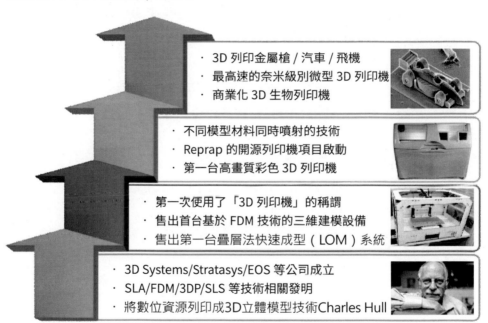

· 3D 列印金屬槍 / 汽車 / 飛機
· 最高速的奈米級別微型 3D 列印機
· 商業化 3D 生物列印機

· 不同模型材料同時噴射的技術
· Reprap 的開源列印機項目啟動
· 第一台高畫質彩色 3D 列印機

· 第一次使用了「3D 列印機」的稱謂
· 售出首台基於 FDM 技術的三維建模設備
· 售出第一台疊層法快速成型（LOM）系統

· 3D Systems/Stratasys/EOS 等公司成立
· SLA/FDM/3DP/SLS 等技術相關發明
· 將數位資源列印成3D立體模型技術Charles Hull

▲ 圖 1-2 3D 列印發展歷程

　　3D 列印工藝主要分為 7 大類 [6]：材料擠製成型（material extrusion）、材料噴塗成型（material jetting）、黏著劑噴塗成型（binder jetting）、疊層製造成型（sheet lamination）、光固化成型（vat photopolymerization）、粉體熔化成型（power bed fusion）、指向性能量沉積成型（direction energy deposition）。每大類包含眾多分類，成型工藝稍有區別。

　　常用於聚合物且已得到廣泛應用的 3D 列印工藝有：絲材熔融沉積成型（fused deposition modeling, FDM）、選擇性雷射燒結成型（selective laser sintering, SLS)、液態樹脂光固化成型（stereo lithography apparatus, SLA)、薄材分層實體製造（laminated objected manufacturing, LOM)、3D 印刷（three dimension printing, 3DP)、微滴噴塗成型（micro-dropletjetting, MDJ)。這 6 種列印工藝各有優缺點，根據耗材的不同或其 3D 列印設備的價格來選擇不同的成型工藝，將在後續章節進行詳細介紹。

1.1.3　3D 列印在聚合物加工成型中的應用

根據 Wohlers 2015 研究報告 [6]，3D 列印技術應用日趨廣泛，2014 年非金屬列印機銷售 13393 台，其中用於聚合物加工的設備占 90% 以上。

基於聚合物的 3D 列印製品主要應用於模型製品及結構功能製品，主要分布在：① 視覺教具，應用於工程、設計及醫學教學領域；② 展示模型，應用於建築及創新設計展示領域；③ 結構器件，應用於臨時裝配、組裝的機械結構領域；④ 鑄造模具，應用於小量翻模或鑄造陽模等領域；⑤ 功能製品，具有特殊用途的相關製品領域。

研究人員在聚合物 3D 列印製品應用領域進行了大量的嘗試，並針對其特殊應用對 3D 列印工藝進行優化，拓寬了 3D 列印的應用範圍。

1.2　3D 影印概論

3D 影印技術是相較於 3D 列印技術而提出的概念，顧名思義，是指大量複製 3D 實體的技術。狹義上講，即聚合物模塑成型技術，包括注塑、吹塑、滾塑等；廣義上講，所有依靠「模子」來重複成型製品的技術均屬於 3D 影印的範疇，例如，金屬鑄造、金屬壓鑄、沖壓等金屬加工技術。

3D 影印工藝分為三個階段：製品實體掃描或原型建構、模具設計與製造、模塑成型。製品實體掃描是指以實物化為導向，對實體進行 3D 數據採集，導入電腦系統；製品原型製作是指以數位化為導向，通過 3D 製圖軟體進行製品設計和模擬仿真軟體進行製品優化，形成 3D 數據。

模具是 3D 影印技術的核心部件。它的作用是控制和限制材料（固態或液態）的流動，使之形成所需要的形體。模具因其具有效率高、產品品質好、

材料消耗低、生產成本低的特點而廣泛應用於製造業中。在電子、汽車、電機、電器、儀錶、家電和通訊等產品中，60%~80% 的零部件都依靠模具成形。模具品質的高低決定著產品品質的高低，因此，模具被稱為「工業之母」。模具又是「效益放大器」，用模具生產的最終產品的價值，往往是模具自身價值的幾十倍，甚至上百倍。

傳統的模具製造主要通過機械加工的方式，成型週期較長。而在 3D 影印工藝中，可通過 3D 列印模具或模仁的方式，縮短成型週期。3D 列印模具主要分為塑膠模具和金屬模具，首先列印塑膠模具進行試模修模等，然後列印金屬模具進行最終製品的成型和複製。

進入 20 世紀以來，隨著製造業和經濟水準的飛速發展，模塑成型以其成型效率高、產品品質好等優勢成為製造業最重要的加工方法之一（圖 1-3）。而模具生產的工藝水準及科技含量的高低，已成為衡量一個國家科技與產品製造水準的重要標誌，它在很大程度上決定著產品的品質、效益、新產品的開發能力，決定著一個國家製造業的國際競爭力。

▲ 圖 1-3 3D 影印技術

1.2.1　3D 影印的工作原理

　　3D 影印的基本原理（圖 1-4）是根據 3D 實體的結構輪廓、形狀特徵等資訊製作模具模穴，然後在模具模穴內注入材料，在外力或材料自身相態變化的作用下，複製成型。在此加工過程中，不同的材料需要分別加以控制，使其達到所需要的加工溫度，而後按預先設定好的工藝流程，注入模具中，最後冷卻固化得到所需要的製品。

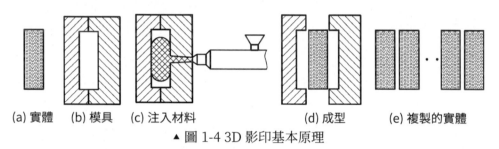

(a) 實體　　(b) 模具　　(c) 注入材料　　　　　　　(d) 成型　　　　(e) 複製的實體

▲ 圖 1-4 3D 影印基本原理

　　3D 影印成型加工有許多種基本方式。這裡主要介紹兩種：一種是注塑技術及其衍生技術；另一種是滾塑成型技術。

(1) 注塑技術及其衍生技術

　　射出成型技術（簡稱注塑技術），是將加熱熔融的聚合物材料射出到模具模穴內，經冷卻固化而得到成型製品的技術，它是塑膠製品加工成型最重要的工藝方法之一，也是 3D 影印技術最基本、應用最廣泛的形式之一 [7]。

　　射出成型是一個週期性往復循環的過程，從射出成型機（簡稱注塑機）單元操作來看，其動作分為塑化、射出、充模、保壓、冷卻、脫模等階段，其工作過程循環週期如圖 1-5 所示。循環由模具閉合開始，熔體注射進入模穴；模穴充滿後會繼續保持壓力以補充物料收縮，稱為保壓；在物料冷卻過程開始時，螺桿開始轉動，在螺桿前端儲料用於下一次射出；待製品充分冷卻後，開模，頂出製品。完成一次循環的時間稱為成型週期，它是關係生產率和設備使用率的重要指標。

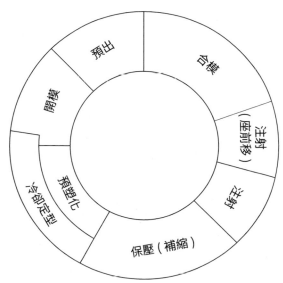

▲ 圖 1-5 注塑機工作過程循環週期

① 模具的閉合與鎖緊：注塑機的影印過程從模具閉合開始，動模板首先以高速向定模板移動，在二者快要接觸時，動模板改以低速壓緊，待動定模板之間的壓力達到所需值之後，信號反饋給控制系統，進行下一動作。

② 射出座前移、射出及保壓：射出系統接到控制系統的信號後，開始慢慢地向模具系統移動，直到和模具貼合。螺桿在注塑油缸驅動下快速前移，以一定壓力和速度將熔料注入模具中。但是，由於低溫模具的冷卻作用，注入模具中的熔料，隨著時間的推移會發生收縮，為了補償這一部分收縮，製得品質緻密的製品，通常螺桿前端會存有少量熔料（墊料），收縮過程中，這部分熔料便進入到模具中，此時螺桿相應的會有一小段向前的位移。

③ 製品冷卻與預塑化：熔料自進入模具便開始冷卻，冷卻達到一定程度後，澆口封閉，此時熔料無法回流到射出系統，製品便在模具內慢慢冷卻定型。為了縮短成型週期、提高生產效率，製品冷卻的同時，注射系統開始為下一次射出做準備，螺桿轉動，料斗內的料粒或粉料向前輸送並熔融塑化，在正常情況下，熔料向前的壓力低於噴嘴給它的阻力，但大於射出油缸工作油的回洩阻力，所以螺桿邊轉動邊

9

後退，後移量即為墊料的量。當螺桿後退到達計量值時，螺桿停止轉動。

④ 射出座後移與製品取出：螺桿塑化計量結束後，射出系統後移，模具打開，利用頂出機構將已定型的製品頂出，一個注塑週期結束。

在整個成型週期中，以射出時間和冷卻時間最為重要，它們對於製品成型品質有著決定性的影響。射出時間包括充模時間和保壓時間兩個部分。充填時間相對較短，一般在 3~5s；保壓時間所占比例較大，一般為 20~120s（壁厚增加時則更長）。注塑機充填過程以速度控制方式完成，經過速度 / 壓力切換點轉換為壓力控制方式開始保壓，速度 / 壓力切換時間的確定直接影響到製品品質。

在保壓過程中，保壓壓力與時間的關係稱為保壓曲線。保壓壓力過高或保壓時間過長，產品容易出現毛邊且殘餘應力較高；而保壓壓力過低或保壓時間過短，產品則容易產生縮痕，影響產品品質。因此保壓曲線存在最佳值，在澆口凝固之前，通常以製品收縮率波動範圍最小的壓力曲線為準。

冷卻時間則主要取決於製品的厚度、塑膠的熱性質和結晶性質以及模具的溫度。冷卻時間過長，會影響成型週期，降低生產力；冷卻時間過短，將造成產品黏模，難以脫模，且成品未完全冷卻固化便脫模，容易受外力影響而引起變形。成型週期中其他時間則與注塑機自身性能及自動化程度有關[8]。

射出成型技術是根據金屬壓鑄成型原理發展而來的。隨著科技的不斷進步，射出成型工藝不斷創新，諸如射出壓縮成型、注拉吹成型、氣體或水輔助射出成型、轉注模塑成型（RTM 技術）、反應射出成型、微發泡射出成型、多組分射出成型、微分射出成型[9]（圖 1-6）、奈米射出成型等。

▲ 圖 1-6 微分射出成型技術

(2) 滾塑成型技術

滾塑成型技術[10]（又叫旋塑成型技術），是順應大型塑膠製品的市場需求而出現的特種高分子製品模塑成型技術，是一種在高溫、低壓條件下製造中空塑膠製品的工藝方法。它適用於模塑表面紋理精細、形狀複雜的大尺寸及特大尺寸中空製品，且所加工製造的產品具有壁厚均勻、尺寸穩定、無殘餘應力、無成型縫、無邊角廢料等優點。

滾塑成型過程主要分為填充、加熱、冷卻、脫模 4 個階段（見圖 1-7），具體如下。

① 填充：將依據科學計算後所需的熱塑性工程塑膠進行稱量和預處理，以粉體或者液體的形式注入滾塑模具的模穴中。

② 加熱：把滾塑成型裝置置於加熱室中，對滾塑模具進行加熱。

在對滾塑模具加熱的過程中，同時對內外軸（也稱主副軸）按照一定的旋轉速比進行旋轉，使所有的粉體黏附並固化在滾塑模具模穴的內表面上。

③ 冷卻：將滾塑模具從加熱室移置於冷卻室內，使得滾塑模具模穴內的熱塑性粉料冷卻到能夠定型的溫度。在此過程中需要依據物料的流動性能和製品的結構形狀設置精確的冷卻時間和冷卻條件，並且滾塑成型裝置需要保持不斷旋轉。

④ 脫模：設置滾塑裝置內外軸轉速，使滾塑成型裝置位於設定的開模位置，打開滾塑模具，取出製品，並作定型處理（可根據製品的結構複雜

程度設計是否需要做定型處理)。

(a) 填充　　　　　(b) 加熱　　　　　(c) 冷卻　　　　　(d) 脫模

▲ 圖 1-7 滾塑成型工藝原理

　　旋塑成型主要用於製造大型的塑膠製品,例如,家具、皮划艇、軍用包裝箱等,如圖 1-8 所示。目前的旋塑成型裝備、模具及工藝技術相比於其他的塑膠成型方法還比較落後,存在成型週期長、能源消耗大的問題,在很大程度上制約了旋塑技術在聚合物成型領域的廣泛應用。

(a) 家具　　　　　　　　(b) 皮划艇　　　　　　　(c) 軍用製品

▲ 圖 1-8 一些典型的旋塑產品

1.2.2　3D 影印的意義

　　在探索產業前進方向的進程中,3D 列印的出現,使產品工業設計快速更新,對現代製造業生產流程產生積極的影響。然而,3D 列印以逐層堆積的方式構造產品,加工難度較大,成型效率相對較低。相對於 3D 列印,以射出成型為代表的 3D 影印在模塑成型領域則擁有更為迫切的市場需求和廣闊的應用前景。3D 影印技術是將注塑成型裝備作為 3D 影印機,實現複雜結構特徵塑膠製品的 3D 立體複製,生產過程高度自動化,效率高、速度快、製品精確度高。無論是高精確度產品製造還是大量生產,3D 影印技術都有著其他技術無可比擬的優勢。

　　20 世紀以來，人們的物質生活和精神生活都有了較高的要求。

　　人們日益增長的物質文化需求必然依賴於先進的社會生產力，大量、高精確度的產品製造技術應運而生。因此，諸如注塑、滾塑等 3D 影印技術的出現，使得同一產品大規模生產成為可能。3D 影印技術最大的特點是成型效率高。例如，在 2013 年德國國際橡塑展（K2013）上，Arburg（阿博格）公司推出 1.85s 生產 64 個薄壁零件的超高速注塑機，用於滴管系統的金銀絲細工結構的薄壁扁平滴頭製造；KraussMaffei（克勞斯瑪菲）公司現場演示高速注塑瓶蓋技術，注射成型週期僅為 2.1s，一台設備一年可生產十幾億瓶蓋，極大地提高了生產效率（圖 1-9）。

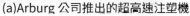

(a)Arburg 公司推出的超高速注塑機　　　(b)KraussMaffei 公司現場展示注塑瓶蓋
▲ 圖 1-9 K2013 展會推出的超高速注塑機

1.3　3D 列印與 3D 影印的區別

　　3D 列印是以點為單位進行微滴堆疊，在成型複雜製品方面具有很大的靈活性，但是具有成型週期長、成型效率低、原料範圍窄、製品精確度無法滿足實際生產需要等缺點，主要面向於多品種、小量生產。目前，常規的線材 3D 列印機已得到大量推廣應用，列印原材料主要有 PLA 和 ABS 兩種，主要用於工藝品、裝飾品等的成型。3D 列印的應用領域延伸性很強，但是目前仍然處於概念階段或起步階段，例如，3D 列印食品、3D 列印房子、3D 列印骨骼、3D 列印太空零件等，相信隨著 3D 列印技術日趨成熟，這些設想會在不久的將來得到成熟應用（圖 1-10）。

(a)3D 列印　　　　　　　　　　　(a)3D 影印

▲ 圖 1-10 3D 列印與 3D 影印應用領域

3D 影印則以模腔為單位進行液體充填，分為一模一腔、一模多腔、嵌件射出等形式，具有成型週期短、成型效率高、原料範圍寬、製品精度高等優點，但是模具製造成本較高，主要面向於單一製品、大量生產，廣泛地應用於日用品、汽車工業、航空航太、醫療器械、電子電器等領域（圖 1-10）。

在 3D 列印技術誕生之前，世界各地加工製造業都是以模具為生產主力。模具為加工製造業做出了巨大貢獻，所以又被稱為「工業之母」。3D 列印工藝不需要模具，而是靠堆積成型來增材製造，就像燕子做窩，用嘴含著泥土一點點累積起來的，經過一定時間的堆積，最後形成最終作品。

3D 列印與傳統模具的區別如下。

傳統模具：

① 模具耐用性：要耐磨損，而且要經濟實惠。鑒於此，大部分模具都採用鋼製，有些甚至採用硬質合金製造。

② 模具製造：用 3D 建模軟體，例如，PRO/E 將模具圖繪製出來，經過不斷調整達到最終成型效果。

③ 模具用途：以傳統注塑和沖壓產品為主。

④ 模具強度精確度：根據用戶實際需求確認強度，精確度較高。

⑤ 模塑成型生產週期：成型時間較為快速。

3D 列印技術：

① 3D 列印所需材料：根據用戶實際需求考慮最適合的列印材料。

② 3D 列印成型方式：累積式，一點一點增加上去，最終列印完成作品。

③ 3D 列印用途：小型複雜零件用 3D 列印可以輕鬆實現；大型零件，整體列印拼湊。

④ 3D 列印強度精確度：關於 3D 列印的強度和精確度有很多綜合因素，3D 列印機的精確度、所選材料的好壞、3D 模型圖的精確度都決定了最終產品的精確度和強度。3D 列印強度和精確度正在以飛快的速度在改善。

⑤ 3D 列印生產時間：成型時間較長。

圖 1-11 為模具實物圖。

▲ 圖 1-11 模具實物圖

參考文獻

[1] 孫鬱瑤 . 強調市場決策推動製造業邁
向協同創新 [J] . 中國產業經濟動態，
2015, (13): 26-28.

[2] 徐君，高厚賓，王育紅 . 新型工業化、
信息化、新型城鎮化、農業現代化互
動耦合機理研究 [J]. 現代管理科學，
2013, (09): 85-88.

[3] 趙鋼 . 多品種小批量生產模式的企業
生產流程再造的應用研究 [D]. 上海：
上海交通大學，2013.

[4] Alok K Priyadarshi, Satyandra K Gupta,
Regina Gouker, et al. Manufacturing
multimaterial articulated plastic
products using in-mold assembly[J].
The International Journal of Advanced
Manufacturing Technology, 2007, 32(3-
4): 350-365.

[5] 王運贛，王宣 . 3D 打印技術 [M.] 武漢：
華中科技大學出版社，2014.

[6] Terry T Wohlers, Tim Caffrey. Wohlers
Report 2015: 3D Printing and Additive
Manufacturing State of the Industry
Annual Worldwide Progress Report[M].
Wohlers Associates, 2015.

[7] 楊衛民，丁玉梅，謝鵬程 . 注射成型
新技術 [M.] 北京：化學工業出版社，
2008.

[8] 謝鵬程 . 精密注射成型若干關鍵問題
的研究 [D.] 北京：北京化工大學，
2007.

[9] 張攀攀，王建，謝鵬程，等 . 微注射
成型與微分注射成型技術 [J]. 中國塑
料，2010, (06): 13-18.

[10] 秦柳 . 大型塑料製品旋塑成型裝備及
工藝關鍵問題研究 [D]. 北京：北京化
工大學，2015.

第 2 章

聚合物 3D 列印與 3D 影印工藝

無論是 3D 列印技術還是 3D 影印技術，其工藝流程和紙本列印影印機是異曲同工的，都需要經過資料擷取、模型分析、原料製備、樣本複製等工藝過程，如圖 2-1 所示。

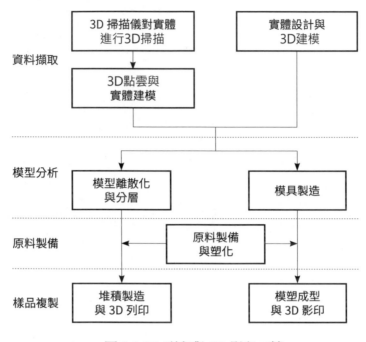

▲ 圖 2-1 3D 列印與 3D 影印工藝

2.1　資料擷取

在進行 3D 列印或 3D 影印之前，都需要獲取實體模型的資訊，包括尺寸資訊、輪廓資訊、結構資訊等。因此需要對 3D 物體進行測繪、掃描，從而得到實體樣本。

對於 3D 實體的資料擷取，傳統的擷取方法有現場測繪，對實體尺寸、輪廓等資訊進行收集，然後得到平面圖紙，進而進行 3D 建模或者直接加工製造。3D 掃描儀的出現，使得對 3D 實體的資料擷取變得更加簡單方便。3D 掃描儀能對物體進行高速高密度測量，輸出 3D 點雲端（point cloud）供進一步後處理用。3D 掃描儀掃描出來的點雲可以通過點雲端處理軟體轉換格式輸入到我們需要的各個 3D 軟體中。

如 Geomagic Studio，是專門處理 3D 點雲端的軟體，可以把 3D 點雲端數據處理成各種需要的格式，如 STL 格式，然後轉到 Cura、Simplify 等 3D 列印切片軟體進行模型切片和工藝參數設定，或者導入到 3ds Max、CAD、Por/E、UG、CATIA、Imagewarc、ZBrush 等 3D 建模軟體進一步處理。

3D 掃描儀的用途是創建物體幾何表面的點雲端（point cloud），這些點可用來插補成物體的表面形狀，越密集的點雲端創建的模型越精確（這個過程稱作 3D 重建）。

最早出現的 3D 掃描儀採用接觸式測量方法，如 3D 座標測量機，雖然精確度達到微米等級（0.5μm），但是由於體積巨大、造價高以及不能測量柔軟的物體等，使其應用領域受到限制。於是出現了非接觸式測量方法，主要分兩類：一類是被動方式，就是不需要特定的光源，完全依靠物體所處的自然光條件進行掃描，常採用雙目技術，但是精確度低，只能掃描出有幾何特徵的物體，不能滿足很多領域的要求；另一類是主動方式，就是向物體投射特定的光，其中代表技術是雷射光線式掃描，精確度比較高，但是由於每次只能投射一條光線，所以掃描速度慢。另外，由於雷射光會對生物體以及比較珍貴的物體造成傷害，所以不能應用於某些特定領域。

新興的技術是結構光非接觸式掃描，屬於主動方式，通過投影或者光柵同時投射多條光線，就可以採集物體的一個表面，只需要幾個面的資訊就可以完成掃描，其特點是掃描速度快，可程式實現。

結構光非接觸式掃描是一種結合結構光、相位量測、電腦視覺的複合 3D 非接觸式測量技術，所以又稱之為「3D 結構光掃描儀」。其基本原理如圖 2-2 所示，測量時光柵投影裝置投影數幅特定編碼的結構光到待測物體上，成一定夾角的兩個攝影鏡頭同步取得相應圖像，然後對圖像進行解碼和相位計算，並利用匹配技術、三角形測量原理，計算出兩個攝影鏡頭公共視區內像素點的 3D 坐標。

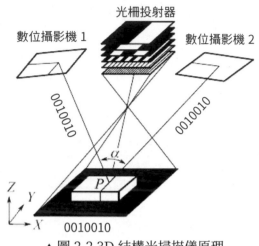

▲ 圖 2-2 3D 結構光掃描儀原理

　　這種測量技術使得對物體進行照相測量成為可能。所謂照相測量，就是類似於照相機對視野內的物體進行照相，不同的是照相機攝取的是物體的平面圖像，而 3D 掃描儀獲得的是物體的 3D 資訊。與傳統的 3D 掃描儀不同的是，該掃描儀能同時測量一個面。

　　3D 掃描儀可隨意搬至製件位置做現場測量，並可調節成任意角度做全方位測量，對大型製件可分塊測量，測量數據能即時自動組合，非常適合各種大小和形狀物體（如汽車、摩托車外殼及內飾、家電、雕塑等）的測量。

2.2　資料處理

　　3D 實體的資料處理主要依靠各類軟體。資料處理軟體分為 3D 建模軟體、數值分析軟體、點雲端處理軟體、3D 列印切片軟體等。

2.2.1　3D 建模軟體

　　對 3D 列印來講，除了通過 3D 掃描儀對 3D 實體進行掃描外，還可以通過 3D 建模軟體直接建模，以提高模型的準確性，便於優化設計。因為使用 3D 掃描儀進行實體掃描，可能會出現掃描的實體不完整，難以進行結構優化等問題，此外模型的精確度受限於點雲端的疏密。

　　對於 3D 影印來講，通過電腦輔助設計（CAD）的方法進行資料分析、建立模型等已經成為工程師進行機械設計的必要方法之一。通過 3D 建模軟體，可以對模具結構進行設計與優化，減少了試模修模的次數，降低試驗成本，提高工作效率。此外通過 3D 建模軟體建立的模型，可以繼續導入有限元素分析軟體進行計算機輔助工程設計（CAE），如結構力學分析、模流分析等，進一步優化。

　　3D 建模軟體主要是建立 3D 實體模型，針對所建立的 3D 模型進行結構優化設計，大大節省了設計的時間和精力，而且準確性更高。常見的 3D 建模軟體有 Pro/E、SolidWorks、UG（Unigraphics）、CATIA 等。

（1）Pro/E

① Pro/E 軟體概述 Pro/E 是 Pro/Engineer 的縮寫，是由美國 PTC（Parametric Technology Corporation）公司開發的一款 CAD/CAM/CAE 一體化的功能強大的 3D 系統設計軟體。Pro/Engineer 軟體以參數化著稱，是參數化技術的最早應用者，在目前的 3D 造型軟體領域中占有著重要地位。Pro/E 採用模組化方式，可以進行草圖繪製、零件製作、組立設計、鈑金設計、加工處理等，保證用戶可以按照自己的需要進行選擇使用。

② Pro/E 軟體的應用範圍 Pro/E 在工程機械設計、分析中的應用極為廣泛。在機械設計過程中，可以利用 Pro/E 的各種功能模組，迅速對要加工的對象直覺的認識瞭解。它可以應用於工作站，也可以應用到單機上。

③ Pro/E 軟體的主要特點 [1]

　　a. 參數化設計。Pro/E 是首個提出參數化設計概念的 CAD 軟體。所謂參數化設計是相對於產品而言的，當把產品看成幾何模型的時候，無論多麼複雜的幾何模型，都能將其分解成有限能處理的特徵結構，此時可對每個特徵結構進行參數化和量化。

　　b. 基於特徵建模。特徵建模就是將一個無比複雜的幾何模型分解，然後對其有限特徵結構進行參數化。Pro/E 是基於特徵的實體模型化系統，工程設計人員採用具有智慧特性的特徵的功能去生成模型，

31

如腔、殼、倒角及圓角，可以隨意勾畫草圖，輕易改變模型。這一功能特性給工程設計者在設計上提供了從未有過的簡易和靈活。

c. 單一資料庫處理。Pro/E 的單一資料庫處理工作流程是指每一個獨立為產品工作的資料，全來自同一個資料庫。換言之，在整個設計過程的任何一處發生改動，亦可以反應在整個設計前後過程的相關環節上。

例如，一旦工程詳圖有改變，NC（數控）工具路徑也會自動更新；組裝工程圖如有任何變動，也完全反應在整個 3D 模型上。這種獨特的資料結構與工程設計的完整結合，使得設計更優化，成品品質更高，產品能更好地推向市場，價格也更便宜。

（2）SolidWorks

① SolidWorks 軟體概述：SolidWorks 是一套基於 Windows 的 CAD/CAE/CAM/PDM 作業系統，是由美國 SolidWorks 公司在總結和繼承大型機械 CAD 軟體的基礎上，在 Windows 環境下實現的第一個機械 CAD 軟體，於 1995 年 11 月研製成功。它能夠十分方便地實現複雜的 3D 零件實體造型、複雜組立和生成工程圖。它主要包括機械零件設計、組立設計、動畫和渲染、有限元素高級分析技術和鈑金製作等模組，功能強大，完全滿足機械設計的需求 [2]。它能夠提供不同的設計方案、減少設計過程中的錯誤以及提高產品品質。

② SolidWorks 軟體的應用範圍：目前，SolidWorks 已經成為了領先的、主流的 3DCAD 解決方案，該軟體可以應用於以規則幾何形體為主的機械產品設計及生產準備工作中。

③ SolidWorks 軟體的主要特點 [3]

a. 基於特徵及參數化的造型。SolidWorks 組立由零件組成，而零件由特徵（例如，擠出、螺紋、鈑金等）組成。這種特徵造型方法，直觀地展示人們所熟悉的 3D 物體，體現設計者的設計意圖。

b. 巧妙地解決了多重關聯性。SolidWorks 創作過程包含 3D 與 2D 交替的過程，因此完整的設計文件包括零件文件、裝配文件和二者的工

程圖文件。SolidWorks 軟體成功處理了創作過程中存在的多重關聯性，使得設計過程順暢、簡單及準確。

c. 易學易用。SolidWorks 軟體易於使用者學習，便於使用者進行設計、製造和交流。熟悉 Windows 系統的人基本上都可以運用 SolidWorks 軟體進行設計，而且軟體圖標的設計簡單明瞭，使用手冊詳細，附帶教材豐富，且中文版易學。其他 3DCAD 軟體學習通常需要幾個月的時間，而 SolidWorks 只需要幾星期就可以掌握。

（3）UG（Unigraphics）

① UG 軟體概述：UG（Unigraphics NX）是 Siemens PLM Software 公司出品的產品工程解決軟體，它為使用者的產品設計及加工過程提供了數位化造型和驗證方法。UG 是一款 CAD/CAE/CAM 一體化的機械工程電腦軟體。它具有高性能的實體造型能力、極方便的圖形顯示及編輯能力。它提供了包括特徵造型、曲面造型、實體造型在內的多種造型方法，同時提供了從上到下和從下到上的組立設計方法，也為產品設計效果圖輸出提供了強大的渲染、材質、紋理、動畫、背景、視覺化參數設置等支援。

② UG 軟體的應用範圍：UG 最早應用於美國麥道飛機公司。UG 的加工製造模組功能極強，它在航空製造業和模具製造業已有十幾年成功應用經驗，是其他應用軟體無法比擬的。

③ UG 繪圖模組主要特點 [4]

a. 在視圖顯示上，可以靈活地根據需要選擇視圖的數目和種類，最多時可多達 6 個視圖。除常見的平面視圖外，還包含等角視圖，既形象化且直觀。另外，UG 在造型畫圖上的優勢還在於它只在一個視圖上工作（對點、線等造型），其他視圖上會自動生成相應的投影幾何形狀。它還可以通過一些模組來達到使用者所需之造型，而且省時、準確。

b. UG 可以通過特殊的曲面、曲線模組伴以工作座標的旋轉、變換來完成 3D 構圖。平面繪圖部分可以將 3D 實體模型直接傳送到平面不

同的視圖中。能直接對實體作旋轉、剖切和階梯切，產生剖面圖，增強了工程圖繪製的實用性。

c. 具有良好的二次開發工具 GRIP，使用者能增加一些程序來補充功能表操作的不足。它是一種類似 FORTRAN 的高階程式語言，具有對 UG 各模組進行操作的語法。用戶可以運用 GRIP 語言建立和發展幾何圖形，可用程序控制方法執行一些複雜或重複的操作，將交互操作轉化成批次處理。

d. 造型中的輔助功能，如標註尺寸也很簡單。它通過系統本身的儲存對相應的選擇項目稍加修改，輔以滑鼠操作。可自動生成多樣尺寸，尺寸的格式可以根據使用者的需要來更正、變換，並保證符合標準。此外，較複雜的幾何公差也能標註。

④ UG 製造模組的主要特點

a. 該模組具有 2.5~5 軸的數控加工能力，可以直接加工實體造型模組生成的任何實體模型。

b. 能自動檢測碰刀，避免過切，可進行加工過程的動態仿真及加工路徑模擬校核，能給出加工方向，並考慮生成最佳走刀軌跡。加工曲面表面平滑，只要給定刀痕高度，可自動確定刀具走刀路徑和尺寸。

c. 具有通用性極強的後製處理程序，能生成西門子、發那科、辛辛那提等 80 多種數控機床控制系統的 G 代碼程序，驅動機床動作，真正實現 CAD/CAM 集成製造。

(4) CATIA

① CATIA 軟體概述：CATIA 是法國達梭系統公司的產品開發旗艦解決方案，它作為一種 CAD 軟體，具有強大的曲線曲面造型功能，使用 Automation 技術提供 API[5]。作為 PLM 協同解決方案的一個重要組成部分，它可以幫助製造廠商設計他們未來的產品，並支持從項目前階段、具體的設計、分析、模擬、組裝到維護在內的全部工業設計流程。作為一個完全集成化的軟體系統，CATIA 將機械設計、工程分析

及仿真、數控加工和 CATweb 網路應用解決方案有機結合在一起，為用戶提供嚴密的無紙工作環境。

② CATIA 軟體的應用範圍：CATIA 廣泛應用於航空航太、汽車製造、造船、機械製造、電子電器、消費品行業，它的集成解決方案覆蓋所有的產品設計與製造領域。CATIA 提供方便的解決方案，迎合所有工業領域的大、中、小型企業需要。CATIA 源於航空航太業，但其強大的功能已得到各行業的認可。CATIA 的著名用戶包括波音、BMW、賓士等一大批知名企業，其使用者群體在世界製造業中具有舉足輕重的地位。波音飛機公司使用 CATIA 完成了整個波音 777 的電子裝配，從而也確定了 CATIA 在 CAD/CAE/CAM 行業內的領先地位。

③ CATIA 軟體的主要特點

a. CATIA 具有先進的混合建模技術，包括設計對象的混合建模、變量和參數化的混合建模以及幾何和智慧工程的混合建模。CATIA 具有在整個產品週期內的方便的修改能力，尤其是後期修改性無論是實體建模 22 還是曲面造型，由於 CATIA 提供了智慧化的樹狀結構，使用者可方便快捷的對產品進行重複修改，即使是在設計的最後階段需要做重大的修改，或者是對原有方案的更新升級，對於 CATIA 來說，都是非常容易的事。

b. CATIA 所有模組具有全相關性。CATIA 的各個模組基於統一的數據平台，因此 CATIA 的各個模組存在著真正的全相關性，3D 模型的修改，能完全體現在平面、有限元素分析、模具和數控加工的程序中。

c. 同步工程的設計環境使得設計週期大大縮短。CATIA 提供的多模型鏈接的工作環境及混合建模方式，使得同步工程設計模式已不再是新鮮的概念，總體設計部門只要將基本的結構尺寸發放出去，各分系統的人員便可開始工作，既可協同工作，又不互相牽連；由於模型之間的互相連接性，使得上游設計結果可作為下游的參考，同時，上游對設計的修改能直接影響到下游工作的更新，實現真正的同步工程設計環境。

d. CATIA 覆蓋了產品開發的整個過程。CATIA 提供了完備的設計能力：從產品的概念設計到最終產品的形成，以其精確可靠的解決方案提供了完整的 2D、3D、參數化混合建模及數據管理方法，從單個零件的設計到最終數位試驗模型的建立。

2.2.2　數值分析軟體

(1) 有限元素分析

有限元素分析是針對結構力學分析迅速發展起來的一種現代計算方法。它是 1950 年代首先在連體力學領域 —— 飛機結構靜、動態特性分析中應用的一種有效的數值分析方法，隨後很快廣泛應用於求解熱傳導、電磁場、流體力學等連續性問題。有限元素分析軟體目前最流行的有 ABAQUS、ANSYS 等。

① ABAQUS

a. ABAQUS 軟體概述。ABAQUS 是一套功能強大的工程模擬有限元軟體，包括一個豐富的、可模擬任意幾何形狀的單元庫，並擁有各種類型的材料模型庫，可以模擬典型工程材料的性能。ABAQUS 有兩個主要求解器模組 ABAQUS/Standard 和 ABAQUS/Explicit。ABAQUS 還包含一個全面支援求解器的圖形使用者介面，即人機互動前後處理模組 ABAQUS/CAE。ABAQUS 對某些特殊問題還提供了專用模組來加以解決。

b. ABAQUS 軟體的應用範圍。ABAQUS 解決問題的範圍從相對簡單的線性分析到許多複雜的非線性問題。作為通用的模擬工具，ABAQUS 除了能解決大量結構（應力 / 位移）問題，還可以模擬其他工程領域的許多問題，例如，熱傳導、質量擴散、熱電偶合分析、聲學分析等。由於其具有良好的前後處理程序以及強大的非線性求解器，在高層、大跨建築結構和大型橋梁結構的抗震分析中的應用日趨廣泛 [6]。

c. ABAQUS 軟體的主要特點。

・ABAQUS 被廣泛地認為是功能最強的有限元素軟體，可以分析複

雜的固體力學、結構力學系統，特別是能夠駕馭非常龐大複雜的問題和模擬高度非線性問題。

‧ ABAQUS 不但可以做單一零件的力學和多場的分析，同時還可以做系統級的分析和研究。ABAQUS 的系統級分析的特點相對於其他的分析軟體來說是獨一無二的。

‧ ABAQUS 具有優秀的分析能力和模擬複雜系統的可靠性，在大量的高科技產品研究中都發揮著巨大的作用。

② ANSYS[7]

a. ANSYS 軟體概述。ANSYS 軟體是美國 ANSYS 公司研製的大型通用有限元素分析軟體，它融合結構、流體、電場、磁場、聲場分析於一體，能與多數 CAD 軟體界面，實現數據的共享和交換。ANSYS 是一種廣泛的商業套裝工程分析軟體。所謂工程分析軟體，主要是在機械結構系統受到外力負載所出現的反應，例如，應力、位移、溫度等，根據該反應可知道機械結構系統受到外力負載後的狀態，進而判斷是否符合設計要求。

b. ANSYS 軟體的應用範圍。ANSYS 軟體在工程上應用相當廣泛，在機械、電機、土木、電子及航空等領域的使用，都能達到某種程度的可信度，頗獲各界好評。

c. ANSYS 軟體的主要特點。

‧ 數據統一。ANSYS 使用統一的資料庫來儲存模型數據及求解結果，達到前後處理、分析求解及多場分析的數據統一。

‧ 強大的建模能力。ANSYS 具備 3D 建模能力，僅靠 ANSYS 的 GUI（圖形介面）就可建立各種複雜的幾何模型。

‧ 強大的求解功能。ANSYS 提供了數種求解器，使用者可以根據分析要求選擇合適的求解器。

‧ 強大的非線性分析功能。ANSYS 具有強大的非線性分析功能，可進行幾何非線性、材料非線性及狀態非線性分析。

- 智慧網格劃分。ANSYS 具有智慧網格劃分功能，根據模型的特點自動形成有限元素網格。

- 良好的優化功能。

- 良好的使用者開發環境。

(2) 模流分析

　　模流分析軟體是對熔體充模過程進行模擬的軟體，可以準確預測熔體的填充、保壓和冷卻情況，以及製品中的應力分布、分子和纖維取向分布、製品的收縮和翹曲變形等情況，以便設計者能盡早發現問題並及時進行修改，而不是等到試模後再返修模具。這不僅是對傳統模具設計方法的一次突破，而且在減少甚至避免模具重修報廢、提高製品品質和降低成本等方面，都有著重大的技術、經濟意義。常用的模流分析軟體有 Moldflow、Moldex3D 等。

① Moldflow

a. Moldflow 軟體概述。Moldflow 是美國 Moldflow 公司開發的一款具有強大功能的專業射出成型 CAE 軟體，該軟體具有集成的使用者介面，可以方便輸入 CAD 模型、選擇和查找材料、建立模型並進行一系列的分析，同時先進的後處理技術能為使用者觀察分析結果帶來方便，還可以生成基於 Internet 的分析報告，方便實現數據共享 [8]。

Moldflow 軟體主要包括以下兩部分 [9]。

- 產品優化顧問（MPA）：在設計完產品後，運用 MPA 軟體模擬分析，在很短的時間內就可以得到優化的產品設計方案，並確認產品表面品質。

- 射出成型模擬分析（MPI）：對塑膠製品和模具進行深入分析的軟體包。它可以在電腦上對整個注塑過程進行模擬分析，包括填充、保壓、冷卻、翹曲、纖維取向、結構應力和收縮，以及氣體輔助成型分析等，使設計者在設計階段就找出未來產品可能出現的缺陷，提高一次試模的成功率。

b. Moldflow 軟體的應用範圍。早期，Moldflow 主要應用於結構體強度計算與航太工業上。目前，Moldflow 軟體被廣泛應用於射出成型領域中的模流分析。

c. Moldflow 軟體的主要特點。使用 Moldflow 軟體能夠優化塑膠製品，得到製品的實際最小壁厚，優化製品結構；能夠優化模具結構，得到最佳的澆口位置、合理的流道與冷卻系統；能夠優化注塑工藝參數，確定最佳的注塑壓力、保壓壓力、鎖模力、模具溫度、熔體溫度、射出時間、保壓時間和冷卻時間，以注塑出最佳的塑膠製品。

② Moldex3D

a. Moldex3D 軟體概述。Moldex 是 Mold Expert 的縮寫，而 Moldex3D 為科盛科技公司研發的 3D 實體模流分析軟體，該軟體擁有計算快速準確的能力，並且搭配超人性化的操作介面與最新引進的 3D 立體繪圖技術，真實呈現所有分析結果，讓使用者學習更容易，操作更方便。

b. Moldex3D 軟體的應用範圍。該軟體可用於仿真成型過程中的充填、保壓、冷卻以及脫模塑件的翹曲過程，並且可在實際開模前準確預測塑膠熔膠流動狀況、溫度、剪切應力、體積收縮量等變數在各程序結束瞬間的分布情形等。

c. Moldex3D 軟體的主要特點 [10]。Moldex3D 主要特點包括先進的數值分析算法、友善的使用者介面、豐富的塑膠材料庫以及高解析度的 3D 立體圖形顯示，具體如下。

‧ Moldex3D 首創真 3D 模流分析技術，經過嚴謹的理論推導與反覆的實際驗證，將慣性效應、重力效應和噴泉效應等許多現實因素加入分析考慮，並且擁有計算準確、穩定快速的優點，進行真正的 3D 實體模流分析，使分析結果更接近現實狀況，並且大大節省工作時間。整個 Moldex3D 分析核心所採用的數值分析技術為特別針對 3D 模流分析所開發出的新數值分析法 —— 高效能體積法，該方法不但具有傳統有限元素分析的優點，並且大幅度提高 3D 實體流動分析精確度、穩定度與分析性能，是 Moldex3D 3D

模流分析的核心。

- 在操作界面上，Moldex3D 提供高親和力及更具人性化的直覺式視窗介面，採用圖標工具欄，操作非常簡便，讓使用者輕鬆選擇模具、塑膠材料及設定射出機台，直觀得到各項分析結果，並製作最終分析報告。

- Moldex3D 內有近 5500 種材料資料庫可供使用，資料非常完整，可任意在材料庫中選擇適當的材料進行分析，或是利用所提供的界面輸入參數，建立使用者自己的材料資料庫。對於加工條件方面，可使用針對不同材料所建議的條件或是利用軟體所提供的輸入界面輸入各程序的成型條件，設定非常方便。

- Moldex3D 採用最新的 3D 立體顯示技術，快速清楚展示出模型內外部的溫度場、應力場、流動場和速度場等十多種結果。對於上述分析結果的展現也可利用等位線或等位面方式顯示，或者直接切剖面觀看模型內部變化情形，讓實體模型內外部各變數變化情形呈現更清楚，此外可利用曲線（XY-Plot）功能檢視加工過程進膠點（Spure）變數隨著時間的變化歷程曲線。Moldex3D 還提供動畫的功能，透過 3D 動畫的方式展現塑膠在模穴中的流動變化，以較直觀的方式認清在設計與製造的過程中可能遇到的問題，並利用電腦試模方式測試各種方案，可迅速累積設計以及故障排除的能力。另外亦提供多樣化的顯示工具，可將圖形任意放大、縮小、旋轉、改變視角、透明化、變化光源及顏色等，並將圖形輸出成圖形檔案（.BMP）或直接轉貼至其他軟體使用。

2.2.3　點雲端處理軟體

點雲端處理軟體是根據 3D 掃描儀獲得的實體點 3D 座標進行處理的軟體。在逆向工程中，通過測量儀器得到的產品外觀表面的資料點集合也稱之為點雲端，通常使用 3D 座標測量機所得到的點數量比較少，點與點的間距也比較大，叫稀疏點雲端；而使用 3D 雷射光掃描儀或照相式掃描儀得到的點數量比較大，並且比較密集，叫密集點雲端。稀疏點雲端或密集點雲端都是逆向造型的基礎，有不少專門的逆向軟體能夠進行點雲端的編輯和處理，比如

Geomagic、Imageware、Copycad 和 Rapidform 等。

（1）Geomagic

① Geomagic 軟體概述：Geomagic Studio 軟體是一款逆向工程和 3D 檢測軟體，它可根據物體掃描所得的點陣模型創建出良好的多邊形模型或網格模型，並將它們轉換為 NURBS 曲面。

② Geomagic 軟體的應用範圍：目前，Geomagic 軟體和服務在眾多領域都得到了廣泛的應用，比如汽車、航空、醫療設備以及消費產品。

③ Geomagic 軟體的主要特點：該軟體主要特點是支持多種文件格式的讀取和轉換、大量點雲端資料的前處理、智慧化 NURBS 構面等，具體如下。

　a. Geomagic Studio 軟體採用的點雲端數據採樣精簡算法，克服了其他同類軟體在對點雲端資料進行操作時，軟體圖形拓撲運算速度慢、顯示慢等缺點，而且軟體人性化的介面設計，使其操作非常方便[11]。

　b. Geomagic Studio 軟體簡化了初學者及經驗工程師的工作流程，自動化的特徵和簡化的工作流程減少了使用者的培訓時間，避免了單調乏味、勞動強度大的任務。與傳統電腦輔助設計（CAD）軟體相比，在處理複雜的或自由曲面的形狀時生產效率可提高十倍。所以，訂製同樣的生產模型，利用傳統的方法（CAD）可能要花費幾天的時間，但 Geomagic 軟體可以在幾分鐘內完成。

　c. Geomagic Studio 軟體還具有高精確度和兼容性的特點，可與所有的主流 3D 掃描儀、電腦輔助設計軟體（CAD）、常規製圖軟體及快速設備製造系統配合使用。

　d. Geomagic Studio 軟體允許用戶在物理目標及數位模型之間進行工作，封閉目標和軟體模型之間的曲面。

　e. Geomagic Studio 軟體提供了多種建模格式，包括主流的 3D 格式數據：點、多邊形及非均勻有理 B 樣條曲面（NURBS）模型，並且數據的完整性與精確性確保可以生成高品質的模型。

(2) Imageware

① Imageware 軟體概述：Imageware 由美國 EDS 公司出品，後被德國 Siemens PLMSoftware 所收購，現在併入旗下的 NX 生產線，是一款著名的逆向工程軟體。軟體模組主要包括 Imageware TM 基礎模組、Imageware TM 點處理模組、Imageware TM 評估模組、Imageware TM 曲面模組、Imageware TM 多邊形造型模組、Imageware TM 檢驗模組。

② Imageware 軟體的應用範圍：Imageware 因其強大的點雲端處理能力、曲面編輯能力和 A 級曲面的建構能力而被廣泛應用於汽車、航空、航太、消費家電、模具、電腦零部件等的設計與製造。

③ Imageware 軟體的主要特點 [12]

a. Imageware 可以接收幾乎所有掃描設備的數據，還可以輸入 GCode、STL 等其他格式的數據。

b. 由於有些零件形狀複雜，一次掃描無法獲得全部數據，需要多次掃描，Imageware 可以對讀入的點雲端資料進行對齊、合併處理，創建一個完整的點雲端。

c. Imageware 提供了多種方法通過點來生成曲線，使用者可以根據精度和光順性的要求，根據需要選擇曲線生成方法並選擇恰當的參數。Imageware 提供了包括顯示法向、曲率半徑、控制點的比較等診斷方法來判斷曲線的光順性，還可以對曲線進行修改，改變曲線與相鄰曲線的連續性或者對曲線進行延展。

d. Imageware 提供了多種創建曲面的方法，可以用點直接生成曲面，可以用曲線通過蒙皮、掃掠、4 條邊界線、曲線網格混成等方法生成曲面，也可以結合點和曲線的資訊來創建曲面。在生成曲面時可以即時檢查曲面的準確性、光順性、連續性等方面的瑕疵。

(3) Copycad

① Copycad 軟體概述：Copycad 是由英國 DELCAM 公司出品的功能強大的逆向工程系統軟體，它可從已有的零部件或實際模型中產生 3DCAD 模型。

② Copycad 軟體的應用範圍：Copycad 廣泛應用於汽車、航太、製鞋、模具、玩具、醫療和消費性電子產品等製造行業。

③ Copycad 軟體的主要特點 [13]。

　a. 該軟體提供了一系列能從數位化點雲端資料產生 CAD 模型的綜合工具，接收三座標測量機、探測儀和雷射光掃描器所測到的資訊。

　b. 簡易的使用者介面讓使用者戶在最短的時間內掌握其功能和操作。

　c. Copycad 使用者可以快速編輯數位化點雲端資料，並能做出高品質、複雜的表面。該軟體可以通過多種方式形成符合規定公差的平滑、多面塊曲面，還能保證相鄰表面之間相切的連續性。

（4）Rapidform

① Rapidform 軟體概述：Rapidform 是韓國 INUS 公司出品的全球四大逆向工程軟體之一。該軟體提供了一整套模型分割、曲面生成、曲面檢測的工具，使用者可以方便利用以前構造的曲線網格經過縮放處理後應用到新的模型重構過程中 [14]。

② Rapidform 軟體的應用範圍：Rapidform 軟體主要用於處理測量、掃描數據的曲面建模以及基於 CT 數據的醫療圖像建模，還可以完成藝術品的測量建模以及高級圖形生成。

③ Rapidform 軟體的主要特點。

　a. 該軟體具有多點雲端資料管理介面。高級光學 3D 掃描儀會產生大量的資料，由於資料非常龐大，因此需要昂貴的電腦硬體才可以運算，現在 Rapidform 提供記憶管理技術（使用更少的系統資源），可縮短處理資料的時間。

　b. Rapidform 的多點雲端處理技術可以迅速處理龐大的點雲端資料，不論是稀疏的點雲端還是跳點，都可以輕易轉換成非常好的點雲端。該軟體還提供過濾點雲端工具以及分析表面偏差的技術來消除 3D 掃描儀所產生的不良點雲端。

　c. 在所有逆向工程軟體中，Rapidform 針對 3D 及 2D 處理，提供了一

個最快最可靠的計算方法，可以將點雲端快速計算出多邊形曲面。Rapidform 能處理無順序排列的資料點以及有順序排列的資料點。

d. Rapidform 支持彩色 3D 掃描儀，可以生成最佳化的多邊形，並將顏色資訊映像在多邊形模型中。在曲面設計過程中，顏色資訊將完整保存，也可以運用 RP 成型機製作出有顏色資訊的模型。Rapidform 也提供上色功能，通過即時上色編輯工具，使用者可以直接對模型編輯自己喜歡的顏色。

e. Rapidform 提供點雲端合併功能，使用者可以方便地對點雲端資料進行各種各樣的合併。

2.2.4　3D 列印切片軟體

3D 列印切片軟體主要是針對 3D 列印設備而開發的模型離散化與分層軟體。同時在切片軟體裡可以選擇列印機的類型，進行列印參數的設置，例如，模型的填充率、溫度以及列印速度等。目前使用比較廣泛且操作便捷的切片軟體有 Cura、Makerbot、XBuilder 等。切片軟體的好壞，會直接影響到列印物品的品質。

（1）Cura

Cura 是 Ultimaker 公司開發的一款用於 3D 列印模型切片的開源軟體，以高度整合性以及容易使用為設計目標，可以在 Windows、Mac OSX 及 Linux 平台使用，並能根據多種 3D 列印設備類型設置相應參數。使用 Python 語言開發，集成 C++ 開發的 CuraEngine 作為切片引擎 [15]。

但相對來說，介面還是較專業，初學者不建議使用。

相比同類開源產品 Slic3r、Skeinforge，Cura 的優點在於：切片速度快、切片穩定、對 3D 模型結構包容性強、設置參數少。

（2）Makerbot

Makerbot 是由美國 Makerbot 公司研製開發的切片軟體，該軟體操作方式容易，很容易進行掌握。在使用軟體時，只需幾個步驟就可以完成切片 [16]。

(3) XBuilder

XBuilder3.0 軟體是由西銳 3D 列印科技自主開發的一款中文版軟體，完全漢化，介面簡潔，操作方便，支持 .stl、.gcode、.obj 等常用 3D 格式檔案 [16]。

2.3　原料製備與塑化

(1)「硒鼓」概念類比

在普通列印機中非常重要的一個部件就是「硒鼓」。硒鼓，也稱為感光鼓，一般由鋁製成的基本基材，以及基材上塗的感光材料所組成。在雷射光列印機中，70% 以上的成像部件集中在硒鼓中，列印品質的好壞實際上在很大程度上是由硒鼓決定的。

硒鼓是一個表面塗覆了有機材料（硒，一種稀有元素）的圓筒，預先就帶有電荷，當有光線照射來時，受到照射的部位會發生電阻的反應。而發送來的數據信號控制著雷射光的發射，掃描在硒鼓表面的光線不斷變化，這樣就會有的地方受到照射，電阻變小，電荷消失，也有的地方沒有受到光線照射，仍保留有電荷，最終，硒鼓的表面就形成了由電荷所組成的潛影。而硒鼓中的墨粉就是一種帶電荷的細微樹脂顆粒，墨粉電荷與硒鼓表面上的電荷極性相反，當帶有電荷的硒鼓表面經過塗墨輥時，有電荷的部位就吸附著墨粉顆粒，於是將潛影變成了真正的影像。而當硒鼓在工作中轉動的同時，列印系統將列印紙傳送過來，而列印紙帶上了與硒鼓表面極性相同但強很多的電荷，隨後紙張經過帶有墨粉的硒鼓，硒鼓表面的墨粉被吸引到列印紙之上，圖像就在紙張的表面形成了。此時，墨粉和列印紙僅僅是靠電荷的吸引力而結合在一起，在列印紙被送出列印機之前，經過高溫加熱，墨粉被熔化，在冷卻過程中固化在紙張的表面。在將墨粉附給列印紙之後，硒鼓表面繼續旋轉，經過一個清潔器，將剩餘的墨粉都去掉，以便進入下一個列印的循環。其工作原理如圖 2-3 所示。

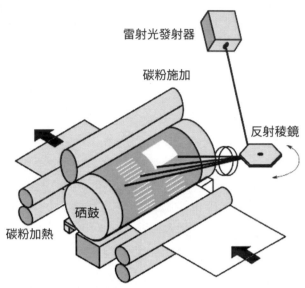

雷射光發射器

碳粉施加

反射稜鏡

硒鼓

碳粉加熱

▲ 圖 2-3 雷射光列印機硒鼓工作原理

　　所以從硒鼓的工作原理可以看出，硒鼓既承擔了「原料輸送與熔融」的功能，又起到「成型」的功能，是普通列印機的核心部件。

　　對於 3D 列印技術，以熔融沉積成型（FDM）為例。熱塑性絲狀材料由供絲機構送至熱熔噴頭，並在噴頭中加熱，熔化成半液態，然後被擠壓出來，有選擇性的塗覆在工作檯上，快速冷卻後形成一層薄片輪廓，然後層層堆積成型 3D 實體。供絲機構和熱熔噴頭組成了 3D 列印機的「硒鼓」，在工作檯或噴頭的 3D 移動下逐層堆積。

　　對於 3D 影印技術，以射出成型（injection molding）為例。塑膠在注塑機射出裝置加熱料筒中塑化後，由柱塞或往復螺桿射出到閉合模具模腔中，冷卻固化成型製品。射出裝置和模具組成了 3D 影印機的「硒鼓」，射出裝置起到原料輸送與熔融的作用，模具起到成型的作用。熔融的塑膠進入模具模穴，經過保壓、補縮、冷卻固化，成型製品。物料的塑化品質對最終製品的精確度具有重要影響。

（2）原料塑化品質控制

　　螺桿塑化系統是熱塑性聚合物加工的基本裝置，由於其優良的塑化能力，被廣泛應用到各種塑膠機械中，如注塑機、擠出機等 [17]。螺桿塑化裝

置主要包括螺桿、機筒、加熱冷卻系統、驅動系統等。其中，螺桿作為塑化裝置的重要組成部分之一，對聚合物熔體的塑化品質和溫度均勻性具有十分關鍵的作用，而聚合物熔體的溫度分布最終影響了聚合物製品的品質和產量[18]。現代製造業的快速發展對塑膠零部件的成型精確度和生產效率要求越來越高，如微透鏡和微流控晶片等高端塑膠製品，採用傳統螺紋構型螺桿，由於塑化不均，很難滿足要求[19]。

螺桿塑化系統內聚合物的溫度分布最終影響了聚合物製品的品質和產量。與一般流體相比，聚合物熔體表現出高黏度、非牛頓以及其物理性質易受溫度和壓力的影響等特性，這些都易引起熔體品質的波動，也使得對聚合物加工中的溫度以及溫差均勻性進行有效的控制變得尤為困難。

以注塑機為例，材料塑化不均往往是導致精密注塑製品缺陷的直接因素。聚合物由於摩擦生熱顯著且自身導熱性差，在塑化過程中物理溫度分布不均嚴重影響成型製品品質。例如，塑化不良會使熔料流動性差，導致製品出現欠注、凹痕等缺陷；還會使供料填充過量或不足，引起製品龜裂、翹曲變形等；此外由於局部溫度過高，還可能使得物料過熱分解。因此，改善螺桿塑化系統中聚合物塑化品質和溫度均勻性成為減少聚合物製品缺陷、提高聚合物製品精確度的最有效的方法之一。

對聚合物加工溫度和溫差均勻性進行有效控制成為該領域極待解決的難題。針對這些問題，目前各國專家學者從傳統擠出理論出發，從改變剪切流變或拉伸流變的角度進行了研究，大致有兩種主要的研究趨勢，一種是對普通螺桿進行改進和開發新型螺桿，如分離型螺桿[20]、屏障型螺桿[21]、分流型螺桿[22]、變流道型螺桿等多種螺桿結構，通過設計新型的混煉元件來增強塑化過程混合性能，對聚合物的流動進行干擾以達到對流混合的效果[23]；另一種是從改進操作條件出發，如高速擠出機、電磁動態塑化擠出機以及振動力場作用下的螺桿[24, 25]。

筆者所在團隊根據熔體微積分思想和場協同理論提出場協同螺桿，從熱傳學的角度對改善螺桿塑化系統的塑化品質和熱傳特性進行了研究。

場協同螺桿的結構如圖 2-4 所示。將一定長度的某段螺桿沿圓周方向 n 等分設置分割槽，入口處將單股料流分流成多股，出口處將多股料流匯流成

單股；在分割槽內設計兩個相互垂直的 90°扭轉曲面，使聚合物在軸向移動的同時在分割稜和機筒的引導下實現扭轉，把原先位於分割槽底部的物料移動到分割槽頂部，從而強化聚合物的徑向對流，改善速度場與熱流場的協同作用，實現強化傳質熱傳的目的，從而改善熔體塑化品質，提高熔體溫度均勻性。

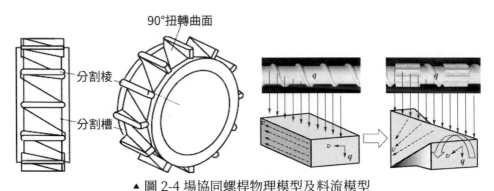

▲ 圖 2-4 場協同螺桿物理模型及料流模型

　　筆者對理論模型進行簡化、展開，對其溫度場、速度場等進行了模擬。普通螺桿和場協同螺桿的結構展開如圖 2-5 所示，其速度分布與溫度分布分別如圖 2-6 和圖 2-7 所示。結果表明，場協同螺桿結構改變了速度場分布，熔體在扭轉曲面與機筒的黏滯作用下發生翻滾、螺旋流動，實現了強化傳質，同時也使得速度場與溫度梯度場的協同性更好，起到了強化熱傳的作用。

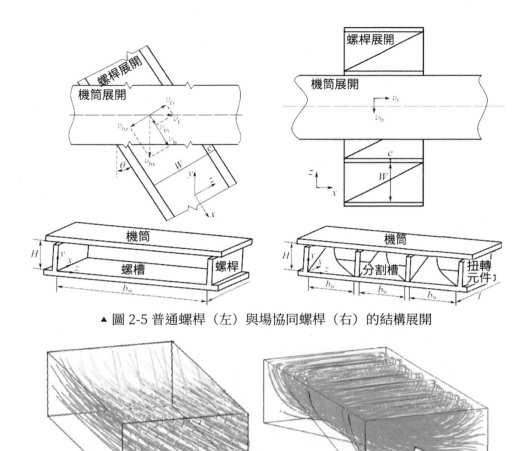

▲ 圖 2-5 普通螺桿（左）與場協同螺桿（右）的結構展開

▲ 圖 2-6 普通螺桿（左）與場協同螺桿（右）速度分布

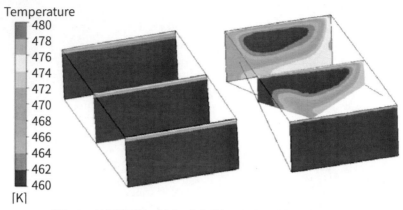

Temperature
480
478
476
474
472
470
468
466
464
462
460
[K]

▲ 圖 2-7 普通螺桿（左）與場協同螺桿（右）溫度分布

2.4　模具設計與製造 [26]

　　模具是工業生產的重要工藝裝備，它被用來成型具有一定形狀和尺寸的各種製品，是 3D 影印技術的核心部件。在各種材料加工工業中廣泛使用著各種模具，如金屬製品成型的壓鑄模、鍛壓模、澆注模，非金屬製品成型的玻璃模、陶瓷模、塑膠模等。

　　採用模具生產製件具有生產效率高、品質好、節約能源和原材料、成本低等一系列優點，模具成型已成為當代工業生產的重要方法，是實現 3D 領域實體影印的重要方法。

　　塑膠製品與模具之間具有直接的關係。模具的形狀、尺寸精確度、表面粗糙度、分型面位置、脫模方式對製品的尺寸精確度、外觀品質等影響很大。模具的控溫方式、進澆點、排氣槽位置等對塑件的結晶、取向等凝聚態結構及由它們決定的物理力學性能、殘餘應力，以及氣泡、凹痕、燒焦、熔接痕等各種製品缺陷有重要影響。

　　設計注塑模具時，既要考慮塑膠熔體的流動行為、冷卻行為、收縮變形等塑膠加工工藝方面的問題，又要考慮模具製造裝配等結構方面的問題。注塑模設計的主要內容有以下幾個方面。

① 根據塑膠熔體的流變行為和流道、模穴內各處的流動阻力，通過分析得出充模順序，同時考慮塑膠熔體在模具模穴內被分流及重新熔合的

問題、模腔內原有空氣導出的問題,分析熔接痕的位置,決定澆口的數量和方位。在這方面除了用經驗或解析的方法分析外,國內外一些具有流動分析的 CAE 軟體可對充模過程做出比較準確的模擬。塑膠性能資料庫可提供用於分析流變等的各種數據。對於比較簡單的製品,憑經驗或簡單計算也可作出判斷。

② 根據塑膠熔體的熱學性能數據、模穴形狀和冷卻水道的配置,分析得出保壓和冷卻過程中製品溫度場的變化情況,解決製品收縮和補縮問題,盡量減少由於溫度和壓力不均、結晶和取向不一致造成的殘餘應力和翹曲變形。同時還要盡量提高冷卻效率、縮短成型週期,這方面也有一些成熟的 CAE 冷卻分析及應力分析軟體,幫助模具設計者進行定量分析,對於簡單對稱的製品也可憑經驗進行分析判斷解決。

③ 製品脫模和橫向分型抽芯的問題可通過經驗和理論計算分析來解決。目前還正在大力研究建立在經驗和理論計算基礎上的電腦專家系統軟體,以期這方面的工作能更快、更準確無誤在電腦上實現。

④ 決定製品的分型面,決定模穴的鑲拼組合。模具的整體結構和零件形狀不只要滿足充模和冷卻等工藝方面的要求,同時成型零件還要具有適當的精確度、粗糙度、強度、剛度、易於裝配和製造,製造成本低。

除了通過經驗分析和理論計算進行成型零件設計外,還可以利用一些專用軟體和模穴壁厚、剛度強度計算軟體在電腦上快速解決這些問題。

以上這些問題,並非孤立存在,而是相互影響的,應綜合加以考慮。

下面介紹注塑模具的典型結構。

(1) 注塑模具的典型結構

注塑模具的結構是由塑件結構和注塑機的形式決定的。只要是注塑模具,均可分為動模和定模兩大部分。射出時動模與定模閉合構成模穴和澆注系統,開模時動模與定模分離,通過脫模機構推出塑件。定模安裝在注塑機的固定模板上,動模則安裝在注塑機的移動模板上。圖 2-8 所示為注塑模具的典型結構。根據模具上各個部件的作用,可細分為以下幾個部分。

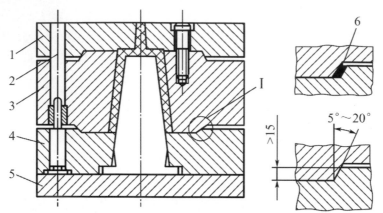

1—定模固定板；2—導向孔；3—定模板；4—動模板；5—動模固定板；6—定位錐面

▲ 圖 2-8 注塑模具典型結構

① 成型零部件：模穴是直接成型零部件的部分，它通常由凸模（成型塑件內部形狀）、凹模（成型塑件外部形狀）、型芯或成型桿、鑲塊等構成。

② 澆注系統：將塑膠熔體由注塑機噴嘴引向模穴的流道稱為澆注系統，它由主流道、分流道、澆口、冷料井所組成。

③ 導向部分：為確保動模與定模合模時準確對中而設導向零件。通常有導向柱、導向孔（套）或在動定模上分別設置相互吻合的內外錐面，有的注塑模具的推出裝置為避免在推出過程中發生運動歪斜，也設有導向零件。

④ 分型抽芯機構：帶有外側凹或側孔的塑件，在被推出以前，必須先進行側向分型，拔出側向凹凸模或抽出側抽芯，塑件方能順利脫出。

⑤ 推出機構：在開模過程中，將塑件和澆注系統凝料從模具中推出的裝置。

⑥ 排氣系統：為了在注塑過程中將模穴內原有的空氣排出，常在分型面處開設排氣槽。但是小型塑件排氣量不大，可直接利用分型面排氣，大多數中小型模具的推桿或型芯與模具配合間隙均可起到排氣作用，可不必另外開設排氣槽。

⑦ 模溫調節系統：為了滿足注塑工藝對模具溫度的要求，模具設有冷卻或加熱系統。冷卻系統一般是在模具內開設冷卻水道，加熱系統則是在

模具內部或四周安裝電加熱元器件，成型時要力求模溫穩定、均勻。目前，新興的快變模溫技術通過對模具的快速加熱和快速冷卻，改善熔體的流動行為，提高了射出製品的品質，以此為基礎的射出成型技術稱為快速熱循環射出成型技術，相關內容將在後面章節詳細介紹。

注塑模具的設計主要圍繞上述幾個部分展開。每副模具都只能安裝在與之相匹配的注塑機上進行生產，因此模具設計與所用的注塑機關係十分密切。在設計模具時，應詳細瞭解注塑機的技術規範，才能設計出合乎要求的模具。從模具設計的角度出發，應仔細瞭解的技術規範有：

注塑機的最大射出量、最大射出壓力、最大鎖模力、最大成型面積、模具最大厚度與最小厚度、最大開模行程、模板安裝模具的螺孔（或 T 形槽）的位置和尺寸、注塑機噴嘴孔直徑和噴嘴球頭半徑值等。

（2）CAE 仿真分析

CAD/CAE/CAM 模具技術的日趨完善和在模具製造上的應用，使其在現代模具的製造中發揮了越來越重要的作用，CAD/CAE/CAM 模具技術已成為現代模具製造的必然發展趨勢，並以科學合理的方法給模具製造者提供了一種行之有效的輔助工具，使模具製造者在模具製造之前就能藉助電腦對零件、模具結構、加工工藝、成本等進行反覆修改和優化，直至獲得最佳結果。總之，CAD/CAE/CAM 模具技術能顯著縮短模具設計與製造週期，降低模具成本，並提高產品的品質，是現代模具製造中不可缺少的輔助工具，它與「逆向工程」及現代先進加工設備等一起構成現代模具製造業中流行且具有競爭力的必要條件。它不僅縮短了模具的設計和製造週期，還提高了產品開發的成功率，增加了模具的價值和市場競爭力。

眾所周知，在模具設計過程中需要充分考慮熔體收縮率波動等因素的影響，對模具成型尺寸給予適當的補償，這就要求計算時所採用的收縮率盡可能與真實成型工況下的收縮率相一致。傳統模具設計由於收縮率準確性不高，往往需要反覆試模、修模，這樣不但費時費力，還會增加成本，影響產品的生產效率 [27-30]。通過 CAE 數值模擬方法對製件的收縮、翹曲等進行預測，進而對模具結構或模具成型尺寸進行設計和修改，可以有效提高模具成型尺寸計算準確性，減少試模修模次數，降低成本 [31]。因此，模擬軟體中物

性參數、加工工藝參數設置的準確性對模擬結果預測顯得尤為重要。

目前，塑膠射出成型 CAE 軟體（如 Moldex3D 和 Moldflow 等）提供了許多狀態方程以及常用聚合物材料的物性參數，這些材料的物性參數是否與實際生產過程材料的物性參數相同決定了數值模擬結果有無實際意義。聚合物材料的測試參數主要有聚合物的熱膨脹係數、比體積、轉化點溫度值以及等溫壓縮係數等，它們對聚合物的應用和加工有著非常重要的指導作用，通過聚合物的 PVT 關係特性曲線圖，可以獲得相關的資訊，因此聚合物材料的 PVT 特性對聚合物產品的射出成型過程有著非常重要的作用，特別是對於精密射出成型 [31]。Moldex3D 和 Moldflow 等 CAE 軟體都需要應用聚合物材料的 PVT 物理屬性，來仿真分析製件成型時產生的變形和收縮量等缺陷，並指導模具或製品的結構設計和定最佳的射出成型工藝參數等 [32, 33]。

因此，將聚合物的 PVT 關係特性應用於射出成型加工的電腦模擬仿真中，保證了分析軟體使用的材料資料庫與實際加工的材料的真實性，從而能夠根據軟體的分析結果來改進模具或製件的結構，做到能夠確實提升實際注塑加工產品的品質。PVT 特性在模具設計中的主要作用如下。

① 指導成型尺寸的計算：模具的成型尺寸是指模穴上直接用來成型塑件部位的尺寸，主要有模穴和型芯的徑向尺寸（包括矩形或異形型芯的長和寬）、模穴和型芯的深度或高度尺寸、中心距尺寸等。在設計模具時必須根據製品的尺寸和精確度要求來確定成型零件的相應尺寸和精確度等級，給出正確的公差值。計算成型尺寸的方法主要有平均收縮率法、極限尺寸法和近似計算法。無論哪一種計算方法，公式中都需要考慮塑件的收縮率等。在設計模具時，所估計的塑件收縮率與實際收縮率的差異、生產製品時收縮率的波動都會影響塑件精確度。這就取決於 CAE 軟體中模擬得到的收縮率的準確性，計算中採用的收縮率與實際製品收縮率越接近，塑件成型尺寸精確度越高。

② 指導模具結構的修正：塑膠製品在成型過程中可能會出現各種各樣的缺陷，如翹曲變形、氣泡縮孔、熔接痕、多腔流動不平衡等問題。這些缺陷產生的原因是多方面的，可能是澆口位置或數量不合理，流道佈置或流道尺寸不合理等。通過射出成型 CAE 軟體進行模擬，可以直觀

反映缺陷，有效進行修模等。模擬結果越準確，對模具設計的參考意義越大。

(3) 熱流道技術

熱流道技術是應用於塑膠注塑模澆注流道系統的一種先進技術，是塑膠注塑成型工藝發展的一個熱點方向。所謂熱流道成型是指從注射機噴嘴送往澆口的塑膠始終保持熔融狀態，在每次開模時不需要固化作為廢料取出，滯留在澆注系統中的熔料可在再一次射出時被注入模穴。

理想的注塑系統應形成密度一致的部件，不受其流道、毛邊和澆口入口的影響。相對冷流道來講，熱流道要做到這一點，就必須維持材料在熱流道內的熔融狀態，不會隨成型件送出。熱流道工藝有時稱為熱集流管系統，或者稱為無流道模塑。

基本來講，可以把熱流道視為機筒和注塑機噴嘴的延伸部分。熱流道系統的作用就是把材料送到模內的每一澆口。

熱流道成型技術的關鍵在於熱流道系統，圖 2-9 為一典型的熱流道系統結構。

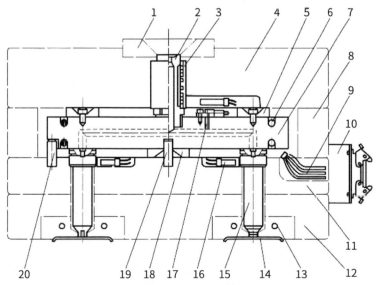

▲ 圖 2-9 典型的熱流道系統結構（藍色的字是圖內的字）

1—中心定位環；2—主流道噴嘴；3—主流道噴嘴的加熱器；4—定模固定板；5—承壓圈；

6—電熱彎管；7—流道板（分流板）；8—墊板；9—耐溫導線；10—接線盒；11—定模夾板；12—定模板；13—冷卻水孔；14—注塑件；15—噴嘴；16—噴嘴引出線；17—流道板測溫熱電偶；18—支承墊；19—中心定位銷；20—止轉銷

熱流道系統位於定模一側，主要由主流道杯、流道板、噴嘴、溫控系統元件及安裝和緊固零件組成。

理論上主流道杯應有加熱和溫控裝置，以保證物料處於熔融狀態，但由於主流道杯較短，通過射出機噴嘴和流道板的熱傳導可保證其溫度補償。在實際生產中，有時不需要對其安裝加熱裝置，主流道杯與流道板採用螺紋連接。中心定位環的外徑與射出機上定模板定位孔相配。

流道板懸置於定模板與墊板構成的模框中，利用空氣間隙絕熱。

流道板與定模板之間是承壓圈，為了避免流道板將熱量傳遞給定模底板，承壓圈應該用絕熱材料製造。承壓圈還應具備極高的強度，因為它要承受流道板受熱時的熱膨脹應力和射出機噴嘴的壓力。為了保證流道板的定位準確，除了在模具中央軸線上，流道板與定模板之間配有中心定位銷外，流道板邊緣上還有止轉定位銷。噴嘴與流道板的連接應有效防止熔體洩漏。流道板的加熱元件有圓棒式加熱器和管狀加熱器。目前採用較多的是管狀加熱器。流道板內安裝有熱電偶對其溫度進行檢測，通過溫度調節器來控制加熱元件電路的斷開和連接。

流道板應該具有良好的加熱和絕緣設施，保證加熱器的效率和溫度控制有效。

熱流道噴嘴的通道直徑，應與流道板上流道直徑相配，噴嘴的流道入口要圓滑過渡。噴嘴澆口有兩種安裝位置，一種在噴嘴殼體的末端，另一種在定模板上。澆口的類型主要有兩種，一種是主流道型的直澆口，另一種是頂針式澆口。噴嘴上澆口直徑需要慎重考慮，因為此處熔體溫度較高，剪切速率很大，會有降解的危險。所有的噴嘴必須安裝有熱電偶；它們的加熱系統必須有自己的控制迴路。

為了防止洩漏，在流道板的緊固和密封時，需計入熱膨脹的作用，還要限制流道板的熱損失。如圖 2-9 所示，噴嘴軸線上的承壓圈、流道板和噴嘴，在射出加熱時應有恰當的過盈配合，以防止洩漏。在高溫熱膨脹的情況下，

過大的膨脹力會擠壓破壞定模板或定模固定板的表面。

因此，應仔細校核承壓圈的厚度。

（1）熱流道系統的結構

熱流道系統一般由熱流道元件、電熱元件和溫度控制器三部分組成，熱流道元件包括主流道杯、流道板、噴嘴，其主要作用是將熔料引入型腔中；熱流道的加熱和溫控系統主要由加熱元件、監控點和控制系統組成。加熱元件一般常用加熱棒、加熱圈、加熱板、間隔加熱器、澆鑄加熱器、嵌入式加熱器等，要求其具有較高的功率密度。監控點為設置在整個流道中靠近薄弱部位或工作面附近的溫度監測點，使用熱電偶來測溫。控制系統的作用是調控整個熱流道系統的溫度，使其溫度波動能被控制在某一設定的範圍內。

① 溫度控制系統：熱流道系統是一個熱平衡系統，工作過程中的熱流道系統存在熱損失，此時需要有加熱器對其加熱進行熱量補償。為了維持熱流道系統始終處於一個理想的等溫狀態，需要有靈敏的熱電偶和溫度調節器對熱流道系統進行有效準確地控制。

② 主流道杯：主流道杯相當於冷流道的主流道，將射出機噴嘴內的物料引入到流道板。理論上主流道杯應有加熱和溫控裝置，以保證物料處於熔融狀態，由於主流道杯很短，一般不需要特別的加熱，其熱量通常以熱傳導的形式從射出機噴嘴和流道板獲得。

如圖 2-10 所示為三種常被使用的主流道杯。

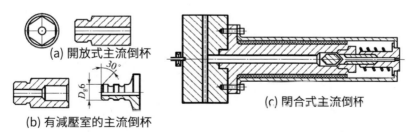

(a) 開放式主流倒杯

(b) 有減壓室的主流倒杯

(c) 閉合式主流倒杯

▲ 圖 2-10 流道板上的主流道杯

③ 熔體傳輸及流道板的整體佈置：採用流道板的熱流道系統一般具有多個噴嘴，為了保證生產製品的品質，無論是在成型同一製品的多型腔模具和不同製品的多模穴模具，還是多個射出口的單模穴射出成型中，

實現塑膠熔體的平衡充模是十分關鍵的。

在塑膠熔體充模過程中，採用兩個途徑達到充模平衡。

a. 以相等的流經長度來設計流道系統，提供自然或幾何的平衡，如圖 2-11 所示，稱為自然平衡（也叫幾何平衡）。

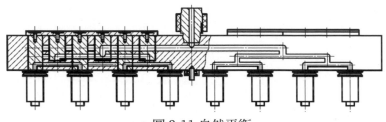

▲ 圖 2-11 自然平衡

b. 以各射出點有相同的壓力降來設計流道系統，對不同的流經長度給 以流道截面的補償，獲得基於流變學理論計算所得平衡，稱為流變 學平衡，如圖 2-12 所示。

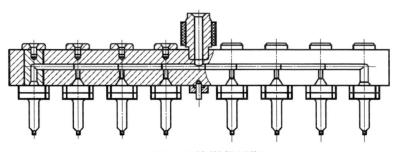

▲ 圖 2-12 流變學平衡

④ 噴嘴

a. 開放式噴嘴。有些熱流道廠商將頂針式噴嘴也納入開放式噴嘴，因 為相對於開關式噴嘴而言，他們都是熱流閉合的澆口。這裡的開放 式噴嘴不包括頂針式噴嘴。

開放式噴嘴的澆口口徑較大，一般為 1~4mm。在實際生產中，這種 澆口的噴嘴易產生拉絲和流涎，因此不適合易產生澆口拉絲或流涎 的塑膠。

開放式噴嘴如圖 2-13 所示，可分為兩類：直接澆口的整體式噴嘴 [如

圖 2-13(a) 所示] 和有絕熱艙的整體式或部分式噴嘴 [如圖 2-13(b)、(c) 所示]。

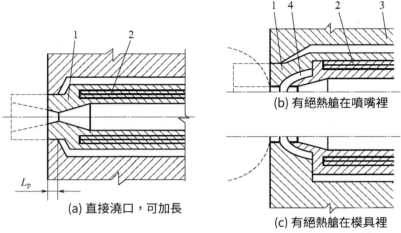

▲ 圖 2-13 開放式噴嘴的結構

Lp—噴嘴頭與模具孔的接觸配合長度；

1—噴嘴殼體；2—加熱器；3—模具上孔；4—絕熱器

b. 頂針式噴嘴。在熱流道射出生產中，針點式的開放式噴嘴由於容易拉絲和流涎，被性能更好的頂針式噴嘴所替代。頂針式噴嘴在澆口中央的頂針有助於防止熔料拉絲和流涎，而且頂針式噴嘴的應用逐年增加，這是因為使用該種噴嘴在製品上殘留廢料少，而且無定形和結晶性塑膠都適用該種噴嘴。它最顯著的特徵是塑膠熔體被熱頂針引流到澆口，澆口直徑較小，留在製品上的痕跡很小。澆口的溫度容易控制，可用於熱敏性塑膠如 PVC、POM 的射出。

由於頂針的存在，頂針式噴嘴不適合射出對剪切敏感的塑膠，以及含有阻燃劑或有機顏料的塑膠，因為在澆口裡的環形小間隙中，容易產生溫度上升和物料的分解。

頂針式噴嘴可分為三種基本類型：加熱魚雷頂針、魚雷頂針、管道頂針，其結構如圖 2-14 所示。

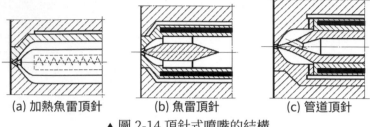

(a) 加熱魚雷頂針　　(b) 魚雷頂針　　(c) 管道頂針

▲ 圖 2-14 頂針式噴嘴的結構

c. 開關式噴嘴。開關式噴嘴滿足了人們對大直徑澆口設計和消除澆口殘留廢料的要求。在開關式噴嘴的中央有一可沿軸向移動的銷，它可由彈簧、氣缸或油缸驅動，當保壓階段結束時，銷在動力的驅動下向前移動，噴嘴裏的澆口被移動的銷閉合，噴嘴閉合控制促使保壓時間一致，保證熔體計量重複，改善了製品精確度。因澆口在模塑固化之前已經閉合，與開式噴嘴相比，開關式噴嘴可縮短射出成型週期。

開關式噴嘴的澆口直徑很大，因此射出時的壓力損失小，而且也會降低塑膠分子結構的損失與剪切應力和摩擦熱，所以，開關式噴嘴可用於低剪切阻抗的材料，它會使含有添加劑而對剪切敏感的塑膠更容易通過。由於壓力降小，故可採用較低的保壓壓力，與其他各種噴嘴相比，注塑件的內應力較低，而且該種噴嘴徹底防止了流涎或拉伸缺陷的產生。

如圖 2-15 所示，開關式噴嘴的結構可分為部分式和整體式兩大類型。圖 2-15(a) 為部分式開關噴嘴，澆口開設在模具上，澆口區溫度較低，被推薦用來射出成型無定形塑膠。圖 2-15(b) 所示為整體式開關噴嘴，澆口孔座由噴嘴的加熱器加熱，適用於結晶型塑膠的加工。

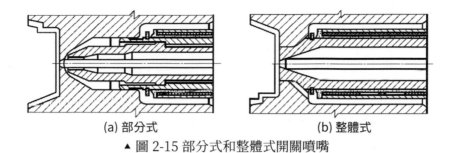

(a) 部分式   (b) 整體式

▲ 圖 2-15 部分式和整體式開關噴嘴

⑤ 熱流道模具的優缺點

a. 熱流道模具的優點。熱流道模具在現今世界各工業發達國家和地區均得到極為廣泛的應用。這主要是因為熱流道模具擁有如下顯著特點。

- 縮短製件成型週期。冷流道模具中，產品最大壁厚往往遠遠小於主流道的厚度，冷卻時，主流道冷卻滯後於製品，而採用了熱流道系統的模具，沒有主流道，也就沒有主流道的冷卻問題，故而可以大大縮短成型週期，提高注塑效率。據統計，與普通流道相比，改用熱流道後的成型週期一般可以縮短 30%。

- 節省塑膠原料。普通澆注系統中要產生大量的料柄，在生產小製品時，澆注系統凝料的重量可能超過製品重量。由於塑膠在熱流道模具內一直處於熔融狀態，製品不需修剪澆口，基本上是無廢料加工，因此可節約大量原材料。

- 提高產品一致性和品質。在熱流道模具成型過程中，塑膠熔體溫度在流道系統裡得到準確控制。塑膠可以更為均勻一致的狀態流入各模腔，其結果是得到品質一致的零件。熱流道成型的零件澆口品質好，脫模後殘餘應力低，零件變形小。所以市場上很多高品質的產品均由熱流道模具生產。如人們熟悉的 MOTOROLA 手機，HP 列印機，DELL 筆記本電腦裡的許多塑膠零件均用熱流道模具製作。

- 消除後續工序，有利於生產自動化。塑膠產品經過熱流道模具成型後，無需修剪澆口、取冷凝料柄工序，有利於澆口與產品的自

動分離，便於達到生產過程自動化。

- 擴大注塑成型工藝應用範圍。許多先進的塑膠成型工藝是在熱流道技術基礎上發展起來的。如 PET 預成型製作，模具中多色共注、多種材料共注工藝，疊箱鑄模（STACK MOLD）等。

- 適用材料範圍廣，成型條件設定方便。由於熱流道溫控系統技術的完善及發展，現在熱流道不僅可以用於熔融溫度較寬的 PE、PP，也能用於加工溫度範圍窄的熱敏性塑膠，如 PVC、POM 等。對易產生流涎的 PA，通過選用閥式噴嘴也能實現熱流道成型。

- 強化射出機功能。熱流道系統中塑膠熔體有利於壓力傳遞，流道中的壓力損失較小，可大幅度降低注塑壓力和鎖模力，縮短了射出和保壓時間，使得在較小的射出機上成型長流程的大尺寸塑件成為可能，因此減少射出機的費用，強化了射出機的功能，改善了注塑工藝。

b. 熱流道模具的缺點。盡管與冷流道模具相比，熱流道模具有許多顯著的優點，但模具使用者亦需要了解熱流道模具的缺點。概括起來有以下幾點。

- 模具成本上升。熱流道系統元件價格比較昂貴，結構相對複雜，機械加工成本高，模具成本大幅提高，有時熱流道系統的成本就會超過冷流道模具本身的成本，如果產品生產量較小，選用熱流道系統可能會得不償失。

- 熱流道模具製作工藝設備要求高。熱流道模具需要精密加工機械作保證，熱流道系統與模具的配合極為嚴格，還要考慮到模具材料膨脹等一系列問題，配合不好，就會產生溢料、澆口凍結等現象，導致塑膠產品品質下降，嚴重的無法生產。

- 操作維修複雜。與冷流道模具相比，熱流道模具操作維修複雜。如使用操作不當極易損壞熱流道零件，使生產無法進行，造成巨大經濟損失。對於熱流道模具的新用戶，需要較長時間來積累使用經驗。

(2) 熱流道模具的選用

熱流道技術雖然在模具製造業較發達的歐美國家已有幾十年的發展應用歷史，但傳統的冷熱流道模具至今仍占有很大的比例，如在美國，有人估計冷流道、熱流道各占50%；有人則說熱流道模具占60%，冷流道模具占40%。哪個數字更為準確且先不說，至少可以看出如果冷、熱流道模具能夠長期共存，就一定有各自存在的道理和應用特點。對於模具用戶及塑膠製品注塑加工生產商來說，一個最基本的問題就是何時應考慮使用熱流道模具成型，何時應考慮使用傳統的冷流道模具成型。

在論證是否使用冷流道或熱流道模具成型時，主要考慮兩方面的因素：一是經濟成本方面的因素，二是技術要求方面的因素。

① 經濟成本上的考慮

一般來說熱流道模具的生產設計製造週期要比冷流道模具長，涉及的環節較多，所以就模具成本本身來說，熱流道模具要貴很多。熱流道模具在經濟上的優越性主要是通過減小和消除生產廢料及實現注塑成型生產自動化來達成的。

如果塑膠製品產量要求非常大（如產量要求在數百萬件上）且生產率要求高，應用熱流道就非常有優越性。一般來說影響注塑成型週期（cycle time）最重要的一個因素就是塑膠製品的冷卻固化時間（cooling time）。在冷流道模具上，因流道系統的橫截面尺寸往往比塑膠製品壁厚大，因此其冷卻時間就較長。這經常會導致整體注塑成型週期加長。相反的，在熱流道模具上因不存在需要較長冷卻時間的冷流道，所以注塑成型週期可顯著降低。另外，用冷流道模具成型常常需要二次加工操作，如修剪澆口、回收流道系統廢料等。應用熱流道模具就可避免二次加工操作等問題，實現注塑成型生產自動化。

對於塑膠原料價格昂貴、製品產量要求大且不准許用回收料加工的項目，熱流道模具就應該是首選的模具類別。

在塑膠製品產量小的情況下，選用冷流道模具經濟上就比較划算，模具交貨期短，使用維護都相對簡單。因熱流道元器件貴，且熱流道模具生產設

計製造週期與冷流道模具相比要長很多,所以對要求短、平、快的注塑成型項目,從經濟成本上講,就不適合選用熱流道模具加工成型,而應考慮冷流道模具。

很多模具公司亦將冷、熱流道模具結合使用。如在製作一個貴重的熱流道模具之前,先使用冷流道模具進行小量的塑膠製品生產,供生產方案的研究論證以及檢測塑膠製品的使用特性等使用,取得經驗後再根據需要購置熱流道系統,將原來的冷流道模具轉變成熱流道模具。

對於剛開始學習使用熱流道模具的公司來說,初始投資和費用是比較大的。除購買熱流道系統本身外,還需購置溫度控制器。因為熱流道模具要消耗大量的電力,電費會因此大幅度增加。對於電力資源緊張的地區,這就是一個重要的經濟成本因素。使用者對熱流道使用技術的掌握很關鍵,人員的充分培訓也是一筆支出。

與冷流道模具相比,熱流道模具更容易出現各種生產上的故障。熱流道模具的使用與維護比較複雜。熱流道元器件是處在高溫和高壓動態負載狀態下工作的,導致其失效的因素很多。很多熱流道元器件亦是容易磨損的元器件,需定期更換,所以熱流道使用者在購置正常的熱流道系統外,還經常需要購買備用元器件。這都會增加額外的使用成本,而冷流道模具出現故障的機會就少得多。對於熱流道模具的故障問題,還常常需要熱流道供應商派出技術服務人員幫助才能順利排除,而這些技術服務經常都是收費的服務,也會增加使用熱流道模具成本。同時,塑膠注塑加工的經濟效益主要是靠不停大量生產來保障的,所以一旦有停產故障,經濟損失是很大的。因此在決定是採用冷流道還是熱流道模具時,必須考慮熱流道模具停產故障的這個因素是否可以順利解決。

由以上的討論可以看出,決定採用熱流道模具的經濟成本因素是有很多方面的,要全面綜合考慮。概括地說,對於批量生產要求大,塑膠原料價格貴的項目及技術經驗豐富的公司,應考慮使用熱流道模具;對生產批量小,使用者技術經驗不夠豐富,產品品質要求一般的項目,使用傳統的冷流道模具就比較經濟划算。

② 技術要求上的考慮

注塑加工和任何其他經濟活動一樣，經濟效益當然是最重要的目標，但同時兼具技術上的要求亦非常重要。因為對很多，尤其是近年來出現的各種新型注塑成型工藝，用傳統的冷流道模具在技術上是無法實現的。在這種情況下，雖然採用熱流道模具價格成本比較高，但從技術上來講是唯一的選擇。同時，熱流道技術亦將傳統的注塑加工工藝提高到一個新的高度。應用熱流道技術後，模具設計更加靈活多樣。原來冷流道無法做到的設計方案，現在使用熱流道都能實現了。

③ 熱流道模具的應用範圍

　　a. 塑膠材料種類。熱流道模具已被成功地用於加工各種塑膠材料。如 PP、PE、PS、ABS、PBT、PA、PSU、PC、POM、LCP、PVC、PET、PMMA、PEI、ABS/PC 等。任何可以用冷流道模具加工的塑膠材料都可以用熱流道模具加工。

　　b. 零件尺寸與重量。用熱流道模具製造的零件最小的在 0.1g 以下，最大的在 30kg 以上，應用極為廣泛靈活。

　　c. 工業領域。熱流道模具在電子、汽車、醫療、日用品、坑具、包裝、建築、辦公設備等各領域都得到廣泛應用。

2.5 　「樣本複製」——列印和影印

經過資料擷取、模型分析、原料製備等準備工作後，便可以使用 3D 列印機或者 3D 影印機進行「樣本複製」。

2.5.1 　聚合物 3D 列印工藝—— FDM

熔融沉積成型工藝（FDM）是繼 LOM 工藝和 SLA 工藝之後發展起來的一種 3D 列印技術。這種工藝將絲狀材料，如熱塑性塑膠、蠟或金屬的熔絲，從加熱的噴嘴擠出，按照零件每一層的預定軌跡，以固定的速率進行熔體沉積。每完成一層，工作檯下降一個層厚，疊加沉積新的一層，如此反覆，最終實現零件的沉積成型。FDM 工藝不需要使用雷射光系統，操作簡單，所用

的成型材料價格也相對低廉，總體性價比高，成為眾多開源桌面 3D 列印機主要採用的技術方案，如圖 2-16 所示。

　　FDM 機械系統主要包括噴頭、送絲機構、運動機構、加熱工作室、工作檯 5 個部分，系統模型如圖 2-17 所示，工藝流程如圖 2-18 所示。熔融沉積工藝使用的材料分為兩部分：一類是成型材料，另一類是支撐材料。

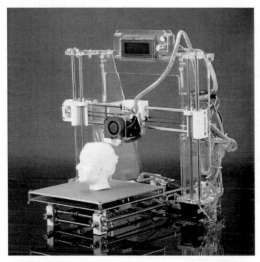

▲ 圖 2-16 FDM 桌上型 3D 列印機

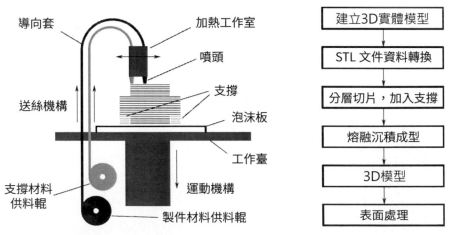

▲ 圖 2-17 FDM 系統模型 (左)　圖 2-18 FDM 工藝流程 (右)

熱熔性絲材（通常為 ABS 或 PLA 材料）先被纏繞在供料輥上，由步進

馬達驅動輥子旋轉，絲材在主動輥與從動輥的摩擦力作用下向擠出機噴頭送出。在供料輥和噴頭之間有一導向套，導向套採用低摩擦力材料製成，以便絲材能夠順利準確由供料輥送到噴頭的內腔。

噴頭的上方有電阻絲式加熱器，在加熱器的作用下絲材被加熱到熔融狀態，然後通過擠出機把材料擠壓到工作檯上，材料冷卻後便形成了工件的截面輪廓。每完成一層成型，工作檯便下降一層高度，噴頭再進行下一層截面的掃描噴絲，如此反覆逐層沉積，直到最後一層，這樣逐層由底到頂地堆積成一個實體模型或零件。

FDM 成型中，每一個層片都是在前一層上堆積而成，前一層對當前層有定位和支撐的作用。隨著高度的增加，層片輪廓的面積和形狀都會發生變化，當形狀發生較大的變化時，上層輪廓就不能給當前層提供充分的定位和支撐作用，這就需要設計一些輔助結構——「支撐」，以保證成型過程的順利完成。現在一般都採用雙噴頭獨立加熱，一個用來噴模型材料製造零件，另一個用來噴支撐材料做支撐，兩種材料的特性不同，製作完畢後去除支撐。

一般來說，用於成型的材料絲相對更精細一點，價格較高，沉積效率也較低。用於製作支撐材料的絲材會相對較粗糙一點，成本較低，但沉積效率會更高。支撐材料一般會選用水溶性材料或比成型材料熔點低的材料，這樣在後期處理時通過物理或化學的方式就能很方便地把支撐結構去除乾淨。

送絲機構為噴頭輸送原料，送絲要求平穩可靠。送絲機構和噴頭採用推 - 拉相結合的方式，以保證穩定可靠送絲，避免斷絲或積留。

FDM 快速成型工藝的優點：① 成本低，熔融沉積成型技術用液化器代替了雷射光器，設備費用低，另外，原材料的利用效率高且沒有毒氣或化學物質的污染，使得成型成本大大降低；② 採用水溶性支撐材料，使得去除支架結構簡單易行，可快速構建複雜的內腔、中空零件以及一次成型的裝配結構件；③ 原材料以捲軸絲的形式提供，易於搬運和快速更換；④ 可選用多種材料，如各種色彩的工程塑膠 ABS、PC、PPS 以及醫用 ABS 等；⑤ 原材料在成型過程中無化學變化，製件的翹曲變形小；⑥ 用蠟成型的原型零件可以直接用於熔模鑄造；⑦ FDM 系統無毒性且不產生異味、粉塵、噪音等污染，不用建立與維護專用場地，適合於辦公室設計環境使用；⑧ 材料強度、韌性優

良，可以裝配進行功能測試。

　　FDM 快速成型工藝的缺點：① 原型的表面有較明顯的條紋；② 與截面垂直的方向強度小；③ 需要設計和製作支撐結構；④ 成型速度相對較慢，不適合構建大型零件；⑤ 原材料價格昂貴；⑥ 噴頭容易發生堵塞，不便維護。

　　FDM 快速成型機採用降維製造原理，將原本很複雜的 3D 模型根據一定的層厚分解成多個平面圖形，然後採用疊層法還原製造出 3D 實體樣件。由於整個過程不需要模具，所以大量應用於汽車、機械、航空航太、家電、通訊、電子、建築、醫學、玩具等產品的設計開發過程，如產品外觀評估、方案選擇、裝配檢查、功能測試、客戶看樣訂貨、塑料件開模前校驗設計以及少量產品製造等，也應用於政府、大學及研究所等機構。用傳統方法需幾個星期、幾個月才能製造的複雜產品原型，用 FDM 成型法無需任何刀具和模具，短時間內便可完成。

2.5.2　聚合物 3D 影印工藝——射出成型

　　在聚合物 3D 影印加工成型中，前 3 步工藝是準備工作，射出成型才真正開始進行製品的影印，因此注塑機實質上是一台 3D 影印機。通過注塑機可以快速高效地大量影印高分子製品，是塑膠製品加工最重要、使用最廣泛的方法之一。隨著射出成型技術的不斷發展，也出現了許多射出成型新技術，用來成型具有特殊要求的製品，如射出壓縮成型、氣體或水輔助射出成型、傳遞模塑成型（RTM 技術）、反應射出成型、發泡射出成型、多組分射出成型、微射出成型、快速熱循環射出成型、光聚合射出成型、奈米射出成型等。

(1) 射出壓縮成型（injection compression molding, ICM）

　　為了減少製品收縮，提高製品精確度，傳統射出成型法經常採用的方法是提高射出壓力，但壓力提高不僅給模具脫模帶來問題，還會因壓力過大而使製品產生殘餘變形。射出壓縮成型工藝便是在這種環境下提出的 [34]。

　　① 射出壓縮成型的原理及工藝 [35, 36]。射出壓縮成型也稱為二次合模射出成型，是射出和壓縮模塑的組合成型技術。與傳統注塑過程相比，射出壓縮成型的顯著特點是其模具模穴空間可以按照不同要求自動調整。

模具初次閉合時，並沒有完全閉合，而是保留一定的間隙，當注入模腔的樹脂由於冷卻而收縮時，從外部施加一個強制力使模穴的尺寸變小，使收縮的部分得到補償，從而提高產品品質。

射出壓縮的工藝流程如圖 2-19 所示，先用較小的鎖模力使模具在型腔厚度稍大於製品壁厚的位置上閉合，然後向模腔內注入一定體積的塑料熔體，在螺桿到達射出設定的位置時，合模裝置立即增加鎖模力並推動帶有陽模的動模板前進，模腔內的熔體即在陽模的壓縮作用下獲得模腔的精確形狀。

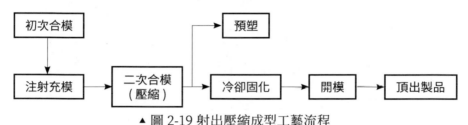

▲ 圖 2-19 射出壓縮成型工藝流程

② 射出壓縮成型的分類 [34]。根據注塑零件的幾何形狀、表面品質要求，以及不同的注塑設備條件，射出壓縮成型有 4 種成型方式：順序式、同步式、呼吸式和局部加壓式。

a. 順序式 ICM（Seq-ICM）：順序式射出壓縮成型。順序式是指射出過程和合模過程順序進行。如圖 2-20 所示，開始時，模具部分閉合，留下一個約為零件壁厚兩倍的模穴空間。射出熔料後，模具再進行最終的完全閉合，並使聚合物在模穴內受到壓縮。在此過程中，由於從完成注入到開始壓縮之間會有一個聚合物流動暫停和靜止的瞬間，因此可能會在零件表面形成一個流線痕跡，其可見程度取決於聚合物材料的顏色，以及零件成型時的紋理結構和材料種類。

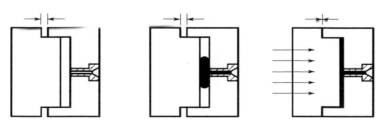

▲ 圖 2-20 順序式 ICM 工藝

b. 同步式 ICM（Sim-ICM）：同步式射出壓縮成型。與順序式 ICM 相同，同步式 ICM 開始時模具導引部分也是略有閉合的，不同的是在材料開始注入模穴的同時，模具即開始推合施壓。而擠料螺桿和模具模穴在共同運動期間，可能會有幾秒鐘的延遲。由於聚合物流動前方一直保持著穩定的流動狀態，它不會出現如順序式的暫停和表面的流線痕跡。

如圖 2-21 所示。

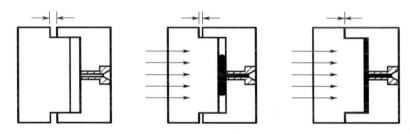

▲ 圖 2-21 同步式 ICM 工藝

由於上述兩種方式都在操作開始時留有較大的模穴空間，而在熔融聚合物注入模穴尚未遇到方向壓力之時，它可能因為重力作用而首先流入模穴較低的一側，並可能因暫時處於未承受壓力狀態而出現不希望有的泡沫。而且，零件壁厚越大，模穴空間也會越大，流注長度的延長也會增加模具完全閉合的時間週期，這些都可能會使上述現象加劇。

c. 呼吸式 ICM（Breath-ICM）：呼吸式射出壓縮成型。採用呼吸式 ICM（間歇式），模具在射出開始時即處於完全閉合狀態，在聚合物向型腔注入時，模具也逐漸拉開並形成較大的模穴空間，而模穴內的聚合物始終保持在一定壓力之下。當材料接近注滿模穴時，模具已開始反向推合，直至完全閉合，使聚合物進一步壓縮並達到零件所需求的尺寸。如圖 2-22 所示。

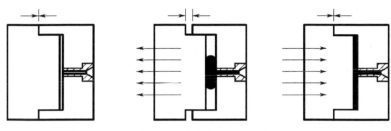

▲ 圖 2-22 呼吸式 ICM 工藝

d. 局部加壓式 ICM（Select-/com-ICM）：局部加壓式射出壓縮成型。採用局部加壓式 ICM 時，模具將完全處於閉合狀態。有一個內置的行壓頭在聚合物射出時或射出完畢後，從模穴的某個局部位置壓向模穴，以使零件的較大實體部位局部受壓並被壓薄。如圖 2-23 所示。

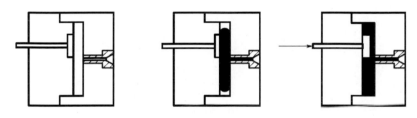

▲ 圖 2-23 局部加壓式 ICM 工藝

③ 射出壓縮成型的優缺點 [36]

a. 射出壓縮成型的優點。射出壓縮成型能夠以低射出壓力、低合模力和較短的生產週期生產尺寸穩定且基本無應力的製品。在傳統射出成型過程中，必須對射出機噴嘴施加很高的射出壓力才能夠有足夠的壓力推動熔體流動和壓實物料。對於薄壁製品，如光碟，由於高流動阻力，沿製品方向通常存在著顯著的應力變化，導致製品存在殘餘應力和嚴重的製品翹曲。如果使用射山壓縮成型，對於大部分的製品來說，填充壓力施加在厚度方向，使用低填充／保壓壓力即可得到均勻的壓力分布，從而減小成型的殘餘應力和製品翹曲。

b. 射出壓縮成型的缺點。射出壓縮成型的模具相對昂貴，而且在壓縮階段磨損較大；射出機需增加額外投資，即壓縮階段控制模組的

投資。

④ 適用材料及應用 [36]：射出壓縮成型適合用於各種熱塑性工程塑料以及部分熱固性塑膠、橡膠，例如，聚碳酸酯、聚醚醯亞胺、丙烯酸樹脂、聚丙烯、熱塑性橡膠和大多數熱固性材料等。射出壓縮成型主要應用包括薄壁製件、光學製件，例如，高品質和高性價比的 CD、DVD 光碟以及各種光學透鏡。

(2) 氣體或水輔助射出成型 (gas/water assisted injection molding, GAIM/WAIM)

① 氣體或水輔助射出成型的原理及工藝氣體輔助射出成型 (gas assisted injection molding, GAIM) 或水輔助射出成型 (water assisted injection molding, WAIM) 均是在熔料注入模具但還未固化時，將氣體或水沿特定噴嘴或模具注進熔料中，由於壓力的作用，介質會穿透熔料，從而在熔料中形成空腔，進而使熔料充滿模穴，然後利用介質的壓力進行保壓，最後固化成型，圖 2-24 為氣輔射出成型原理（噴嘴進氣）。

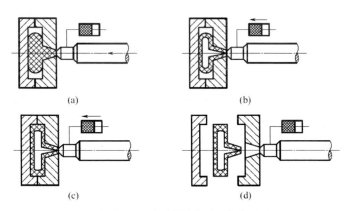

▲ 圖 2-24 氣輔射出成型原理

根據氣輔或水輔射出成型的工作過程，可將其工藝分成 6 個階段 [37]。

a. 塑膠射出填充階段。該階段與常規射出工藝幾乎一樣，唯一的區別在於此工藝中熔料一般不會一次充滿模穴，一般留有 4%~30% 的空間。

b. 切換延遲階段。這個階段是熔體射出結束到介質射出開始的一段時

間，其過程非常短暫。延遲時間對氣輔射出成型製品的品質有重要影響，通過延遲時間的改變可以改變製品氣道處的熔體厚度分數。

c. 介質射出階段。這個階段是從介質開始射出到整個模具模穴充滿的一段時間，時間也很短，卻是整個過程中最核心的一步，對於塑膠製品的成型品質非常重要，控制不好會產生許多缺陷，如產生氣穴、熔體前沿吹穿、射出不足和介質向較薄的部分滲透等。

d. 保壓冷卻階段。在此階段，製品依靠介質的壓力進行保壓。當介質為水時，介質還能很好的對製品進行冷卻，最終縮短成型週期。

e. 介質排出階段。無論注入的介質是惰性氣體還是水，最終均要將其排出。氣體介質可以直接排出，水一般可以通過注氣或蒸發水分等方式排出。

f. 頂出製品。此階段與常規注塑頂出一樣。

② 氣輔與水輔射出成型工藝的優缺點。氣輔射出成型與水輔射出成型雖然異曲同工，但也各有利弊，主要體現在以下方面：

a. 兩種工藝在節省原料、防止縮痕、縮短冷卻時間、提高表面品質、降低製品內應力及變形程度、減小鎖模力等方面均有顯著優點，它突破傳統的注塑方法，可靈活的應用於多種製件的成型。

b. 兩種工藝共同的缺點是設備成本高，需要嚴格控制工藝參數，噴嘴的設計也十分複雜。對於氣體輔助射出成型，排氣孔會引起表面品質問題，對於水輔射出成型，由於水的特性，所需要考慮的問題更多，例如，如何確定合適的水溫、水壓、流速以及在熔體內部流動的水對物料結晶化的焠火和塑件性能的影響等 [38]。

c. 相比氣輔射出成型，水輔射出成型能夠成型壁厚更薄和更均勻的中空製品，而且更節省原料，同時水輔射出成型對於製品內表面的品質控制是遠優於氣輔成型的，此外，由於水很大程度上加快了熔料的冷卻固化，因此水輔射出成型還能極大地縮短成型週期。

③ 氣輔與水輔射出成型工藝的應用 [39]：氣體輔助和水輔助射出成型應用十分廣泛，可用於日常塑膠製品、傢具行業、玩具行業、家電行業、

73

汽車行業等幾乎所有塑膠製件領域，其中，氣輔或水輔射出成型特別適用於中空製品，壁厚、壁薄（不同厚度截面組成的製件）和大型有扁平結構零件，例如，把手、手柄等。

（3）傳遞模塑成型（resin transfer molding, RTM）

① 傳遞模塑成型的工藝及特點[40]：傳遞模塑成型（RTM 技術）又稱樹脂壓鑄模塑，是指低黏度樹脂在閉合模具中流動，浸潤增強材料（玻璃纖維、碳纖維等）並固化成形的一種工藝技術，其工藝流程如圖 2-25 所示。傳遞模塑成型有以下特點。

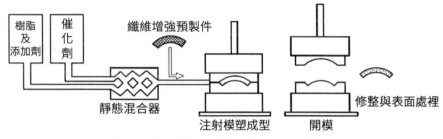

▲ 圖 2-25 傳遞模塑成型（RTM）工藝流程

a. RTM 工藝分增強材料預成型坯加工和樹脂射出固化兩個步驟，具有高度靈活性和組合性。

b. 採用了與製品形狀相近的增強材料預成型技術，纖維樹脂的浸潤一經完成即可固化，因此可用低黏度快速固化的樹脂，並可對模具加熱從而進一步提高生產效率和產品品質。

c. 增強材料預成型體可以是短切氈、連續纖維氈、纖維布、無皺摺織物、3D 針織物以及 3D 編織物，並可根據性能要求進行擇向增強、局部增強、混雜增強以及採用預埋和夾芯結構，可充分發揮複合材料性能的可設計性。

d. 閉模樹脂注入方式可極大減少樹脂有害成分對人體和環境的毒害。

e. RTM 一般採用低壓射出技術（射出壓力 $<4kgf/cm^2$），有利於製備大尺寸、外形複雜、兩面光潔的整體結構，及不需後處理的製品。

f. 加工中僅需用樹脂進行冷卻。

g. 模具可根據生產規模的要求選擇不同的材料，以降低成本。

② 傳遞模塑成型的適用材料及應用[41] 傳遞模塑成型的材料主要分兩部分，樹脂基體和增強材料。RTM 專用樹脂既不同於手糊樹脂，也不同於拉擠和纏繞樹脂，需要滿足凝膠時間長、高消泡性和高浸潤性、黏度低等性質，目前使用廣泛的樹脂材料包括乙烯基酯樹脂、不飽和聚酯、環氧樹脂、酚醛樹脂、氰酸酯樹脂、雙馬來醯亞胺等，其中環氧樹脂、酚醛樹脂、氰酸酯樹脂、雙馬來醯亞胺屬於高性能樹脂基體。增強材料主要是指一系列纖維，例如，玻璃纖維、碳纖維、碳化矽纖維、石墨纖維等，對增強材料的基本要求是盡可能在快速低壓下使樹脂能夠完全浸漬。

傳遞模塑成型是航空航太先進複合材料低成本製造技術的主要發展方向之一，可廣泛應用於汽車、建築、體育用品、航空航太及醫院器件等領域，例如，轎車後尾門和尾翼、高頂、擾流板和尾翼等，能規模化生產出高品質複合材料的製品。

(4) 反應射出成型（reaction injection molding, RIM）

① 反應射出成型的原理及工藝：反應射出成型是將兩種或兩種以上的具有高化學活性的、相對分子量低的液體材料均勻混合，在一定壓力、速度和溫度下注入模具模穴，快速完成聚合、交聯、固化，最終成型為製品的技術。反應射出成型具有節能、快速、加工成本低、產品性能好等優點，適合結構複雜、薄壁、大型製品的成型，目前在汽車、儀表、機電產品等領域應用十分廣泛，使用的樹脂也從剛開始的聚氨酯發展到環氧樹脂、甲基丙烯酸共聚物、有機矽等[42]。

反應射出成型的工藝流程如圖 2-26 所示，大致可以分為 7 個階段[43]。

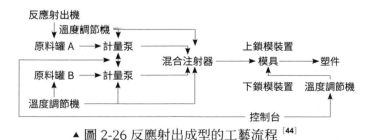

▲ 圖 2-26 反應射出成型的工藝流程[44]

a. 儲存。反應射出成型所使用的多組分原液通常儲存在特定的儲存器（壓力容器）中，在不成型時，原液通常在 0.2~0.3MPa 的低壓下在儲存器、換熱器和混合頭中不斷循環。對聚氨酯而言，原液溫度一般為 20~40℃。

b. 計量。在混合前，不同組分的原液需要經過精確的計量。一般採用液壓定量幫浦進行計量輸出。

c. 混合。反應射出成型的關鍵一步，產品品質的好壞很大程度上取決於混合頭的混合品質，生產能力則完全取決於混合頭的混合品質。

d. 充模。反應射出成型時的射出充模速度很高，因此對原液的要求是黏度不能太大。

e. 固化。反應射出成型最核心的一個階段。不同於傳統熱塑性注塑的冷卻固化，也不同於熱固性注塑的加熱固化，反應射出成型是藉助於熔體間的相互碰撞而固化成型的，其模具的模壁溫度與熔體溫度相差不大。

f. 頂出。固化後頂出製品，與常規注塑工藝無異。

g. 後處理。反應射出成型的製品頂出後還需進行熱處理，起到補充固化，形成牢固的保護膜、裝飾膜的作用。

② 反應射出成型的優缺點

a. 反應射出成型的優點：反應射出成型是能耗最低的工藝之一，反應原液黏度低、模穴壓力小、模溫不高，一次耗能很少，因此反應射出成型對模具設備的要求也相對較低；易於製作薄壁、輕質製品，表面品質好；生產效率高，生產大量、大尺寸的製品尤為經濟。

b. 反應射出成型的缺點：由於加工過程中的化學反應，反應射出成型的模具和工藝設計比較複雜。如慢速充模可能導致凝膠、欠注，而快速充模可能產生紊流，造成內部氣孔。模壁溫度控制不當或製品壁厚太薄會導致成型問題或造成材料燒焦；材料的黏度低，容易產生溢料，需要進行修整；異氰酸酯的反應由於健康問題需要特別的環境保護措施；

反應射出成型的回收再使用要比熱塑性樹脂困難得多。

③ 反應射出成型的應用：反應射出成型一般用於生產大型、複雜的製品，特別是汽車的內外部件，如保險桿、保險桿面板和車門板。其他的汽車工業應用包括擋泥板、扶手、方向盤、車窗密封圈等；非汽車工業應用包括傢具、商用機器外殼、醫療器械和工業器械罩殼、農業和建築業製品、生活用品和娛樂設施等。

(5) 發泡射出成型 [45]

發泡技術指的是採用物理、化學方法使得塑膠製品形成泡孔結構的成型方法，物理方法是直接注入氣體形成泡孔結構，化學方法則是注入化學發泡劑，利用化學反應分解氣體形成泡孔結構。注塑發泡作為最重要的成型方法之一，近年來受到國內外學者的廣泛關注。注塑發泡的發泡過程均在模具中完成，這裡主要介紹關注度較高的結構發泡注塑成型與微孔發泡射出成型。

① 結構發泡射出成型

結構發泡材料是指一種具有堅韌緻密表層，內部呈均勻微孔泡沫結構的發泡材料，主要用於工程結構件，如影印機支架、底座、建築材料等。

結構發泡射出成型主要分為二類：低壓發泡、高壓發泡和雙組分發泡。

低壓發泡射出成型採用欠注法，整個注塑設備與常規注塑設備基本一致，需要注意的是，射出噴嘴需要採用自鎖式，低壓射出發泡製品表面比較粗糙，精確度不是很高。

高壓發泡射出成型採用滿注法，因此射出完成後需要模具稍微的分開以完成發泡過程，此時需要在合模系統上增加二次合模保壓裝置，高壓射出發泡製品表面平整清晰。

雙組分射出發泡一般是通過同一澆口，利用兩台射出設備先後注入皮層和芯層材料，其中芯層材料含發泡劑，跟高壓射出發泡一樣，需增加二次合模保壓裝置，而且，如前所述，雙組分發泡注塑機屬於多組分發泡的一種，其射出裝置需要兩套，結構更加複雜。

② 微孔發泡射出成型

微孔發泡是 1990 年代美國麻省理工學院（MIT）提出的概念，其泡孔尺寸通常為幾微米，微孔發泡材料很好地保持了聚合物材料的強度，而且能良好地改善塑膠的力學性能。近年來，在 MIT 微孔發泡概念的基礎上，許多學者研發出了一系列微孔發泡射出機，如美國 Trexe L 公司的 MuCeLL 微孔發泡射出成型機、德國亞琛工業大學的 IKV 微孔射出成型機以及德國 Demag Ergotech 公司的 ErgoCell 微孔射出成型機。這些微孔發泡射出成型機都有一個共同的特點，那便是將發泡劑直接注入射出螺桿熔融段末端，與熔體均勻混合，因此，在機筒上需要設計氣流通道以及其他輔助裝置。圖 2-27 為德國亞琛工業大學 IKV 研究所研發的微孔射出成型機。

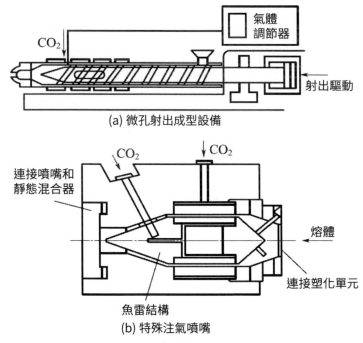

(a) 微孔射出成型設備

(b) 特殊注氣噴嘴

▲ 圖 2-27 IKV 微孔射出成型機

阿博格與 IKV 研究所還共同研發了物理預發泡技術 ProFoam，如圖 2-28 所示，其基本原理是在原料進入機筒之前通過低壓氮氣進行浸潤發泡。原料首先被加入由兩個加壓腔體組成的預發泡裝置的上部腔體中，低壓下（50bar）加入物理發泡劑（N2）。隨後腔體氣體閥門打開讓原料進入下部加壓

腔後鎖閉,上部腔體繼續加料。待下部腔體閥門打開後,原料進入塑化系統中,物理發泡劑因此可均勻溶入塑膠熔體裏。射出時伴隨減壓過程,可在製品內部產生均勻分布的微孔結構。這種工藝的優勢在於不需要在螺桿上設置額外的剪切和混合功能部件。尤其值得一提的是,ProFoam 還被用於生產帶長纖維增強的發泡部件,以達到更優良的機械特性。相比於傳統的工藝,生產出的部件可獲得平均長度更長的增強纖維。根據材料的不同,還可利用變模溫技術對表面品質進行優化。

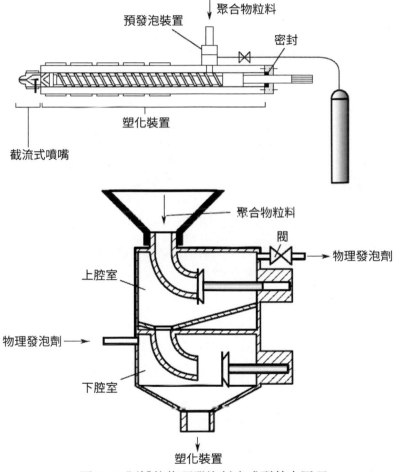

▲ 圖 2-28 阿博格物理發泡射出成型基本原理

(6) 多組分射出成型（multi-component injection molding）

① 多組分射出成型的工藝及特點

多組分射出成型，顧名思義，是將兩種或兩種以上的聚合物材料混合成型以獲得所需製品的一種注塑成型工藝[46]。我們經常看到的共注塑成型、三明治成型、包覆成型、雙色和多色注塑成型等都屬於多組分注塑的範疇。與傳統注塑成型過程不同，多組分注塑成型根據聚合物的不同特質，需要兩套或多套射出裝置共同工作，如圖 2-29 所示，因此多組分注塑機結構更加複雜，所需空間更大，但同時，多組分射出成型存在著許多其他射出技術無法比擬的優點，如可將不同使用特性或加工特性的材料複合成型；提高製品手感和外觀，集多種功能於一體；縮短製品設計和成型週期，降低生產成本；減少或取消傳統射出成型後的二次加工和裝配等。

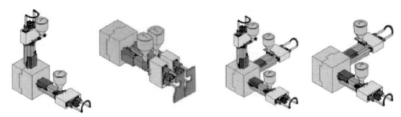

▲ 圖 2-29 多組分注塑機射出單元的不同排布形式[47]

根據成型過程中各組分結合形式的不同，多組分射出成型通常可以分為順序射出成型和疊加射出成型兩種[46]。

順序射出成型指將物料按照特定的順序依次注入模腔的工藝過程，一般情況下這一過程由特殊的多組分噴嘴實現。其注塑成型過程：首先，將第一種熔融組分注入模腔中形成製品的表層；接著在特定的時間後，使用多組分噴嘴的切換閥進行位置切換，並注入第二種熔融組分，從而形成製品的內核部分。

疊加射出成型指多種組分通過不同的澆口或流道射出到一起或者是將多種組分疊加在一起的工藝過程。疊加射出成型與順序射出成型的主要不同之處在於模具部分的改變。根據射出過程中物料狀態的不同，疊加射出成型又可分為「熔融 / 熔融」射出和「固體 / 熔融」射出兩種。「熔融 / 熔融」射出成型又稱為共射出成型，指通過不同澆口將兩種或多種熔融組分同時注入模腔。

「固體 / 熔融」射出成型則是將第一種熔融組分部分固化後，再進入下一成型位置，射出後幾種熔融組分。

② 多組分射出成型的應用

多組分射出成型在近幾年發展十分迅速，應用也越來越廣，其最大的優勢在於生產具有層結構的製品以及多色製品，如汽車多色尾燈、各種設備的按鍵等。

(7) 微射出成型

① 微射出成型

微射出成型是對微尺寸、微結構製品進行射出成型的工藝，製件尺寸一般是微米級，最早的微射出成型機的基本結構與常規射出成型機一樣，圖2-30 為意大利 BABYPLAST 公司的微型注塑機，但由於射出設備更加小型化、精密化，因此其要求更加嚴格，具體體現在如下方面 [48, 49]。

a. 高射出速率。微射出成型零件品質、體積微小，射出過程要求在短時間內完成，以防止熔料凝固而導致零件欠注，因此成型時要求射出速度高。傳統的液壓驅動式射出成型機的射出速度為 200mm/s，電氣伺服馬達驅動式射出成型機的射出速度為 600mm/s，而微射出成型工藝通常要求聚合物熔體的射出速度達到 800mm/s 以上。

b. 精密射出量計量。微射出成型零件的品質僅以毫克計量，因此微射出成型機需要具備精密計量射出過程中一次射出的控制單元，其品質控制精確度要求達到毫克級，螺桿行程精確度要達到微米級。傳統射出成型機通常採用直線往復螺桿式射出結構，射出控制量誤差相對較大，無法滿足微射出成型的微量控制要求，可以採用螺桿柱塞式結構。

c. 快速反應能力。微射出成型過程中射出量相當微小，相應射出設備的螺桿 / 柱塞的移動行程也相當微小，因此要求微射出成型機的驅動單元必須具備相當快的反應速度，從而保證設備能在瞬間達到所需射出壓力。

d. 快變模溫技術。對尺寸的高精確度要求也使得微射出成型需要採取

快變模溫技術，使模具能夠實現快速升溫、快速冷卻，其具體的方案可以依工藝條件而定。

e. 物料的要求。能採用微射出成型的聚合物通常是工程塑膠和特種工程塑膠（在尺寸較小的情況下具有較好的使用性能）。

▲ 圖 2-30 義大利 BABYPLAST 公司的微型注塑機

② 微分射出成型 [50]

微分射出成型是微型製品射出成型的一種新方法，打破「大設備生產大製品，小機器生產小零件」的常規思路，最早由北京化工大學英藍實驗室提出，用大設備生產小製品，其原理是在壓力作用下將一股熔體均勻分流為多股熔體，且可以對分流熔體進行計量，實現一分多、大分小、小分微。微分系統的核心是熔體微分幫浦，該微分幫浦與行星齒輪幫浦的基本原理相同。微分射出成型理論是在傳統的射出成型技術中增加微分系統（見圖 2-31），聚合物的熔融塑化射出除了通過傳統的射出成型機的射出塑化系統進行外，還需要藉助微分系統來完成，其中微分系統具有熔體分流、輸送、增壓和計量的功能。以微分射出成型理論開發的微分射出成型機可以實現多台微射出成型機的功能。

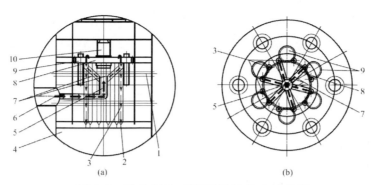

▲ 圖 2-31 微分射出成型機的微分系統結構

1─加熱裝置；2─微型製品；3─出口；4─模具；5─主進口；6─噴嘴；7─進口分支；8─
　主動齒輪；9─從動齒輪；10─齒輪驅動軸

　　在微分射出成型中，將熔體幫浦安裝在射出成型機和模具之間（見圖 2-32），這樣就可以把射出方向產生的波動與模具設備隔離開來，不論幫浦入口處的壓力是否發生波動，只要進入幫浦的熔體能充分地充滿齒槽，就能以穩定的壓力和流量向模具輸送物料，從而提高系統的穩定性和製品精確度。熔體幫浦是一種增壓設備，它能把射出成型機螺桿計量段的穩壓、增壓功能移到熔體幫浦上來完成。

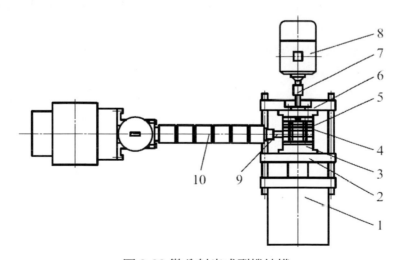

▲ 圖 2-32 微分射出成型機結構

1─合模系統；2─動模板；3─模具；4─微分幫浦；5─加熱裝置；6─定模板；7─聯軸器；
　8─驅動電動機；9─噴嘴；10─塑化系統

目前，微系統技術的應用已從微電子元件、微型光學儀器、微型醫療儀器、微型傳感器擴展到磁碟讀寫裝置、噴墨列印等。微射出成型的發展也越來越迅速，它對微電子學、微機械學、微光學、微動力學、微流體學、微熱力學、材料學、物理學、化學和生物學等廣泛學科領域的微結構件製造具有不可比擬的優勢。

(8) 快速熱循環射出成型（rapid heating cycle molding, RHCM）

對於常規注塑工藝，塑件品質與注塑生產效率對模具溫度的要求是相互矛盾的，如果需要提高塑件品質，應當盡量提高模具溫度，從而消除冷凝層等一系列缺陷，但是，提高模具溫度勢必會造成冷卻時間的增加，引起生產效率的下降。為解決這種矛盾，行業內提出了一種新的注塑成型工藝 —— 快速熱循環射出成型。

① 快速熱循環射出成型的原理

快速熱循環射出成型方法是一種基於動態模溫控制策略，可實現模具快速加熱與快速冷卻，並對模具溫度實行閉環控制的新型射出成型方法 [51]。其具體的實施辦法是：射出填充前將模具加熱至較高溫度，避免填充階段熔體的過早冷凝，這樣塑膠熔體可以順利地充滿模具模穴，而在填充結束後將模具冷卻至較低溫度，以快速冷卻模具模穴中的塑膠熔體，從而有效避免填充階段模具溫度高對注塑生產效率帶來的不利影響 [52]。相比熱流道技術，快速熱循環工藝主要針對模穴和型芯進行加熱和冷卻，而熱流道技術是對流道進行加熱，對模具的加熱應當避免。由此可見，採用快速熱循環工藝進行注塑時，溫度的快速響應以及準確控制十分重要，因此，該工藝通常需要較為複雜的溫度控制系統，如圖 2-33 所示。

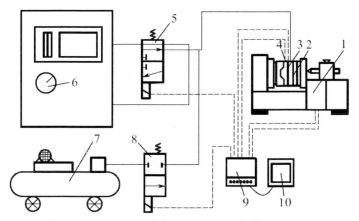

▲ 圖 2-33 電加熱快速熱循環注塑控制系統 [53]

1—注塑機；2—模具；3—電熱棒；4—鉑電阻溫度感測器；5—冷卻水進水閥；6—冷卻水循環機；7—空氣壓縮機；8—空氣閥門；9—PLC 控制器；10—人機介面

② 快速熱循環射出成型的工藝特點 [54]

根據快速熱循環射出成型的原理，我們需要對模具進行快速加熱和快速冷卻，這是該工藝的核心。

對於模具快速冷卻，最常用的方法就是將低溫冷卻介質高速通入模具內部管道，通過對流換熱快速冷卻模具。實驗證明，這種方法簡單易行，且具有足夠高的冷卻效率。與模具快速冷卻相比，模具快速加熱則要困難得多。為了達到模具快速加熱，國內外研究人員已經展開了大量研究工作，在此，本文介紹幾種較為常見的快速加熱方式。

a. 電加熱。電加熱是利用電阻元件加熱模具的方法，常用的有電熱管、電熱板、電熱圈等。電阻元件加熱速度較快，為 1~3℃ /s，溫度控制範圍可大於 350℃。在射出成型過程中，利用電阻元件將模具模穴、型芯快速加熱至接近或者高於聚合物玻璃化轉變溫度，並保持模具恆溫。

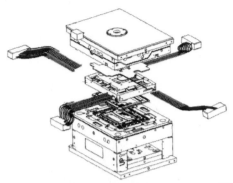

▲ 圖 2-34 電加熱快速熱循環注塑模具 [55]

射出完成後，用冷卻水對模具模穴、型芯進行快速冷卻，同時利用壓縮空氣將模具中的冷卻水排出。

採用電加熱法效率高，控制方法相對簡單，提高產品品質，縮短生產週期，但電加熱系統直接安裝在模具內部，模具結構較為複雜（圖 2-34），需要特殊設計，成本較高，且加熱是通過熱輻射傳導到模具，沿途上熱損失大。

b. 蒸汽加熱。蒸汽加熱是利用模溫控制裝置將高溫蒸汽和冷凝水循環交替引入模具的內部管路，以實現模具的快速加熱與冷卻的成型工藝。

蒸汽加熱系統最高可使模具表面溫度達到 160℃。但蒸汽加熱，升溫時間較長。

為保證模溫的均勻性和快速變化，模具內部必須開設合理的管道確保快速升溫和降溫。蒸汽加熱的模具也較為複雜，需要通過分層結構或其他特殊方法，將管道布置在距模具表面恆定距離的位置來滿足以上要求。採用蒸汽加熱模具溫度控制精確度高，加熱及冷卻範圍大，可以獲得表面光亮、無熔接痕、無流痕、不需噴塗加工、塑件性能好、生產成本低的塑件。

c. 電磁感應加熱。電磁感應加熱也是較為成熟的加熱方式之一，它是根據法拉第電磁感應原理加熱模具。電磁感應加熱只在模具表面至集膚深度範圍加熱，加熱體積小，升溫速度快，台灣中原大學研發

的系統升溫速度可到 40℃ /s 以上。

電磁感應加熱系統與模具之間無傳熱介質，加熱速度快，加工週期短。由於集膚效應僅對模具表面進行加熱，節省能源，還可以針對模具的特殊部位，如微小結構或可能出現熔接痕的部位進行局部加熱。利用電磁感應作為加熱源，比電加熱、蒸汽加熱效率更高，節省了加熱過程中的能源消耗，具有靈活、便捷、安全等優點。

d. d. 石墨烯鍍層輔助加熱 [56]。石墨烯鍍層輔助加熱是北京化工大學英藍實驗室提出的加熱方法，在矽材料模具模穴表面製備連續且緻密的化學鍵接石墨烯奈米鍍層，由於鍍層保持了石墨烯高導電、高導熱、超光滑的物理特性，在外部電源驅動下就可以將模穴表面溫度迅速提升至聚合物材料玻璃化轉變溫度之上，實現射出成型過程的快速熱循環。

此工藝使用的模具結構如圖 2-35 所示，利用此模具進行注塑實驗，結果表明石墨烯鍍層輔助加熱可以有效減小，甚至消除熔接痕，進一步減少多澆口製品表面缺陷，提高製品的表面品質，能在較低射出速度、射出壓力下，顯著提高製品複製模穴結構的能力，精確成型製品微奈米結構。該技術在成型超薄及微奈米複雜結構的精密注塑件方向具有廣闊的應用前景。

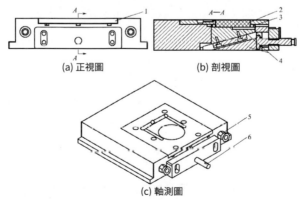

(a) 正視圖　　(b) 剖視圖

(c) 軸測圖

▲ 圖 2-35 快速熱循環射出成型實驗模具

1—澆口板；2—鍍有石墨烯的矽型芯；3—冷卻板（銅）；4—調高楔塊；5—冷卻水界面；
6—調高螺桿

(9) 光聚合射出成型 [57, 58]

① 光聚合材料

光聚合射出成型是對光聚合材料進行射出固化成型的工藝。所謂光聚合材料，是指一種可以利用光的能力來激發分子活性基團，從而固化的樹脂材料，它主要包括充當主要聚合組分的預聚物，調節體系黏度並充當次要聚合組分的活性稀釋劑，以及為反應提供自由基或者陽離子的光引發劑。光聚合材料具有如下特點：

  a. 光聚合材料是一種液態材料，其成型過程不需要加熱塑化，不僅能節約大量能源與時間，還避免了溫度梯度導致的材料性質不均勻、部分物料降解等缺陷。

  b. 光聚合樹脂只有在受到光照時才會發生聚合反應，避免了在流動過程中局部先固化造成的內應力積累，可以實現真正的隨形固化。

  c. 光聚合反應中，溶劑同時參與固化反應，從而極大減少了有毒物質的殘留。

② 光聚合射出成型的工藝及設備

光聚合反應在材料成型方面的應用越來越廣，例如，3D 列印和光聚合模壓成型。在此基礎上，北京化工大學英藍實驗室利用光聚合材料的光固化性質，開發了光聚合材料的注射成型工藝，其基本射出過程如下：

  a. 將光聚合樹脂高速射出入透明模穴中，並把樹脂充分壓縮。

  b. 在較高壓力下，對樹脂施加光照，並在樹脂固化過程中保持壓力。

  c. 停止供壓後，繼續光照一段時間，令樹脂全部硬化並取出製品。

由於光聚合材料常溫下呈液態，固化依靠光照完成，因此其射出成型的設備與常規注塑機有很大的不同，主要體現在以下方面：

  a. 射出裝置方面。由於光聚合材料射出時處於液態，因此無需螺桿進行熔融，採用柱塞進行輸送即可。

  b. 模具方面。模具是光聚合材料固化成型的地方，由於需要引進光

照，因此需要進行特殊設計，往往比較複雜。如圖 2-36 所示為常樂等設計的微結構光聚合成型設備，其模具由模具底板、一個可更換的具有微結構的模具型芯、石英玻璃透明模板、活塞式射出裝置以及紫外線光源組成。模具底板水平放置，透明模板蓋在模板上方並使用螺栓固定，透明模板上方安放有光源。活塞式射出裝置包含一個柱塞以及一個圓筒，垂直插在模具上，活塞使用不同重量的砝碼推動，實現不同成型壓力的控制。

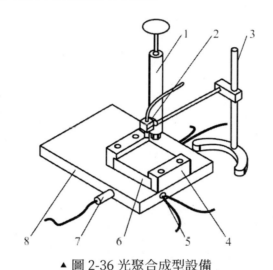

▲ 圖 2-36 光聚合成型設備

1—射出裝置；2—固化 UV 源；3—可調節支架；4—螺栓固定裝置；5—加熱器；6—石英透明模板；7—溫度感測器；8—模具底板

③ 光聚合射出成型的優勢與應用

光聚合射出成型的優勢主要體現在以下幾方面。

a. 不存在塑化過程。光聚合樹脂在常溫下即為液態，因此，並不受螺桿尺寸的限制，也不存在柱塞式注塑機塑化不均勻的問題，可以非常方便地實現設備微型化，並且儀器結構可以做到非常簡單。

b. 光聚合樹脂的黏度極低，在充填過程中不會因為降溫而改變流動特性，因此其在模內流動不受限制，從理論上可以達到無限長的深寬比，同時其優異的流動特性也有利於微細結構的複製。

    c. 光聚合射出成型可以根據成型需要，在模內分階段施加光照，實現固化場高度可控。

綜上所述，光聚合射出成型技術在微奈米製品加工領域展現出了良好的發展前景。光聚合射出機可以保證製品的良好填充效果，尤其適用於高深寬比、具有微奈米結構的精密製件的射出成型，例如，微流控晶片、微奈米導光元件、微型執行器等精密製品。

（10）奈米射出成型（nano molding technology, NMT）

在電子行業，五金／塑膠結合越來越流行。由於金屬兼備美學和電磁屏蔽等優良性能，設計者傾向使用金屬製作外殼和底盤材料，用於便攜式電子設備（如手機、平板電腦和筆記型電腦）。然而，金屬並不具備塑料的某些性能，例如，透明性、著色性、低成本、二次加工性。因此，金屬與塑膠的結合設計十分重要。

① 奈米射出成型的原理

奈米射出成型是一種用於金屬與塑膠的結合技術。對於產品外殼需要外部有金屬表現、內部有複雜結構、重量輕的需求，奈米射出成型是目前最好的解決之道，用以取代塑膠嵌入金屬射出、鋅鋁及鎂鋁壓鑄件。奈米射出成型可以提供一個具有價格競爭、高性能、輕量化的金塑整合性產品。

在近幾十年中，奈米射出成型技術（NMT）已被廣泛採用，以取代傳統的金屬插入模塑製品的方法。具體方法是金屬表面進行腐蝕預處理以產生奈米微孔，然後塑膠部件直接滲入到金屬中，產生界面牢固黏結。

由於這種單步注塑成型工藝可以很容易的形成結合，製造金屬零件的成本相對於傳統方法便減小了很多。奈米射出成型工藝流程如圖 2-37 所示。

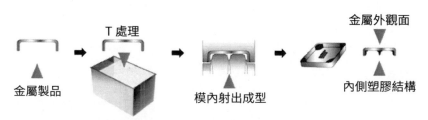

金屬製品　　　T 處理　　　模內射出成型　　　金屬外觀面　　　內側塑膠結構

▲ 圖 2-37 奈米射出成型工藝流程

在整個奈米射出成型工藝過程中，T（Taisei）處理是非常重要的工藝，如圖 2-38 所示，主要有以下四個步驟：通過鹼洗形成奈米層；接著進行酸浸泡，促使奈米層演化；然後使用 T 劑浸泡，為射出時與樹脂反應做準備；最後是用水清洗。

(a) 鹼洗－脫脂／奈米層　　(b) 酸浸泡－奈米層演化　(c)T 劑浸泡－奈米接合物質　　(d) 水清洗－穩定反應

▲ 圖 2-38 T 處理工藝步驟

　　T 處理所用的試劑稱為 T 劑，主要有三個作用：在金屬氧化層上創造奈米孔；填充奈米孔，去除空氣；射出時，與工程塑膠反應。如圖 2-39 所示，即使有能力製作出表面具有奈米孔洞的金屬基材，塑膠卻無法射進如此小的奈米孔洞（無法排氣且可能產生包風），根本就沒有結合能力，塑膠結構立即脫落。經 T 處理劑酸蝕後的金屬基材，塑膠射入產生化學反應，兩者進行交換並融合，奈米孔洞中很快就被兩種反應物「占滿」，塑膠結構立即產生錨栓效應緊固在金屬上（見圖 2-39）。

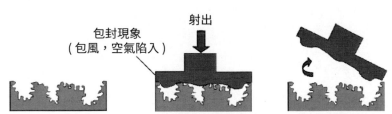

(a) 僅製作出表面具有奈米孔洞金屬基材與塑膠的黏接

(b) 經 T 處理劑酸蝕後金屬基材與塑膠的黏接

▲ 圖 2-39 工程塑膠與 T 劑反應造成錨栓效應

② 奈米射出用樹脂

奈米射出用樹脂與金屬必須是親和的，而且能進行 NMT 過程，許多熱塑

性樹脂均能滿足條件，但是由於金屬必須進行著色，模製後經常會進行二次加工，我們稱之為陽極處理。陽極處理時，材料會多次接觸酸性溶液以實現所需的顏色，因此耐化學性，尤其是耐酸性，成為材料選擇的一個要求，這就限制了某些聚合物，如聚醯胺。另外，該樹脂可以用玻璃纖維進行加固，以減少收縮和提高力學性能。塑膠化合物的線性膨脹係數也需要匹配金屬，否則，過度的內應力可能會導致表面裂紋，從而降低黏接效果。

由於這些因素以及著色性、低成本、金屬塑膠親和度的要求，聚苯硫醚（PPS）和聚對苯二甲酸丁二醇酯（PBT）已成為主流選擇，它們具有良好的耐化學性和混合性能。PPS、高結晶性樹脂可以在 NMT 過程中形成很好的結合，但可加工性較差、美觀性能低（包括色彩空間有限、表面粗糙、難以漆 / 清漆和耐氣候性很差）。半結晶樹脂的 PBT 具有良好的加工性，容易著色，具有較高的耐氣候性，而且不含鹵素，它還具有較高的剛性、拉伸強度、耐磨性和低摩擦性能，不過 PBT 存在相對較低的耐衝擊性和收縮率，可以通過製劑和適當的處理來改善。

目前已經量產可以使用的金屬材料有鋁及鋁合金、鎂及鎂合金、不銹鋼等；可以使用的塑膠材料有 PPS、PBT、PA（尼龍）等。為了防止塑膠的膨脹收縮速度高於金屬，會添加部分的纖維，如玻璃纖維、碳纖維等，使塑膠材料的熱膨脹收縮與金屬相近。

③ 奈米射出的優劣勢

奈米射出技術具有很多優勢，例如，降低產品的整體厚度與高度、減少產品整體重量、強度優異的機械結構、金屬底材加工速度與產出高（沖壓成形法）、更多的外觀裝飾方法選擇、更高的結合可靠度（相比膠合技術）等。

當然，由於一些原因也限制了它的應用，例如，大的零件費用高、5 種金屬合金限制（鐵、鋁、鎂、鈦與銅合金）、3 種塑膠材料限制（PPS、PBT 與 PA/PPA）、金屬與塑膠之間的受熱膨脹變形考量等。

參考文獻

[1] 秦杰，徐小明，趙運生，等.Pro/E 軟件在機械 CAD 設計中應用 [J].裝備製造技術雜誌，2011, 2011(1): 120-121.

[2] 朱金權.SolidWorks 軟件在機械設計中的應用與研究 [J]. 新技術新工藝，2009, (2): 41-44.

[3] 李潤，鄒大鵬，徐振超，等.SolidWorks 軟件的特點，應用與展望 [J.] 甘肅科技，2004, 20(5): 57-58.

[4] 安受鋪，魏周宏.UG 軟件在我國的應用綜述[J.]機械研究與應用，1996, (4): 15-17.

[5] 李自勝，朱瑩，向中凡.基於 CATIA 軟件的二次開發技術 [J.] 四川工業學院學報，2003, 22(1): 16-18.

[6] 聶建國，王宇航.ABAQUS 中混凝土本構模型用於模擬結構靜力行爲的比較研究 [J.] 工程力學，2013, (4): 59-67.

[7] 高興軍，趙恒華.大型通用有限元分析軟件 ANSYS 簡介 [J]. 遼寧石油化工大學學報，2004, 24(3): 94-98.

[8] [8]左大平，張益華，芮玉龍.Moldflow 模擬結果的精確度分析 [J]. 模具技術，2006, (3): 3-7.

[9] 李雯雯，盧軍，劉洋.Moldflow 軟件在注塑模具 CAE 中的應用 [J]. 工程塑料應用，2009, (9): 80-82.

[10] 唐忠民，宋震熙.注塑模流分析技術現狀與 Moldex3D 軟件應用 [J.]CAD/CAM 與製造業信息化，2003, (1): 57-59.

[11] 胡影峰.Geomagic Studio 軟件在逆向工程後處理中的應用 [J.] 製造業自動化，2009, (9): 135-137.

[12] 劉世明，胡桂川.Imageware 與反求工程 [J]. 重慶科技學院學報（自然科學版），2006, 8(3): 84-86.

[13] 曹丹.運用 Copy CAD 軟件進行逆向工程設計 [J.] 機械，2008, 35(9): 33-35.

[14] 陳艾春.基於 Rapid Form 的 3D 曲面重構 [J]. 電腦知識與技術，2009, 5:9316-9317.

[15] 羅文煜.3D 打印模型的數據轉換和切片後處理技術分析 [D]. 南京：南京師範大學，2015.

[16] 李海霞.基於 Solidworks 的熔融成型工藝參數影響快速原型產品表面品質研究 [D.] 濟南：山東大學，2015.

[17] W Michaeli, D Opfermann.Ultrasonic plasticising for micro injection moulding[J.] 2006.

[18] Adrian L Kelly, Elaine C Brown, Philip D Coates.The effect of screw geometry on melt temperature profile in single screw extrusion [J].Polymer Engineering & Sc-ience, 2006, 46(12): 1706-1714.70

[19] Ch Hopmann, T Fischer.New plasticising process for increased precision and reduced residence times in injection moulding of micro parts[J.] CIRP Journal of Manufacturing Science and Technology, 2015, 9:51-56.

[20] 馬懿卿.通用型螺杆與分離型螺杆對

注射用 PVC-U 複合粉料塑化效果的比較 [J.] 聚氯乙烯，2007, (3): 25-27.

[21] Robert F DRAY.How to compare：Barrier screws[J].Plastics technology, 2002, 48(12): 46-49.

[22] 李曉翠，彭炯，陳晉南. 銷釘單螺杆混煉段分布混合性能的數值研究 [J]. 中國塑料，2010, (2): 109-112.

[23] Yasuya Nakayama, Eiji Takeda, Takashi Shigeishi, et a.l Mel-t mixing by novel pitchedtip kneading disks in a co-rotating twin-screw extruder [J].Chemical engineering sc-ience, 2011, 66(1): 103-110.

[24] Qu Jinping, Xu Baiping, Jin Gang, et al. Performance of filled polymer systems under novel dynamic extrusion processing conditions [J].Plastics, rubber and composites, 2002, 31(10): 432-435.

[25] 蔡永洪，瞿金平. 單螺杆振動誘導熔體輸運模型與實驗研究 [J.] 華南理工大學學報 (自然科學版)，2006, 34(10): 44-49.

[26] 申開智. 塑料成型模具 [M.] 北京：中國輕工業出版社，2002.

[27] 李倩，王鬆杰，申長雨，等. 模具設計中收縮率的預測 [J]. 電加工與模具，2002, (5): 53-54.

[28] 申長雨，陳靜波.CAE 技術在注射模設計中的應用 [J.] 模具工業，1998, (3): 7-12.

[29] 申長雨，王利霞. 基於 CAE 技術的注塑模具設計 [J]. 中國塑料，2002, 16(1): 74-78.

[30] 周應國，陳靜波，申長雨，等 .CAE 技術在光學透鏡注射模設計中的應用 [J]. 模具工業，2007, 33(1): 1-4.

[31] 謝鵬程，楊衛民. 高分子材料注塑成型 CAE 理論及應用 [M]. 北京：化學工業出版社，2008.

[32] 郭齊健，何雪濤，楊衛民. 注射成型 CAE 與聚合物參數 PVT 的測試 [J]. 塑料科技，2004, 4:21-23.

[33] 王建. 基於注塑裝備的聚合物 PVT 關係測控技術的研究 [D]. 北京：北京化工大學，2010.

[34] 李德群. 現代塑料注射成型的原理，方法與應用 . [M]. 上海：上海交通大學出版社，2005.

[35] 戴亞春，董芳. 注射壓縮成型新方法 [J]. 模具工業，2006, 32(3): 53-56.

[36] 金志明. 塑料注射成型實用技術 [M.] 北京：印刷工業出版社，2009, 137-138.

[37] 魏常武，柳和生，繆憲文. 氣體輔助注射成型及其影響因素 [J]. 橡塑技術與裝備，2006, 32(4): 17-21.

[38] 張志鵬. 水輔助注射成型技術 [J]. 模具製造，2011, (2): 60-66.

[39] 汪正功. 氣體輔助注塑成型技術及其應用 [J]. 高科技與產業化，2000, (2): 30-31.

[40] 齊燕燕，劉亞青，張彥飛. 新型樹脂傳遞模塑技術 [J.] 化工新型材料，2006, 34(3): 36-38.

[41] 胡美些，郭小東，王寧. 國內樹脂傳遞模塑技術的研究進展 [J]. 高科技組織與應用，2006, 31(2): 29-33.

[42] 曹長興，李. 反應注射成型設備混合

系統的類型與性能 [J]. 塑料科技，2004, (2): 42-45.

[43] 楊洋 . 聚烯烴材料三層共擠複合膜制備與性能測試 [D]. 哈爾濱：哈爾濱理工大學，2014.

[44] 胡海青 . 熱固性塑料成型 (四) 反應注射成型 (RIM) 與增強反應注射成型 (RRIM)[J.] 熱固性樹脂，2001, 16(4): 45-48.

[45] 齊貴亮 . 注射成型新技術 [M.] 北京：機械工業出版社，2010, pp.280-303.71

[46] 馮剛，王華峰，張朝閣，等 . 多組分注塑成型的最新技術進展及前景預測 [J]. 塑料工業，2015, (02): 10-14.

[47] 何躍龍，楊衛民，丁玉梅 . 多色注射成型技術最新進展 [J]. 中國塑料，2009, (01): 99-104.

[48] 蔣炳炎，謝磊，杜雪 . 微注射成型機發展現狀與展望 [J]. 中國塑料，2004, (09): 8-13.

[49] 李志平，嚴正，陳占春 . 注射成型的微型化——微注射成型技術 [J]. 塑料工業，2004, (05): 23-25 ＋ 55.

[50] 張攀攀，王建，謝鵬程，等 . 微注射成型與微分注射成型技術 [J]. 中國塑料，2010, (6): 13-18.

[51] Donggang Yao, Byung Kim. Development of rapid heating and cooling systems for injection molding applications [J].Polymer Engineering & Science, 2002, 42(12): 2471-2481.

[52] 王小新 . 快速熱循環高光注塑模具加熱冷卻方法與產品品質控制技術研究 [D.] 濟南：山東大學，2014.

[53] 顧金梅，黃風立，許錦泓 . 電熱快速熱循環注射成型模具溫控系統設計 [J]. 模具工業，2013, 39(2): 39-42.

[54] 邊智，謝鵬程，安瑛，等 . 注射成型快變模溫技術研究進展 [J]. 現代塑料加工應用，2010, (5): 48-51.

[55] 冼燃，吳春明 . 電加熱高光注塑模技術在平板電視面框成型中的應用 [J]. 機電工程技術，2009, (8): 103-105.

[56] 趙雲貴，鬱文霞，李政，等 . 石墨烯鍍層輔助快速熱循環注射成型方法的研究 [J]. 中國塑料，2016, (10): 55-59.

[57] 宋樂 . 光聚合注射成型動態演化規律及精確度控制研究 [D.] 北京：北京化工大學，2015.

[58] 常樂，蔡天澤，丁玉梅，等 . 紫外光固化注射成型製品微結構復制度的研究 [J]. 中國塑料，2014, (10): 61-64.

第 2 章　聚合物 3D 列印與 3D 影印工藝

聚合物 3D 列印機

第 3 章　聚合物 3D 列印機

　　3D 列印機是以數位模型檔案為基礎，運用特殊蠟材、粉末狀金屬或塑膠等可黏合材料，通過列印一層層的黏合材料來製造 3D 物體的。3D 列印機的原理就是根據數位模型檔案中的數據以及命令，按照程序將產品逐漸堆疊製造出來。

　　3D 列印機與傳統列印機最大的區別在於它使用的「墨水」是實實在在的原材料，堆疊薄層的形式有多種多樣，可用於列印的介質種類多樣，從繁多的塑膠到金屬、陶瓷以及橡膠類物質。有些列印機還能結合不同介質，製造出具備多種性能的實物。根據所採用技術方式進行分類，3D 列印機主要包括絲材熔融沉積成型 3D 列印機（FDM）、選擇性雷射光燒結 3D 列印機（SLS）、液態樹脂光固化 3D 列印機（SLA）、薄材疊層製造 3D 列印機（LOM）、3D 印刷 3D 列印機（3DP）等。根據加工範圍進行分類，3D 列印機主要劃分為工業級和桌面級。工業級設備通常可加工超大尺寸的產品並且價格昂貴，一般使用 SLS、3DP 等技術，主要應用於汽車、國防航空航太等領域；桌面級設備所加工的產品尺寸一般較小，主要應用於產品的研發、模型製作等方面。

　　3D 列印機的主要特點如下：

① 對於傳統的製造技術，部件設計受到生產工藝的限制，需要考慮機器本身實現加工的可行性。然而，3D 列印機的出現將會顛覆這種生產方式，這使得企業在生產部件的時候不再考慮生產工藝問題，因為 3D 打印機可以滿足任何複雜形狀設計的實物化。

② 3D 列印機能夠實現直接從電腦數據生成任何形狀的物體，不需要模具或者進行機械加工，從而極大地縮短了產品的開發週期，提高了生產率。盡管仍有待完善，但 3D 列印技術巨大市場潛力，勢必成為未來製造業的眾多突破技術之一。

③ 相比傳統加工機械，3D 列印機顯得輕便許多，並且對環境造成的污染也少，正是因為其具有這些優勢，使得其更易走進人們的日常生活。

　　如今我們可以在一些電子產品商店購買到這類列印機，工廠也在進行直接銷售。

3.1 聚合物 3D 列印常用技術

聚合物 3D 列印技術根據所採用聚合物的形式和工藝實現方式，可分為絲材熔融沉積成型（FDM）、選擇性雷射光燒結成型（SLS）、液態樹脂光固化成型（SLA）、薄材疊層實體製造成型（LOM）、3D 印刷成型（3DP）、微滴噴射成型（MDJ）等。

(1) 絲材熔融沉積成型（FDM）

絲材熔融沉積成型因其操作簡單，成為桌面級 3D 列印設備中應用最為普遍的成型技術 [1]，絲材熔融沉積成型 3D 列印機由熔絲擠出裝置和 3D 運動平台組成，其成型方法為：將熱塑性絲料在噴嘴處加熱融化，電機帶動擠出噴頭按照模型文件所規劃的沉積路徑進行擠出，同時步進電機按照既定脈衝帶動齒輪將絲料擠進熔融腔內，擠出的熔體在基板上黏接冷卻固化，如此層層堆積，最終形成 3D 塑膠製品，如圖 3-1 所示。

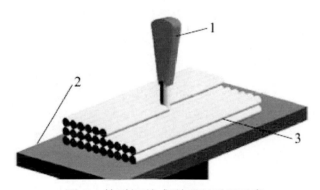

▲ 圖 3-1 熔融沉積成型列印原理示意

1—熔絲擠出裝置；2—3D 運動平台；3—熔絲堆積

FDM 方式成型所採用的材料一般為熱塑性材料，熔點為 100~300℃不等的絲材，如 PLA、ABS、尼龍等。其中，由於 ABS 具有成型收縮率小、強度高等優點，使得成型零件具有較高的強度，可直接用於測試裝配、測試評估及投標，也可用於製作快速經濟模具的母模。

FDM 工藝在列印空心件或懸臂件時需要加支撐料，當支撐料為同一種材料時，只需要一個噴頭，即在成型過程中可通過控制系統控制噴頭的運行速度使支撐料變得較為疏鬆，從而達到便於剝離和加快成型速度的目的。但

是，由於模型材料和支撐材料都是同一種材料，顏色相同，即使疏密不同，在邊界處也難以辨認和剝離，並且在對支撐料進行剝離時容易損傷成型件。採用雙噴頭的形式，不僅可以用來噴模型材料，還可以用來噴支撐材料。利用兩種材料的特性不同和顏色不同，製作完畢後可以採用物理或化學的方法去除支撐。如選用水溶性材料作支撐，非水溶性材料作模型，成型完成後可直接將成型件放入水中，使支撐材料溶解，便可得最終的原型件；或者選用低熔點材料作支撐，高熔點材料作模型，成型後可選在低熔點材料的熔點溫度加熱，使支撐材料熔化去除，從而得到最終的原型件 [2]。

與其他 3D 列印技術相比，絲材熔融沉積成型技術（FDM）是唯一使用工業級熱塑性塑膠作為成型材料的增材製造方法，列印出的產品耐熱性、耐腐蝕性、抗菌性較好，內部機械應力小。另外，基於 FDM 的 3D 列印技術工藝無需雷射光器，不但具有維護方便、節約材料的優勢，而且運行成本低、材料利用率高。由於其種類多，成型件強度高、精確度較高，被越來越多的用於製造概念模型、功能原型，甚至直接製造零部件和生產工具成型材料 [3]。但 FDM 技術也存在一些不足，該工藝需要對整個截面進行掃描塗覆，從而成型時間較長；由於原材料要求為絲材，使得原材料成本上升；有時還需要設計與製作支撐結構。

FDM 技術發展歷程：1988 年，Scott Crump 發明了熔融沉積快速成型技術（FDM），並成立了 Stratasys 公司。1992 年，Stratasys 公司推出了第一台基於 FDM 技術的 3D 列印機，標誌著 FDM 技術進入商用階段。

該列印機結構緊密，安裝方便，操作簡單，便利可靠，可以放在辦公桌面上進行實體列印。2002 年，Stratasys 公司開發了同樣是基於 FDM 技術的 Dimension 系列桌面級 3D 列印機，這種列印機是以 ABS 塑膠作為成型材料的，並且價格相對低廉 [4]。2012 年，Stratasys 公司發佈了超大型快速成型系統，成型尺寸高達 914.4×696×914.4mm，列印誤差為每毫米增加 0.0015 ～ 0.089mm，列印層厚度最小僅為 0.178mm。

2016 年，靳一帆等 [5] 利用聚乳酸（PLA）為原料，採用熔融沉積成型 3D 列印機製作了人體的骨盆與部分脊柱的醫學實體模型，並且該成品能夠滿足醫學要求。同年，Stratasys 公司推出了四種適用於 FDM3D 列印機的增強功

能，包括用於加工複雜空心結構複合零件的 Sacrificial Tooling（犧牲模具工藝）解決方案、可更快製造大型零件及模具的 Fortus 900mc 加速包、第一款符合所有航空航太材料可追溯性標準的 ULTEM 材料以及在更多 Stratasys 3D 列印機上使用的高強度 PC-ABS 材料。FDM 列印設備的研究主要集中在降低設備成本，提高加工精確度和效率方面。

(2) 選擇性雷射光燒結成型（SLS）

選擇性雷射光燒結成型技術（SLS）是指基於離散 - 堆積原理，利用電腦輔助設計與製造，通過雷射光對材料粉末進行選擇性逐層燒結，然後逐層堆積，從而形成 3D 實體零件的一種快速成型技術。

選擇性雷射光燒結 3D 列印機主要由雷射光器、輥輪、粉末池、成型池等組成。首先通過輥輪將粉末均勻推送至成型池，然後雷射光器根據 3D 模型切片掃描路徑照射燒結粉末耗材，將選定路徑內的粉末熔融黏接形成熔接面；接著輥輪推送第二層粉末，完成第二層的燒結，並和第一層熔接面在高溫作用下黏接在一起，層層燒結疊加，最終成型 3D 實體模型，如圖 3-2 所示。

與其他快速成型方法相比，SLS 最突出的優點在於它所使用的成型材料十分廣泛。從理論上說，任何加熱後能夠形成原子間黏接的粉末材料都可以作為 SLS 的成型材料。日前，可成功進行 SLS 成型加工的材料有石蠟、高分子、金屬、陶瓷粉末和它們的複合粉末材料 [6]。所以，選擇性雷射光燒結成型可以製備鐵、鎳、鈦、鋁等金屬製品，也可製備塑膠、陶瓷、石蠟等製品。其成型不需要額外添加支撐，因為層間未成型的粉末就可以作為支撐材料。

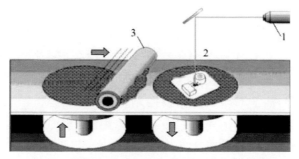

▲ 圖 3-2 選擇性雷射光燒結成型列印原理示意

1—雷射光器；2—成型池；3—輥輪

選擇性雷射光燒結成型技術（SLS）[7]具有如下特點：① 成型週期短，生產成本降低；② 適用的成型材料範圍廣，包括石蠟、金屬粉末、塑膠、陶瓷以及它們的複合材料粉末等；③ 成型零件的形狀不受限制，與零件的複雜程度無關；④ 具有廣泛的應用範圍，由於其成型零件的靈活性，使得其適合於眾多領域，比如，鑄造型芯、模具母模、原型設計驗證等；⑤ 能與傳統工藝方法相結合，從而實現快速鑄造、快速模具製造、小量零件輸出等功能。

然而，選擇性雷射光燒結成型技術也存在著一些缺點：① 製件內部疏鬆多孔、表面粗糙度較大、力學性能不高；② 製件品質主要取決於粉末本身的性質，提升不易；③ 可製造零件的最大尺寸受到限制；④ 成型消耗能量大，後處理工序複雜。

SLS 技術發展歷程：1986 年，美國 Texas 大學的研究生 Deckard 首先提出了選擇性雷射光燒結成型的思想，並於 1989 年獲得了第一個 SLS 技術專利。在 SLS 研究方面，美國 DTM 公司擁有多項專利。1992 年，該公司推出了 Sinterstation 2000 系列商品化 SLS 成型機，並分別於 1996 年、1998 年推出了經過改進的 SLS 成型機 Sinterstation 2500 和 Sinterstation 2500plus，同時還開發出多種燒結材料，可直接製造蠟模、塑膠、陶瓷以及金屬零件。德國 EOS 公司於 1994 年先後推出了三個系列的 SLS 成型機，分別為 EOSINT P、EOSINT M 以及 EOSINT S。中國國內開始研究 SLS 技術的時間為 1994 年，北京隆源公司於 1995 年初研製成功第一台中國產的雷射光快速成型機，隨後華中科技大學也生產出了 HRPS 系列的 SLS 成型機。目前，中國眾多企業與高等院校仍在研究該項技術。

(3) 液態樹脂光固化成型（SLA）

液態樹脂光固化成型技術（SLA）是以液態光敏樹脂為原料，基於分層製造原理的技術。其工作原理與選擇性雷射光燒結成型技術類似，如圖 3-3 所示，在電腦控制下以特定波長的紫外光或雷射光沿電腦模型的各分層截面逐點掃描，使得掃描區的液態樹脂發生光聚合反應而固化，由此形成製件的一層截面薄層。在一層固化完畢之後，工作檯在垂直方向上進行移動，使得先固化好的樹脂表面覆蓋一層新的樹脂薄層，如此依次逐層堆積，最後形成物理原型，除去支撐，進行後處理，即獲得所需的實體原型。與選擇性雷射

光燒結成型技術不同點在於成型光源為紫外線發射器，所用耗材為光敏樹脂液。光敏樹脂中添加光引發劑，在紫外線的照射下發生聚合反應，樹脂固化成型 [8]。液態樹脂光固化成型製品精確度較高，一般能達到 0.1mm 以下，且技術成熟，應用較為廣泛。但光固化成型過程需在樹脂池中實現，列印完成後，需將其表面黏附的樹脂用酒精清洗乾淨，且由於樹脂具有刺激性氣味，列印環境較為惡劣。

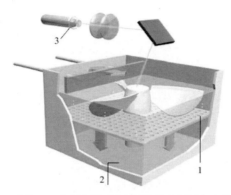

▲ 圖 3-3 立體光固化成型列印原理示意

1—升降平台；2—光敏樹脂；3—紫外光燈

液態光敏樹脂的主要成分為低聚物、光引發劑和稀釋劑。以特定波長的紫外光或者雷射光為光源照射光敏樹脂時，其中的光引發劑會吸收能量並產生自由基或陽離子，自由基或陽離子又使單體和低聚物活化，從而發生交聯反應並進一步生成高分子固化物。光敏樹脂的反應機制如圖 3-4 所示。

$$PI(光引發劑) \xrightarrow{\text{紫外光或雷射光}} P^*(活性種)$$

$$低聚物與單體 \xrightarrow{R^*} 交聯高分子固體$$

▲ 圖 3-4 光敏樹脂反應機制示意

液態樹脂光固化成型技術是一種相對精確度較高的快速加工技術，其具有以下優點：① 成型過程自動化程度高，SLA 系統非常穩定，加工開始後，成型過程可以完全自動化，直至原型製作完成；② 尺寸精確度高，SLA 原型的尺寸精確度可以達到 ±0.1mm（在 100mm 範圍內）；③ 表面品質優良，雖然在每層固化時側面及曲面可能出現台階，但上表面仍可得到玻璃狀的效果；

④ 可以製作結構十分複雜的模型；⑤ 可以直接製作面向熔模精密鑄造的具有中空結構的消失模 [9]。

當然，與其他幾種快速成型工藝相比，該工藝也存在許多缺點：

① 成型過程中伴隨著物理和化學變化，所以製件較易翹曲變形，需要添加支撐；② 設備運轉及維護成本較高，液態光敏樹脂材料和雷射光器的價格都較高；③ 可使用的材料種類較少，目前可用的材料主要為液態光敏樹脂，並且在大多數情況下，一般較脆、易斷裂，不便進行機加工，也不能進行抗力和熱量的測試；④ 需要二次固化，在很多情況下，經快速成型系統光固化後的原型，樹脂並未完全固化，所以需要二次固化。

光固化快速成型機依據成型加工系統進行分類，主要分為面向成型工業產品開發的高端光固化快速成型機和面向成型 3D 模型的低端光固化快速成型機。美國的 3D Sysetms 公司、德國的 EOS 公司、日本的 CMET 公司、Seiki 公司、Mitsui Zosen 公司等都在研究液態樹脂光固化成型。1999 年，3DSystems 公司推出 SLA-7000 機型，掃描速度可達 9.52m/s，層厚最小可達 0.025mm。日本的 AUTOSTRADE 公司以半導

體雷射光器作為光源，其波長約為 680mm，並開發出針對該波長的可見光樹脂。中國的西安交通大學也對 SLA 成型進行了深入研究，開發了 LPS 系列和 CPS 系列的快速成型機，並且還開發出一種性能優越、低成本的光敏樹脂 [10]。

近年來隨著技術的發展，紫外線發生器由點光源逐漸演化為面光源 [11]，通過成像投影的方式進行列印，可以製作與大型液晶顯示器尺寸同等大小的製品，通過進行面固化，能大大提高成型效率。

(4) 薄材疊層實體製造成型 (LOM)

薄材疊層實體製造成型技術 (LOM)，又稱為分層實體製造技術。該技術的基本原理如圖 3-5 所示。將熱熔膠塗覆在薄層材料上，這種薄層材料可以是紙、塑膠薄膜或複合材料，然後在熱壓輥的壓力與傳熱作用下，使得熱熔膠熔融，從而與薄層黏合在一起。接著，位於上方的雷射光器根據電腦分層所得的數據，切割出該截面層的內外輪廓。雷射光每加工一層，工作檯相應

下降一定的距離，然後再將新的薄層疊加在上面。如此反覆，逐層堆積成 3D 實體，經過後處理將模型四周未黏接的膜片耗材剝除，獲得所需的 3D 製品。[12]

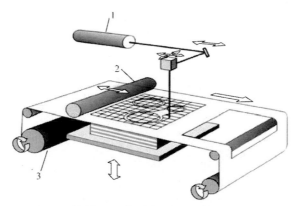

▲ 圖 3-5 薄材疊層實體製造成型列印原理示意

1—雷射光器；2—熱壓輥；3—驅動輪

薄材疊層實體製造成型主要採用紙張、聚氯乙烯、聚乙烯薄膜作為原材料，此外金屬、陶瓷以及木塑 [13] 等耗材也有採用薄材疊層實體製造成型的相關研究。該成型工藝採用輪廓線切割的方式加工，因此成型效率較高。但存在耗材選擇範圍窄、力學強度較低，以及浪費原材料等缺點。

對於 LOM 所採用的成型材料，具有以下要求：① 應具有良好的抗濕性，保證原料不會因時間長而吸水，從而保證熱壓過程中不會因水分的散失而導致變形以及黏接不牢等現象；② 應具有良好的浸潤性，從而保證良好的塗膠性能；③ 應當具有一定的抗拉強度，保證在加工過程中不被拉斷；④ 成型材料的收縮率要小，保證熱壓過程中不會因部分水分損失而導致變形；⑤ 成型材料的剝離性能要好；⑥ 易打磨，表面光滑。

原型層疊製作完畢之後，需對疊層塊施加一定的壓力，待其充分冷卻後再撤除壓力，從而控制疊層塊冷卻時產生的熱翹曲變形；要在充分冷卻後剝離廢料，使廢料可以支撐工件，減少因工件局部剛度不足和結構複雜引起的較大變形；為了防止工件吸濕膨脹，應及時對剛剝離廢料的工件進行表面處理。表面處理的方法主要是塗覆增強劑（如強力膠、環氧樹脂漆或聚氨酯漆等），有助於增加製件的強度和防潮性能。

　　薄材疊層製造技術與其他快速成型技術相比，具有如下優點：① 製作精確度高，因為在熱壓輥的作用下，只有薄層材料的表層發生了固態到熔融態的轉變，而薄材的基底層是保持不變的，所以造成的翹曲變形小，製作精確度就相應地得到了提高；② 該項技術成型時無需設計支撐，並且材料價格低廉、成型速度快，降低了生產成本；③ 易於製造大型零件，工藝只需在片材上切割出零件截面的輪廓，而不用掃描整個截面，因此成型厚壁零件的速度較快，易於製造大型零件 [14]。

　　薄材疊層製造技術的缺點：① 根據製品輪廓進行製造的過程中，薄層材料利用率低，並且廢料不能重複利用；② 如果成型薄壁製品，其抗拉強度等性能就比較差；③ 成型件的表面品質較差，可能需要二次加工；④ 成型件易吸濕變形，要及時進行表面防潮處理。

　　目前，國外的 Helisys 公司、Kinergy 公司、Singapore 公司、Kira 公司等都在研究 LOM 工藝，這些公司都有自己的成型設備。中國國內，清華大學、華中科技大學都有在此方向的研究。華中科技大學的主要產品有 HRP-ⅡB 和 HRP-ⅢA，採用的是 50W 的 CO_2 氣體雷射光器，成型空間分別為 $450 \times 350 \times 350mm$ 和 $600 \times 400 \times 500mm$，疊層厚度為 $0.08 \sim 0.15mm$，具有較高的性能價格比。現在，已經可以用 LOM 技術成型金屬薄板的零件樣品，這也是薄材疊層製造目前的一個主要發展方向。

(5) 3D 印刷成型（3DP）

　　3D 印刷成型（3DP）工藝與選擇性雷射光燒結成型工藝基本類似，均採用粉末作為基本成型單元，工藝流程也基本類似，如圖 3-6 所示。其不同點在於選擇性雷射光燒結成型採用雷射光熔接粉末成體，而 3D 印刷成型採用噴頭噴射黏接劑將粉末黏接成型，類似於印刷工藝中噴射出來的「墨水」[15]。所用耗材包括金屬、塑膠以及無機粉末等，列印完成後一般進行熱處理，增強製品力學強度。

　　3D 印刷成型（3DP）具有節省原料、微觀成型、綠色環保等優點，在成型過程中由噴頭噴射黏接材料或其他成型材料，通過冷卻或光固化形成製件。其製作成件所需時間遠遠低於其他成型工藝。3D 印刷成型技術可以使用的材料範圍較廣，可以製作塑膠、陶瓷等屬性的產品，還可以製作概念模

型，在金屬零件的直接快速成型、快速磨具的成型製造、裝備的快速修復等方面具有重要作用 [16]。該工藝在 3D 列印鑄造業中得到廣泛應用，主要用於製備砂型模具 [17]，相比原有模具加工方式，具有成型時間快，成本低等優勢。

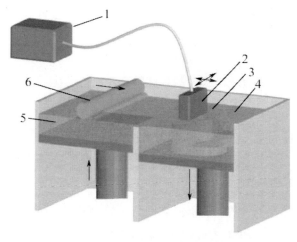

▲ 圖 3-6 3D 印刷成型列印原理示意

1—黏接劑盒；2—噴頭；3—黏接部分；4—未黏接部分；5—粉末；6—輥輪

3D 印刷成型技術發展歷程：1993 年，美國麻省理工學院的 Emanual Sachs 教授發明了 3D 印刷工藝。採用 3DP 技術的廠商，主要是 Zcorporation 公司、EX-ONE 公司等，以 Zprinter、R 系列 3D 列印機為主，此類 3D 列印機能使用的材料比較多，包括石膏、塑膠、陶瓷和金屬等，而且還可以列印彩色零件，成型過程中沒有被黏接的粉末起到支撐作用，能夠形成內部形狀複雜的零件。

(6) 微滴噴射成型（MDJ）

微滴噴射成型（MDJ）通過不同的驅動力驅使溶液耗材以微小液滴的方式從噴嘴噴射到基板上，沿數位軟體中規劃的噴射軌跡形成微滴陣列，層層沉積、熔結並最終形成 3D 模型 [18]，如圖 3-7 所示。所說的「微小液滴」是指形態可控，微滴體積最小可達微升或毫升數量級。目前常用的噴墨式列印機就是運用微滴噴射成型技術實現在平面紙張上的按需沉積，而通過微滴的 3D 實體堆積，可以實現在 3D 列印製品方面的應用。

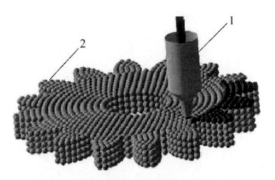

▲ 圖 3-7 微滴噴射成型列印原理示意

1—噴頭；2—堆積製品

目前應用於微滴噴射成型的耗材包括樹脂基溶液 [19]、石蠟、金屬 [20] 等，微滴噴射成型的主要優勢在於成型精確度較高，且由於多噴頭列印，可以製備多材料、多色彩複合製品。

微滴噴射成型技術發展歷程：19 世紀，物理學家和博學者 Lord William Kelvin 申請了一篇關於靜電力改變液滴方向的專利，這應該是微滴噴射得到明確定義的時間 [21]。由於當時沒有具體噴射液滴的儀器設備，微滴噴射技術一直不被人們重視，直到 1950 年代，西門子公司使用這種技術繪製出機器輸出軌跡。1960~1980 年微滴噴射技術在電腦圖像輸出得到了重大的突破，同時也在列印機製造技術、製造成本和列印機尺寸方面得到重要發展 [22]。現在微滴噴射機已成為一種非常普遍的個人列印工具，但是微滴噴射機的主要商用應用領域仍然是圖像和其他傳統列印應用。1980 年，佳能公司開發了第一款熱氣泡式噴墨列印機 Y-80，隨後惠普公司也推出了自己的熱氣泡式列印機 [23]。至此，微滴噴射開始了從連續噴射技術到按需噴射技術的轉變。1989 年，美國 Nordson ASYMTEK 公司開始研究微滴噴射技術，主要致力於在熱熔點膠以及微電子封裝技術領域的應用。隨著微滴噴射技術應用研究的深入，微滴噴射技術在生物醫藥、材料成型、微電子封裝以及基因工程等方面得到了廣泛的應用。

3.2 聚合物直接熔融 3D 列印設備

前面提到的常規 3D 列印機對於列印耗材的要求很高，需加入定量填充材料對其進行共混合改性，以提高耗材流動性及收縮性。例如，目前絲材熔融擠出 3D 列印機（FDM）的列印常用料主要有 PLA 和 ABS 兩種，液態樹脂光固化 3D 列印機需要光敏樹脂作為列印材料，且耗材成本較高。對於絲材熔融擠出 3D 列印機，由於採用絲料作為耗材，需用擠出機預製備，與直接採用標準塑膠的成型設備進行對比，成本較高，以常用的 ABS 耗材為例，市場採購價格約為 70 元 /kg，而粒料價格約為 12 元 /kg，對比明顯。且耗材經二次熱加工後，性能下降，影響製品性能。

由於熔融沉積成型耗材特點及工藝局限性，此技術作為聚合物加工成型的一種特殊方法，與 3D 影印技術（模塑成型）相比，存在諸多劣勢，但在製備小批量、個性化製品方面存在明顯優勢。因此，有學者對熔融沉積成型技術及設備進行重新設計，用於減少現有熔融沉積成型工藝的缺點。本節所介紹的聚合物直接熔融 3D 列印屬於微滴噴射成型的一種，是將聚合物粒料直接放入螺桿塑化系統中熔融塑化，然後經過開關式噴頭按一定頻率流出，層層堆疊成型製品，主要有兩種：一是德國 Arburg（阿博格）公司推出的自由成型機；二是筆者團隊提出的熔體微分 3D 列印機。

3.2.1 自由成型機

Arburg（阿博格）的自由成型機（free former system）在 2013 年 10 月德國杜塞道夫 K1013 國際橡塑展上第一次問世（見圖 3-8）。基本原理是將固體粒料直接熔融塑化，然後在壓電致動器的作用下進行微滴堆疊。該設備在原料方面具有很大的優勢，據阿博格公司介紹，常規的注塑原料即可，成本為 2~3 美元 /kg，而其他 3D 列印設備專用料則需要 100~300 美元 /kg。日前該設備仍存在一些問題：成型速率較低、製件表面品質較差、製品強度僅為同等注塑製品的 85%、製品延展性僅為同等注塑製品的 90%。

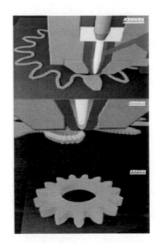

▲ 圖 3-8 阿博格的自由成型機

　　自由成型系統與擠出系統相似，但不是連續擠出，而是將熱塑性塑料熔融塑化，並使微滴以相當高的頻率進行堆積，在製品邊界處堆積頻率為 60Hz，製品內部堆積頻率為 200Hz。在自由成型系統中設置有微滴沉積噴嘴，在直線電機的驅動下進行 3 軸或 5 軸聯動。並且配有兩個下料裝置，可以進行兩種不同材料的 3D 列印。

3.2.2　熔體微分 3D 列印機

　　與阿博格自由成型機類似的還有筆者基於「高分子材料先進製造的微積分思想」[24] 提出的熔體微分 3D 列印技術，也是直接採用塑膠粒料作為原材料，拓寬了耗材選用範圍，同時降低了耗材成本，在批量列印製品、加工大型製品方面具有獨特優勢。熔體微分 3D 列印工作原理如圖 3-9 所示。

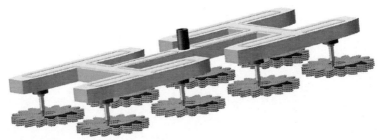

▲ 圖 3-9 熔體微分 3D 列印工作原理

熔體微分 3D 列印是基於熔融沉積成型方法的一種成型工藝，其成型過程包括耗材熔融、按需擠出、堆積成型三部分。基本原理如圖 3-10 所示，熱塑性粒料在機筒中加熱熔融塑化後，並由螺桿建壓，輸送至熱流道；熔體經熱流道均勻分配至各閥腔中，閥針在外力作用下開合，將熔體按需擠出噴嘴，形成熔體「微單元」。此外，製品電子模型除按層分割外，在同一層內均勻劃分成多個填充區域。在堆積過程中，熔體「微單元」按需填充相關區域，並層層堆積，最終形成 3D 製品。

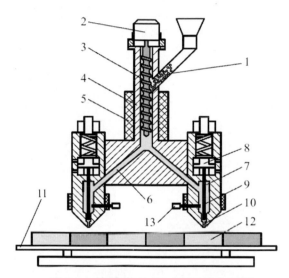

▲ 圖 3-10 熔體微分 3D 列印基本原理

1—粒料；2—驅動馬達；3—螺桿；4—機筒；5—加熱套；6—熱流道；7—閥腔；8—閥針驅動裝置；9—閥針；10—噴嘴；11—基板；12—製品；13—壓力檢測裝置

根據熔體微分 3D 列印基本成型原理，設計並製造了熔體微分 3D 列印機（見圖 3-11），根據驅動方式的不同可分為電磁式和氣動式兩種（見圖 3-12）。熔體微分 3D 列印系統包括結構單元和控制單元兩部分，其中結構單元包括耗材塑化裝置、按需擠出裝置、堆積成型裝置，控制單元包括運動控制裝置、溫度調節裝置、耗材檢測裝置、壓力反饋裝置。

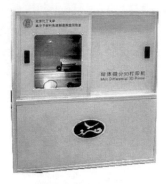

▲ 圖 3-11 不同規格的熔體微分 3D 列印機

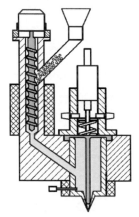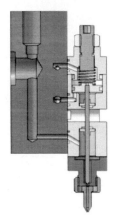

▲ 圖 3-12 不同的驅動方式

熔體微分 3D 列印成型方法具有以下特點：

① 採用螺桿式供料裝置，可以加工熱塑性粒料及粉料，避免了絲狀耗材的列印局限，擴展了熔融堆積類 3D 列印的應用範圍。

② 採用針閥式結構作為熔體擠出控制裝置，避免了開放式噴嘴容易流涎的缺點；通過控制閥針開合，能夠精確控制熔體的擠出流量和擠出時間，提高熔體「微單元」的精確度。

③ 通過列印模型的區域劃分，在製備大型製品時，通過多噴頭同時列印的方法，可以成倍提高 3D 列印效率。

3.2.3 熔體微分 3D 列印理論分析

本節將按照耗材熔融段、按需擠出段、堆積成型段的流程順序，分段研究熔體的理論模型。

（1）熔體精密輸送及建壓模型研究

要實現熔體的可控擠出，首先應保證耗材在耗材熔融段中保持精密輸送並在閥腔入口處穩定建壓，因此，螺桿的設計參數對於整套系統的穩定運行至關重要。由於 3D 列印機總體尺寸的限制，熔融塑化段的尺寸遠遠小於普通擠出裝置的設計尺寸，因此，普通螺桿的計算方法並不適用於微型螺桿。本節借鑒微型擠出流變分析 [25] 及螺桿式熔融擠壓快速成型裝置 [26, 27] 的相關模型，建立螺桿尺寸、轉速與熔體流量及口模壓力的關係式，為熔融塑化段的設計與製造奠定理論基礎。

① 螺桿類型的選擇

為了實現熱塑性耗材的均勻塑化，並在加工過程中精密輸送及持續建壓，可以選擇槽深漸變型單螺桿。槽深漸變型單螺桿一般包括供料段、壓縮段和計量段 [28]，如圖 3-13 所示。供料段 L1 需保證顆粒的穩定供給及建立背壓，對於螺桿而言，供料段槽深 H1 至少大於標準粒料直徑，才能確保料斗中的粒料「餵入」機筒。壓縮段 L2 用於壓實熔融物料，並排出空氣；計量段 L3 保證熔體以穩定流量及壓力擠入閥腔。

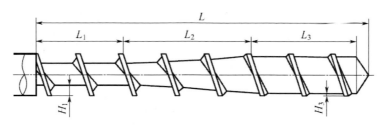

▲ 圖 3-13 槽深漸變型單螺桿各段分布簡圖

螺桿的尺寸參數對耗材的塑化及建壓具有重要影響 [29]，其相關參數如圖 3-14 所示。

a. 螺桿全長恆定參數：機筒內徑 D_b、螺桿外徑 D、螺距 S_b。

　　b. 螺桿徑向參數：螺旋升角 φ、螺槽法向寬度 W、螺稜的法向寬度 e、螺稜的軸向寬度 b。

　　c. 螺桿軸向參數：供料段螺槽深度 H_1、計量段螺槽深度 H_3。

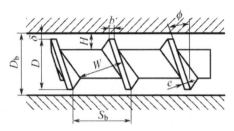

▲ 圖 3-14 螺桿的幾何尺寸參數

② 螺桿轉速與擠出流量的關係

　　根據槽深漸變型單螺桿的各段結構及幾何尺寸參數，建立螺桿轉速與擠出流量的關係式。由於微型螺桿直徑尺寸較小，弧面效應不能忽略，因此常用於指導擠出機設計的無限平板理論公式難以適用 [30]。

　　YLi 等 [31] 分析了實際邊界條件下的單螺桿擠出公式，並在等溫、牛頓流體的條件下進行了分析計算，並提出了無量綱的熔體流量與螺桿幾何參數、轉速及耗材黏度關係的表達式：

$$Q_z^* = F_d^* - F_p^* p_z \tag{3-1}$$

其中：

$$F_d^* = \frac{1 - H_3/R_b}{H_3/R_b}\left(2\pi\tan\phi - \frac{e}{R_b}\right)f_{Q1} + \frac{0.27H_3/R_b \times (2 - H_3/R_b)}{\left(2\pi\tan\phi - \dfrac{e}{R_b}\right)\cos\phi} \tag{3-2}$$

$$F_p^* = \frac{1}{12} - \frac{0.05H_3/R_b}{\left(2\pi\tan\phi - \dfrac{e}{R_b}\right)\cos\phi} \tag{3-3}$$

$$p_Z = \frac{1}{\mu} \times \frac{\partial p}{\partial Z} \times \frac{H_3^2}{R_b \omega \cos\phi} \tag{3-4}$$

$$f_{Q1} = 0.5\frac{H_3}{W} - 0.32\left(\frac{H_3}{W}\right)^2 \tag{3-5}$$

式中，R_b 為螺桿外徑半徑；p 為熔體壓力；F_d^* 為拖曳流影響參數；F_p^* 為壓力流影響參數。

王天明[32] 根據 YLi 的理論模型，進行數學變換後，得到微型螺桿的擠出流量公式 (3-6)：

$$Q_z = F_d^* (R_b \cos\phi W H_3)\omega - F_p^* \left(\frac{1}{\mu} \times \frac{p_1}{l_3} W \sin\phi H_3^2\right) \tag{3-6}$$

其中，流量公式包括由於螺桿旋轉運動引起的拖曳流 Q_d

$$Q_d = F_d^* (R_b \cos\phi W H_3)\omega \tag{3-7}$$

以及流動過程中因擠出壓力產生的回流，簡稱壓力流 Q_p

$$Q_p = F_p^* \left(\frac{1}{\mu} \times \frac{p_1}{l_3} W \sin\phi H_3^2\right) \tag{3-8}$$

在熔體輸送及建壓過程中，為建立擠出流量和螺桿轉速的線性對應關係，應減少回流對總體流量的影響。根據公式 (3-8) 可以看出，影響壓力流的參數包括熔體黏度、計量段長度、螺槽法向寬度、螺旋升角以及螺槽深度等。根據公式，壓力流與螺槽深度的三次方成正比，因此減小螺槽深度雖然影響拖曳流，但會大幅減少壓力流。此外，壓力流與計量段長度成反比，因此，增加計量段長度也可減少壓力流。根據實際經驗，減少機筒與螺桿之間的間隙 δ 也可減少壓力流。

基於以上分析，可以得到擠出流量與螺桿轉速的線性關係式，如公式 (3-9) 所示：

$$Q_z = 2\pi k F_d^* (R_b \cos\phi W H_3) n \tag{3-9}$$

其中，k=1-Q_p/Q_d, ω=2πn, n 為螺桿轉速。為減少壓力流對線性關係的影響，k 值應大於 0.95。

③　螺桿轉速與閥腔背壓的關係

由圖 3-10 可以看出，熔體經耗材熔融段塑化、建壓後經熱流道分別輸送到閥腔內，最終經噴嘴擠出。可以認定，輸送至閥腔內的熔體流量 Q_z 等於經各噴嘴擠出的總流量 Q_n，即：

$$Q_z = m \, Q_n \tag{3-10}$$

其中，m 為可列印噴頭個數。

由於噴嘴出口直徑一般小於 1mm，可認定為微孔，在假定噴嘴處流動為穩定、不可壓縮、層流時，參照 Hagen-Poiseuille 公式 [33]：

$$Q_n = \frac{\pi D_n^4}{128 \mu L_n} \Delta p \tag{3-11}$$

式中，D_n 為噴嘴直徑；L_n 為噴嘴長度；Δp 為閥腔背壓。

根據公式（3-9）~ 式（3-11）可以得出：

$$\Delta p = \frac{256 \mu L_n k F_d^* (R_b \cos\phi W H_3)}{m D_n^4} n \tag{3-12}$$

通過以上研究，建立了微型螺桿擠出系統中螺桿轉速與擠出流量、閥腔背壓的線性關係式，因此可以通過檢測及控制閥腔背壓，進而閉環反饋控制螺桿轉速，達到精密控制熔體擠出流量的目的。

(2) 熔體按需擠出過程及熔體動力學分析

通過耗材熔融段的理論分析，得到了通過控制螺桿轉速，實現精確調節擠出流量及閥腔背壓的方法。在此前提下，研究熔體在按需擠出段的流動過程，並分析閥針運動對熔體流動的影響。

①　熔體按需擠出過程分析熔體按需擠出分為以下 3 步。

a. 當針閥關閉時，熔體在耗材熔融段壓力的推動下填滿整個閥腔，並建立閥腔背壓。由於噴嘴處於封閉狀態，熔體並不能從噴嘴中流出，且外界空氣不能進入閥腔。

b. 當閥針受外力作用向上運動時，噴嘴內口打開，熔體在背壓的作用下迅速填滿因閥針上升而留下的空穴及噴嘴，並從噴嘴中流出到基

板上,隨基板的運動而產生拖曳效應。當針閥上升到最高段並保持靜止時,噴嘴處於常開狀態,在背壓恆定的狀態下,熔體的擠出流量由擠出時間決定。

c. 當閥針向下運動時,閥針下端的熔體加速從噴嘴中擠出,當閥針與噴嘴上緣接觸時,噴嘴內口封閉,擠出停止。已擠出熔體隨基板運動到其他位置,噴嘴內殘留少許熔體。

熔體的按需擠出過程如圖 3-15 所示。

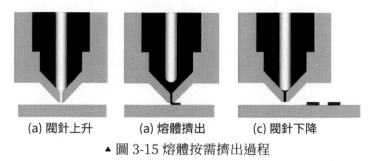

(a) 閥針上升　　　(a) 熔體擠出　　　(c) 閥針下降

▲ 圖 3-15 熔體按需擠出過程

② 熔體動力學分析

根據岳海波 [34] 對噴射點膠過程的流體動力學分析以及李志江 [35] 對塑膠液滴噴射技術的研究,當閥針運動時,閥腔內的熔體受到背壓作用產生壓力流動,即壓差流動,以及隨閥針運動產生的拖曳流動,即剪切流動。噴嘴上端和噴嘴內的熔體受到背壓產生的靜壓以及閥針運動產生的動壓相疊加的壓差流動。

當閥針向上運動時,其熔體流速分布圖如圖 3-16 所示。閥腔內熔體的流速分布為向下的壓差流動與向上的拖曳流動之差,噴嘴上緣則為靜壓壓差流動與動壓壓差流動之差。當閥針運動速度過快,且背壓較小時,會引起噴嘴處空氣倒灌閥腔的現象。

當閥針向下運動時,其熔體流速分布圖如圖 3-17 所示。閥腔內熔體的流速分布為向下的壓差流動與向下的拖曳流動之和,噴嘴上緣則為靜壓壓差流動與動壓壓差流動之和。當閥針運動速度過快時,會出現熔體噴射的現象。

通過上述分析發現,當針閥往復運動時,噴嘴上緣的壓力值處於不穩定

狀態，會對熔體的擠出流量及流速產生較大影響，不利於 3D 列印過程的精確度控制。通過分析可得知，背壓值、閥針的運動速度、運動距離、閥針直徑與閥腔直徑之比、噴嘴直徑等參數均會對熔體的流動產生影響。

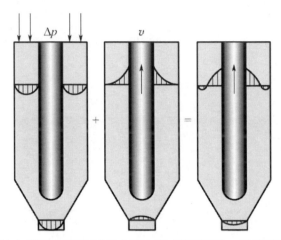

▲ 圖 3-16 閥針上升時熔體流速分布圖（為清晰描述，特將噴嘴直徑擴大）

Δp—閥腔背壓；v—閥針運動速度

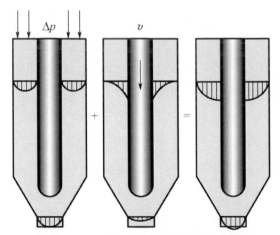

▲ 圖 3-17 閥針下降時熔體流速分布圖

Δp—閥腔背壓；v—閥針運動速度

（3）熔體區域微分填充理論分析

① 熔融沉積成型黏接及變形機制

根據江開勇 [36] 依據擴散黏接機制 [37] 提出熔融沉積的黏接狀態取決於越過堆積界面的擴散分子的數量，黏接界面溫度越高，界面溫度保持時間越長，黏接性能越好；

黏接性能可通過界面溫度和分子擴散時間表示，如公式（3-13）、公式（3-14）所示：

$$\Phi = \frac{1}{s} \int_0^\infty \iint_0^s \xi(T) \cdot e^{-\frac{k}{T(x,y)}} \, \mathrm{d}x \, \mathrm{d}y \, \mathrm{d}t \tag{3-13}$$

$$\xi(T) = \begin{cases} 1, T \geqslant T_c \\ 0, T < T_c \end{cases} \tag{3-14}$$

式中，s 為有效黏接面積；t 為擴散時間；T 為界面溫度；Tc 為玻璃化轉變溫度。

在實際列印過程中，熔體溫度以及基板溫度均會影響擴散過程。因此，適當提高二者溫度有利於增強製品強度 [38]。對於人型製品 3D 列印，如圖 3-18 所示，由於列印路徑過長，當噴嘴移動到熔絲相鄰位置 b 點時，a 點溫度已大幅降低，影響黏接效果。因此，應通過路徑規劃縮短相鄰位置處的列印時間，保證熔絲黏接時溫度維持在較高水平。而通過區域微分填充的方式，將列印區域均勻劃分為多個單元格，可以減少因路徑過長影響黏接效果的現象，提高整體製品強度。

▲ 圖 3-18 大型製品長路徑列印示意圖

此外，由於熔絲在冷卻過程中發生相變，產生冷卻收縮現象，致使製品內部產生內應力而出現翹曲變形，嚴重影響製品精確度 [39]。影響翹曲變形的主要因素有耗材冷卻收縮率、堆積層數、堆積路徑以及基板和熔絲溫度 [40]。

　　針對製品翹曲變形問題，王天明[41]研究了熔融沉積成型的翹曲變形的數學模型，提出分區域掃描的策略可以有效降低製品翹曲變形率，其中對於長條製品，縱向列印效果好於橫向列印。黃小毛[42]提出一種並行柵格掃描路徑，這種路徑能夠優化溫度場，減少製品變形率。相關研究證明，在耗材、模型及成形條件確定的情況下，可以通過改變掃描路徑來均勻溫度場，減少製品內應力，達到降低翹曲變形的要求。

　　筆者根據熔體微積分原理，採用多噴頭按單元格填充方式列印，既可以提高 3D 列印效率，又可以通過區域微分填充堆積的方式，優化溫度場，減少製品翹曲變形。

② 單元格微分多區域填充方式

　　採用熔融堆積成形方法列印 3D 製品時，需將三角形網格（STL）格式的檔案進行分層，在每一層，噴頭沿設定路徑進行填充[43]，如圖 3-19 所示。

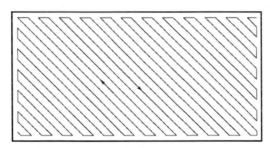

▲ 圖 3-19 熔融堆積成形常用填充路徑

　　而採用熔融堆積成形方法製備大尺寸製品時，存在列印時間過長的問題，熔體微分 3D 列印為增加製品加工效率，改善溫度場，在同一流道板上均勻設置多個噴頭，為支持多噴頭列印，首先將列印區域均勻劃分為多個單元格，如圖 3-20 所示。

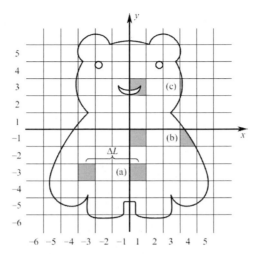

▲ 圖 3-20 熔體區域微分填充工作原理

以圖 3-10 所示的雙噴頭設備為例，假設雙噴頭中心間距為 ΔL。通過圖 3-20 得知，雙噴頭列印機可以同時填充兩個單元格。根據模型形狀的不同，填充方式可分為 2 種：

a. 當填充單元格完全位於模型列印區域內，如圖 3-20 中 (a) 位置，此時兩個噴頭可按照相同的列印路徑填充單元格。

b. 當填充單元格部分位於模型列印區域內，如圖 3-20 中 (b)、(c) 位置，此時雙噴頭的實際填充區域不同，可根據實際填充區域，通過開合針閥的方式按實際區域擠出熔體「微單元」，保證精確填充。

單元格尺寸的設定應依據噴嘴中心間距以及產品實際尺寸而定。通常應保證噴嘴中心間距距離是單元格尺寸的整數倍，以及大部分模型打印區域按照方式 (a) 進行填充，減少因開合針閥造成的流量波動。

當單元格的尺寸極小時，列印區域離散化，此時通過高頻開合針閥的方式產生熔體微滴，每個微滴對應一個單元格進行填充，通過熔體微滴堆疊 3D 列印的方式，實現了產品列印的高精確度。

(4) 熔體微滴噴射可行性分析

綜上所述，通過熔體微滴進行單元格填充有利於產品列印精確度的提高。分析熔體微滴噴射的可行性，為熔體微滴堆疊 3D 列印奠定基礎。

第 3 章　聚合物 3D 列印機

① 微滴噴射技術簡介

噴墨列印機是最早應用微滴噴射技術的設備，目前微滴噴射技術已在 3D 列印領域得到應用，如美國 Stratasys 公司的 3D 列印設備。按照液滴噴射的方式，微滴噴射可分為連續式（CIJ：continuous ink-jetting）和按需式（DOD：drop-on-demand）兩種，其噴射工藝主要有閥控式、靜電式、熱泡式、壓電式、電場偏轉式以及微射出器式 [44]。

針對高黏度液體的微滴噴射技術主要採用閥控式以及壓電式按需噴射工藝，如機械式噴射點膠技術 [45]、氣動膜片式微滴噴射技術 [46]；基於位移放大機構的壓電式微量液滴分配技術 [47]、壓電陶瓷驅動撞針式高黏液體微量分配技術 [48]；壓電 - 氣體混合驅動噴射點膠技術 [49]、壓電 - 液壓放大式噴射點膠技術 [50]。上述技術主要以小分子量樹脂基膠體為耗材，用於電子封裝、微流體分配、微光學器件製備等方面。

聚合物熔體是典型的非牛頓流體，黏度受溫度及剪切影響，相比常用於微滴噴射的耗材來說，具有黏度高，需高溫加熱等特點，目前針對聚合物熔體微滴噴射的相關研究較少。因此本文通過研究微滴噴射機制，分析聚合物熔體微滴噴射的可行性。

② 微滴噴射機制研究

理想的微滴噴射過程如圖 3-21 所示，其成形過程主要包括 4 個階段：液柱的擠出和伸長、液柱頸縮、液柱剪斷、微滴落下 [51]。但在實際液滴成形過程中，會出現液柱難以斷裂或斷裂成多個不規則液滴的現象 [52]。因此，需對微滴噴射過程進行理論分析，確定成形參數的影響。

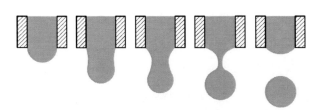

▲ 圖 3-21 自由微滴成形過程示意

Kang S[53] 認為噴射過程滿足 Navier-Stokes 方程，並提出了在重力和表面

張力的作用下流體的運動方程，其公式如下所示：

$$\frac{\partial u}{\partial x} + \frac{\partial v}{\partial y} + \frac{\partial w}{\partial z} = 0 \tag{3-15}$$

$$\frac{\partial}{\partial t}(\rho u) + \nabla \cdot \rho \boldsymbol{V} u = -\frac{\partial p}{\partial x} + \frac{\partial}{\partial x}\left(2\mu\frac{\partial u}{\partial x}\right) + \frac{\partial}{\partial y}\left(\mu\frac{\partial v}{\partial x} + \mu\frac{\partial u}{\partial y}\right) +$$
$$\frac{\partial}{\partial z}\left(\mu\frac{\partial u}{\partial z} + \mu\frac{\partial w}{\partial x}\right) + F_{x}^{\sigma} + \rho g_{x} \tag{3-16}$$

$$\frac{\partial}{\partial t}(\rho v) + \nabla \cdot \rho \boldsymbol{V} v = -\frac{\partial p}{\partial y} + \frac{\partial}{\partial x}\left(\mu\frac{\partial v}{\partial x} + \mu\frac{\partial u}{\partial y}\right) + \frac{\partial}{\partial y}\left(2\mu\frac{\partial v}{\partial y}\right) +$$
$$\frac{\partial}{\partial z}\left(\mu\frac{\partial v}{\partial z} + \mu\frac{\partial w}{\partial y}\right) + F_{y}^{\sigma} + \rho g_{y} \tag{3-17}$$

$$\frac{\partial}{\partial t}(\rho w) + \nabla \cdot \rho \boldsymbol{V} w = -\frac{\partial p}{\partial z} + \frac{\partial}{\partial x}\left(\mu\frac{\partial u}{\partial z} + \mu\frac{\partial w}{\partial x}\right) + \frac{\partial}{\partial y}\left(\mu\frac{\partial v}{\partial z} + \mu\frac{\partial w}{\partial y}\right) +$$
$$\frac{\partial}{\partial z}\left(2\mu\frac{\partial w}{\partial z}\right) + F_{z}^{\sigma} + \rho g_{z} \tag{3-18}$$

其中，u、v、w 分別代表相應方向的速度分量數值；ρ、p、μ 分別代表密度、壓力和黏度；$F\sigma$ 代表流體和空氣間的表面張力；ρg 代表重力。

由公式得知，微滴噴射過程受到重力、慣性力、表面張力及黏性力的共同作用，因此耗材的密度、噴射速度、表面張力係數及黏度決定了其微滴成形的效果。Derby B[54] 通過雷諾數（Re）、韋伯數（We）以及奧內佐格數（Oh）來表徵噴射特性：

$$Re = \frac{v\rho d}{\mu} \tag{3-19}$$

$$We = \frac{v^{2}\rho d}{\gamma} \tag{3-20}$$

$$Oh = \frac{\sqrt{We}}{Re} = \frac{\mu}{(\gamma\rho d)^{2}} \tag{3-21}$$

其中，d 是指噴嘴直徑。

Reis N[55] 通過實驗證明，液滴實現穩定噴射的條件是：1<Z<10；Z=1/Oh。Duineveld P C[56] 通過實驗證明，當 We 數小於 4 時，液滴缺乏足夠的能量突破表面張力的約束，液柱難以斷裂；Stow C D[57] 通過實驗證明，當 $We^{1/2}Re^{1/4}>50$ 時，因液體動能過大而發生射流現象，液滴不能成形。圖 3-22 列舉了微滴成滴的限制條件 [58]。

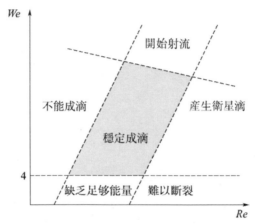

▲ 圖 3-22 自由微滴成滴的限制條件

③ 聚合物熔體微滴噴射的可實現性

依據前人總結的液體微滴噴射的限制條件，研究聚合物熔體微滴噴射對成形工藝及耗材特性的要求。

以熔融堆積成形常用的聚乳酸（PLA）耗材為研究對象 [59]。

牌號：PLA6252D，美國 Nature Works 公司；

密度 ρ：1.08g/cm³（210℃熔體）；

黏度 μ：約 15Pa·s；

表面張力 γ：約 24m N/m；

噴嘴直徑設為 0.4mm。

將上述數值代入公式（3-21），得：Oh=1395.4，即 Z=0.00072，根據液滴穩定噴射的實現條件，PLA 屬於難以成滴類。而其他聚合物材料的相關參數與聚乳酸耗材類似，通過上述分析證明，由於聚合物熔體具有較高的黏度，

因此不能通過微滴噴射的方式實現微滴成形，可通過材料改性的方式減低耗材黏度，實現噴射成形，或通過增加噴嘴直徑的方法，但以 PLA 耗材微滴成形為例，欲實現自由微滴噴射，噴嘴直徑應大於 150mm，不符合實際加工條件。

聚合物熔體難以以自由滴落的方式實現微滴成形，但可通過被動微滴成形的方式進行處理，如圖 3-23 所示，即：閥針高頻率開合，將熔體擠出過程離散化，同時縮短基板與噴嘴之間的距離，通過基板與熔體間的黏性力抵消掉噴嘴處熔體間的黏性力，實現熔體被動微滴成形。

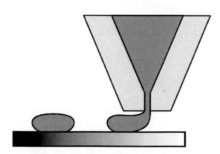

▲ 圖 3-23 被動微滴成形過程示意

(5) 閥控系統參數對熔體擠出的影響

通過上述對熔體按需擠出過程及熔體動力學的分析，閥腔內熔體擠出噴嘴過程是背壓驅動的壓差流動和閥針運動產生的剪切流動綜合作用的過程。閥腔背壓值（p）、閥針運動速度（v）、閥針直徑（ϕ_v）與閥腔直徑（ϕ_c）之比、閥針最大移動距離（L_v）、噴嘴直徑（ϕ_n）、噴嘴長度（L_n）等參數均會對熔體的流動產生影響。因此，本節將通過數值模擬的方法，運用 Fluent 模擬軟體分析相關參數對熔體擠出流動的影響，為熔體按需擠出調控提供理論指導。

由於噴嘴直徑（ϕ_n）、噴嘴長度（L_n）對熔體流量的影響可通過 Hagen-Poiseuille 公式確定，因此在幾何參數方面，本節主要分析了閥針直徑（ϕ_v）、閥腔直徑（ϕ_c）、閥針最大移動距離（L_v）、對熔體流量的影響，相關幾何模型如圖 3-24 所示。

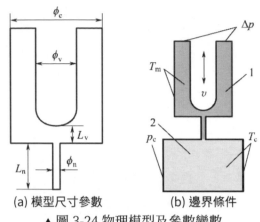

(a) 模型尺寸參數　　　　(b) 邊界條件
▲ 圖 3-24 物理模型及參數變數

1—熔體域；2—空氣域

　　圖 3-25 為不同閥針運動速度對熔體擠出流量的影響。隨著閥針運動速度的增加，熔體擠出流量隨之增加；當運動速度為 0m/s 時，除初始處流量微小波動外，保持穩定流動狀態；當閥針離噴嘴較遠時，噴嘴處流量緩慢增加，流量波動平穩；當閥針移動到離噴嘴較近距離時，噴嘴處流量急速增加，直至閥針關閉噴嘴，流量降為 0；當閥針靠近噴嘴時，閥針運動速度越大，對熔體擠出流量的擾動越大。

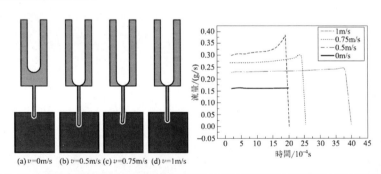

(a) v=0m/s　(b) v=0.5m/s (c) v=0.75m/s (d) v=1m/s

▲ 圖 3-25 不同閥針運動速度對熔體擠出流量的影響及噴嘴處流量波動曲線

　　在去掉閥腔背壓對熔體流量的影響值後，分析閥針在不同位置處熔體流量的波動情況，如圖 3-26 所示。閥針朝噴嘴移動的約前 3/4 部分，流量沒有出現大的波動，且流量與閥針運動速度呈線性關係；當距離噴嘴約 0.5mm 時，流量大幅增加，但當閥針運動速度較低時，波動較緩，因此可以考慮當閥針運動到距離噴嘴較近位置時，降低閥針運動速度，從而減少流量波動，增強

擠出流量的調控能力。

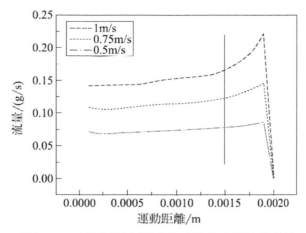

▲ 圖 3-26 不考慮閥腔背壓時噴嘴處流量波動曲線

　　圖 3-27 為閥針最大位移對熔體擠出流量的影響。當閥針在最大位置處保持不動時,熔體在閥腔背壓的作用下穩定擠出。通過分析閥針位置對熔體流量的影響,找到對穩定流動影響最小的閥針位置。當針孔距離小於 0.5mm 時,隨著距離的減少,熔體流量減少,而當針孔距離大於 0.5mm 時,熔體流量沒有明顯變化。證明閥針距離噴嘴過近,會對熔體流動產生「阻塞」作用,影響 3D 列印效率。因此,在本節的設定尺寸下,針孔距離應大於 0.5mm;但針孔距離過大會延長關閉、開合時間,因此針孔距離設定為 0.5~1mm 為最佳。

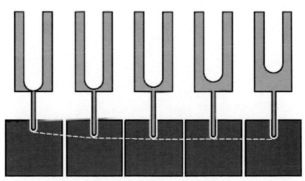

(a) 0.1mm　(b) 0.3mm　(c) 0.5mm　(d) 1mm　(e) 2mm

▲ 圖 3-27 閥針最大位移對熔體擠出流量的影響

　　圖 3-28 為閥針 / 閥腔直徑比對熔體擠出流量的影響及噴嘴處流量波動曲線。閥針 / 閥腔直徑比會影響閥腔中熔體的拖曳流動。隨著閥針閥腔直徑比的增加，在相同運動速度的情況下，熔體流量增加，且不符合線性增長規律；當運動速度較低時，閥針閥腔直徑比為 0.25 時，流量波動較小；閥針閥腔直徑比為 0.75 時，當閥針離噴嘴較近時，流量有下降的趨勢，說明閥針直徑大時，對壓差流動有阻塞作用；閥針直徑較小時，對熔體流量影響較小，能夠提高 3D 列印精確度。

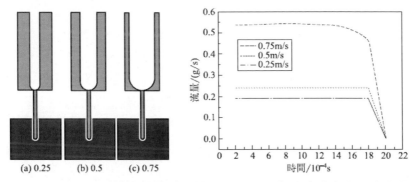

▲ 圖 3-28 閥針 / 閥腔直徑比對熔體擠出流量的影響及噴嘴處流量波動曲線

　　圖 3-29 為閥針運動速度 / 背壓比對熔體擠出流量的影響及噴嘴處流量波動曲線。當閥針開啟時，剪切流動和壓差流動方向相反，當 v/Δp 較大時，可能出現熔體倒流，空氣進入閥腔的現象。熔體流量隨著 v/Δp 的提高而減小，當 v/Δp 大於 0.5 時，熔體出現倒流現象；因此，為避免倒流現象，應提高閥腔背壓或減少閥針運動速度；隨著閥針的上升，流量逐漸提高，上升至約 0.5mm 時，流量保持平穩，與之前分析一致。

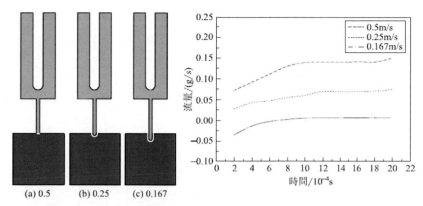

▲ 圖 3-29 閥針運動速度／背壓比對熔體擠出流量的影響及噴嘴處流量波動曲線

綜上所述可以得出以下結論：

① 閥針往復運動速度通過影響熔體拖曳流動對擠出流量產生影響，閥針下移時，運動速度越快，擠出流量越大；且當閥針距離噴嘴越近時，對擠出流量的擾動越大。因此，在快到達噴嘴位置時，可以透過降速來達到穩定擠出，提高列印精確度。

② 當運動距離小於 0.5mm 時，會對熔體擠出產生阻塞作用，降低流量，影響列印效率；當運動距離過大時，會延長開、合時間，因此針孔距離設定為 0.5~1mm 為最佳。

③ 閥針閥腔直徑比影響閥腔中熔體的拖曳流動，隨著直徑比的增加，擠出流量增加，且直徑比越大，流量波動越大。因此應選擇直徑較小的閥針。

④ 閥針上移時，由於剪切流動和壓差流動方向相反，分析閥針運動速度／背壓對熔體擠出的影響，當閥針運動速度／背壓比值大於 0.5 時，熔體出現倒流現象；因此，為避免倒流現象，應提高閥腔背壓或減少閥針運動速度。

（6）熔體區域微分填充對製品精確度的影響

通過前述對熔體區域微分填充理論的分析，對於大型製品採取劃分單元格多噴頭同時列印的方式，可大大提高 3D 列印效率，改善溫度場及黏接性能。本節針對大尺寸熔融沉積成形製品易發生翹曲變形的現狀，運用「生死

單元法」進行數值模擬，選用長徑比變化明顯的長方體作為研究對象（見圖 3-30），研究區域微分單元格尺寸對列印過程中溫度場及應力場影響，分析通過區域微分填充的方式降低翹曲變形的可行性，奠定改善大型製品加工過程中減少熱應力翹曲的理論基礎。

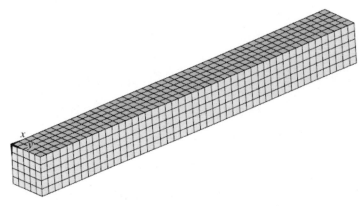

▲ 圖 3-30 長方體模型及網格劃分

　　由於在熔融堆積過程中，耗材經歷從固態受熱熔融再到冷卻凝固，耗材受列印路徑及自身性能的影響，傳熱及變形機制十分複雜。因此，為簡化計算，進行如下假設：

   a. 假設熔體擠出溫度一致，設置為 180℃，環境溫度設置為 30℃，熔體與空氣、已冷卻部分進行熱傳導及熱對流；

   b. 假耗材從熔體冷卻為固體時，潛熱全部均勻釋放；

   c. 假設耗材在不同相及不同溫度狀態下，密度不變。

① 單噴頭多單元格列印方式

　　根據前述熔體區域微分填充理論，將列印區域均勻劃分為多個單元格，首先採用單噴頭進行列印，分析區域劃分對溫度場和應力場的影響。

　　根據圖 3-31 所示，列印路徑分為 4 種，圖 3-31(a) 為不進行單元格劃分的方式，列印路徑由 a 點到 b 點；圖 3-31(b)~(d) 分別均勻劃分為 2、4、8 個單元格；共列印 5 層，第二層由 b 點上移一層，沿 b 點運動到 a 點，依次進行，直至列印完畢。

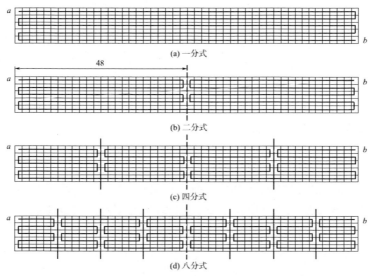

▲ 圖 3-31 不同單元格劃分方式的列印路徑示意

圖 3-32 為列印結束時不同劃分方式的溫度場分布，由圖 3-32(a) 看出，在同一層短邊方向，呈現一邊溫度高於另一邊的現象；隨著單元格劃分的細化，溫度分布逐漸均勻，僅在列印點附近存在較高溫度。

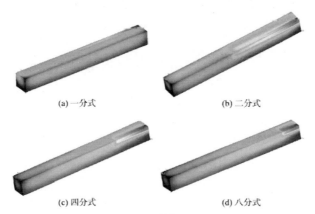

▲ 圖 3-32 列印結束時不同劃分方式的溫度場分布

選取起始點 a 點作為研究對象，研究 a 點隨列印時間的溫度變化情況。如圖 3-33 可以看出，不同路徑對 a 點的溫度變化有一定影響，具體表現在：

　　a. 隨著單元格的細化，長邊列印路徑縮短。因此，從 a 點列印到返回

a 點位置時，時間成倍縮短，因此溫度下降程度較低，有利於熔絲間的黏接，提高路徑間的拉伸強度。如圖 3-33(a) 所示，當再次返回 a 點時，溫度已降低到 78℃，根據熔融沉積黏接理論，黏接界面保持溫度越高，黏接效果越好。

b. 隨著層高的增加，a 點溫度按照路徑的規劃均呈現 3 段大的波動，分別為起始狀態時、運動到第 2 層末端時、運動到第 4 層起始處時，最高點均為起始溫度 180℃，但最低點溫度呈逐漸降低趨勢。

c. 由於路徑不同，a 點的溫度變化趨勢不同。設定 PLA 材料的玻璃化轉變溫度為 60℃，則一分式的整體溫度要高於其他劃分方式，結晶程度越高，冷卻收縮率越大，易產生翹曲。

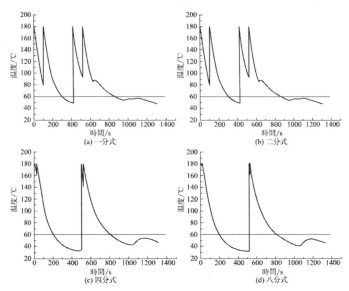

▲ 圖 3-33 a 點不同劃分方式的溫度場分布

　　圖 3-34 為 1200s 列印結束後，不同劃分方式的應力變化圖。隱藏約束層後可以看出，應力的變化與溫度場變化基本一致。在列印結束位置由於急速冷卻產生最大應力；而在底層角點處，由於冷卻時間長且散熱較快，易發生翹曲。

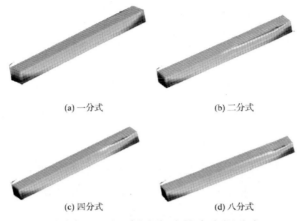

(a) 一分式　　　　　　　　(b) 二分式

(c) 四分式　　　　　　　　(d) 八分式

▲ 圖 3-34 不同劃分方式的應力場分布

　　圖 3-35 為不同劃分方式下的等效應力值，可以看出，隨著單元格的細化，等效應力逐漸降低，達到了減小應變，降低翹曲的可能性。

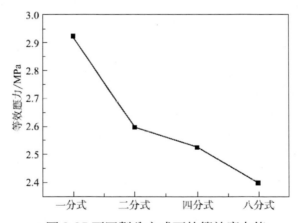

▲ 圖 3-35 不同劃分方式下的等效應力值

　　② 雙噴頭多單元格列印方式根據圖 3-36 所示，列印路徑分為 3 種，圖 3-36(a) 為雙噴頭二分單元格劃分的方式，列印路徑分別由 a 點到 b 點，c 點到 d 點；圖 3-36(b)、(c) 分別均勻劃分為四分式和八分式，列印路徑同樣由 a 點到 b 點，c 點到 d 點；共列印 5 層，第二層由 b 點上移一層，沿 b 點運動到 a 點，依次進行，直至列印完畢。

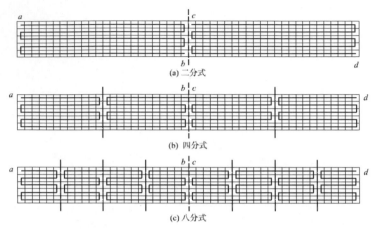

▲ 圖 3-36 雙噴頭中不同單元格劃分方式的俯視圖

圖 3-37 為雙噴頭列印時的溫度場分布，可以明顯看出，雙噴頭列印的情況下，存在兩個加熱點，列印時間縮短，冷卻時間短致使溫度保持較高。

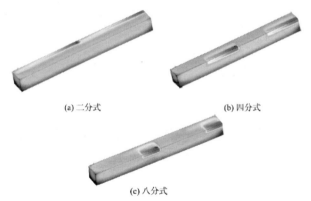

▲ 圖 3-37 雙噴頭列印結束時不同劃分方式的溫度場分布

選取起始點 a 點作為研究對象，分析單噴頭與雙噴頭對冷卻效果的影響，如圖 3-38 所示，具體表現在：

a. 起始結果，因為列印路徑一致，所以溫度變化一致。

b. 由於雙噴頭列印致使路徑縮短，列印結束時 a 點溫度保持在玻璃化轉變溫度以上。

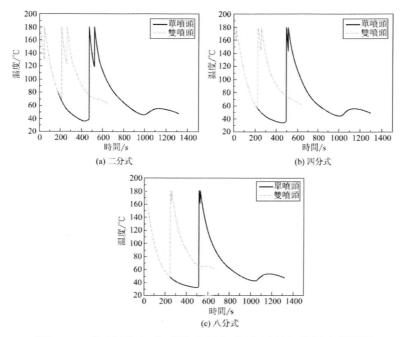

▲ 圖 3-38 不同劃分方式下單噴頭與多噴頭列印的溫度場對比

圖 3-39 為 600s 列印結束後，雙噴頭列印在不同劃分方式下的應力變化圖。在隱藏約束層後可以看出，應力的變化與溫度場變化基本一致。應力集中及翹曲位移與單噴頭列印基本一致，但在首層有兩部分最大應力點。

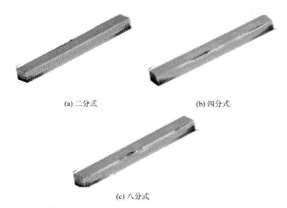

▲ 圖 3-39 雙噴頭列印在不同劃分方式下的應力場分布

圖 3-40 為雙噴頭列印下不同劃分方式下的等效應力值，與單噴頭一致呈現逐漸降低的趨勢。但整體值大於單噴頭列印製品，其原因在於雙噴頭列印

下，花費 600s 的時間即可完成列印，製品尚未完全冷卻，未充分熱收縮，故應力值偏大。

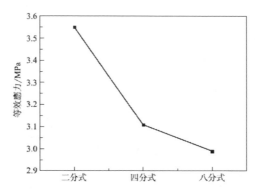

▲ 圖 3-40 雙噴頭列印下在不同劃分方式下的等效應力值

　　本節根據區域微分填充方法，採用「生死單元法」進行數值模擬，研究區域微分填充的單元格尺度對列印製品溫度場及應力場的影響，得出如下結論：

　　a.　隨著單元格尺寸的縮小，在沉積過程中能夠優化溫度場，列印結束後，製品因冷卻收縮產生的等效應力降低，降低了翹曲的發生率。

　　b.　採用多噴頭列印比單噴頭列印有更短的成形時間，沉積過程的溫度場更為均勻。

3.2.4　熔體微分 3D 列印裝置的設計

　　熔體微分 3D 列印系統包括結構單元和控制單元兩部分，其中結構單元包括耗材塑化裝置、按需擠出裝置、堆積成形裝置；控制單元包括運動控制裝置、溫度調節裝置、耗材檢測裝置、壓力反饋裝置。其基本構成如圖 3-41 所示。

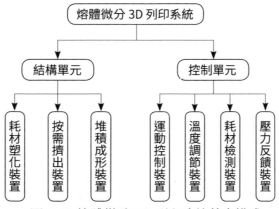

▲ 圖 3-41 熔體微分 3D 列印系統基本構成

(1) 耗材塑化裝置設計

① 自動加料裝置設計

由於微型螺桿擠出裝置機筒尺寸較小，故熔融段、計量段熱量極易傳導至加料段，造成料杯內粒料軟化、黏連，產生架橋現象，嚴重影響耗材的穩定供給。此外，由於列印料杯體積較小，在列印大型製品時，需要多次人工加料，自動化程度低，浪費人力。因此，需開發自動加料裝置，滿足實際需求。

圖 3-42 為自動加料裝置設計圖及實物圖，其中儲料杯可加滿 2L 塑膠粒料，滿足 1.5kg 以上製品連續列印；列印料杯尺寸較小，其結構保證耗材不易架橋，穩定輸送；選用基恩斯 LR-T 系列雷射光傳感器，通過三角測距的方式，檢測列印料杯中液位高度；氣動閥選用 SMC 氣動單軸氣缸，透過推桿將儲料杯中的耗材推送到列印料杯中。

當列印料杯中的液位低於預設值時，雷射光傳感器傳送信號至控制單元的耗材檢測裝置，經判斷後，輸送執行信號至氣動閥，氣動閥推動氣缸桿將儲料杯中的粒料定量推送至列印料杯直至達到預設液位，氣動閥停止工作；保證耗材長時間穩定供給，同時避免列印料杯積料，造成架橋。

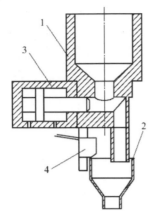

▲ 圖 3-42 自動加料裝置設計圖及裝置圖

1—儲料杯；2—列印料杯；3—氣動閥；4—雷射光感測器

② 熔融塑化裝置設計

微型螺桿設計決定了熔體擠出流量的穩定性和可控性。由於設備整體尺寸限制，微型螺桿長度為 150mm，螺桿外徑直徑為 12mm，長徑比 10:1；螺槽寬度 10mm，螺稜寬度 1.5mm；為保證粒料能夠穩定餵入機筒，送料段槽深為 2mm；送料段、壓縮段、計量段長度分配分別為 20%、30%、50%。

根據前面對微型螺桿的理論分析，為減少拖曳流對熔體擠出流動的影響，綜合考慮長徑比和擠出流量，確定螺旋升角為 17.4°；為減少漏流，選擇稍大一點的螺稜寬度 e，取螺稜寬度與螺桿外徑之比為 0.15；計量段螺槽深度與螺桿外徑之比為 0.1，圖 3-43 為微型螺桿示意圖。

▲ 圖 3-43 微型螺桿實物圖

螺桿與機筒之間的間隙為 0.1mm，由於螺桿承受扭轉、壓縮聯合作用，所以對螺桿的材質要求比較高，在高溫下要保持力學性能，以及原有的較高的強度和尺寸穩定性，微型螺桿採用經氮化處理的 38CrMoAl 鋼合金，其力學性能較為優異，其氮化層層厚為 0.3~0.7mm。

機筒同樣採用 38CrMoAl 鋼合金，加料處加工散熱槽，通過風冷降溫，

減少粒料架橋的風險，圖 3-44 為機筒實物圖。

▲ 圖 3-44 機筒實物圖

　　驅動馬達選用 57 步進馬達，其最大輸出扭矩為 3.0N·m，加裝 1:5 行星減速器，理論最大扭矩達 15N·m，滿足擠出需求。

（2）按需擠出裝置設計

　　按照驅動方式不同，分為電磁式和氣動式驅動兩種。其中電磁式通過電磁鐵推動閥針產生往復運動，其保持力為 10kgf（1kgf=9.8N）。設備主體和電磁鐵通過螺栓懸空連接流道板，使電磁鐵在驅動閥針高頻往復運動中保持較高的穩定性，同時保持閥針衝擊噴嘴時的穩定性。由於電磁鐵與流道板僅透過四個螺栓連接，為點接觸，其餘結構為懸空放置，確保電磁鐵的及時散熱以及熱流道對電磁鐵最低程度的傳熱。圖 3-45 為電磁式按需擠出裝置。

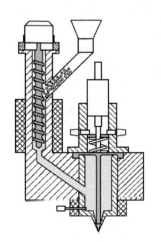

▲ 圖 3-45 電磁式按需擠出裝置

　　其中氣動式按需擠出裝置通過改裝 MAC 氣動閥與改進型 NORSON 熱熔點膠機，達到熔體的按需擠出，可滿足 260℃以下熔體的擠出。閥針往復運動

頻率最快可達 5000Hz，滿足使用要求。圖 3-46 為氣動式按需擠出裝置。

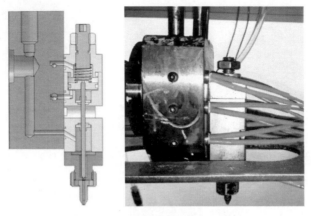

▲ 圖 3-46 氣動式按需擠出裝置

　　該裝置的噴嘴直徑為 0.2mm，採用放電加工，其微觀結構如圖 3-47 所示。表面塗覆有鐵氟龍塗層，用於降低熔體與噴嘴的黏附性，減少因熔體過度黏附噴嘴而產生的過熱分解現象。

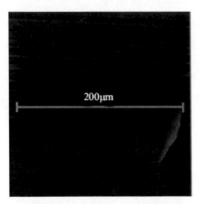

▲ 圖 3-47 噴嘴內孔微觀結構

（3）堆積成形裝置設計

　　熔融塑化裝置及按需擠出裝置的整體結構相對於 3D 運動平台重量較大，且熔融塑化段與按需擠出段連接一體，整體尺寸較大，若採用傳統熔融沉積成形裝置，即通過沿 X-Y 軸方向移動的噴頭以及沿 Z 軸垂直方向移動的運動平台來列印製品的方式存在以下缺點：由於整體式的耗材擠出系統品質較大導致慣性較大，無法達到快速精確的按需擠出，從而導致列印速度降低，機

頭振動明顯，而且存在列印精確度較低等問題。

為避免上述問題，採用運動平台在 X-Y-Z 軸三個方向整體移動，並將按需擠出系統整體固定於運動平台上方的方式解決。

堆積成形裝置包括列印平台及 3D 運動模組，採用 CCM-W50-50 公斤級直線滑台模組，通過 42 步進馬達驅動，精確度為 0.05mm，最大載荷 50kg。採用 X 軸 2 組，Y 軸 1 組，Z 軸 4 組進行組合安裝，滿足 3D 運動要求，如圖 3-48 所示。

列印平台由兩部分組成，玻璃板及加熱板。通過加熱板加熱，可使平台加熱至最高 100℃，能夠緩解熔體冷卻收縮的現象。其最大列印尺寸為 300×300×300mm。

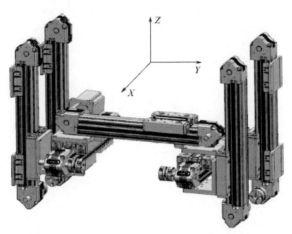

▲ 圖 3-48 3D 運動模組組合方式

(4) 設備控制單元

設備控制單元包括 3D 運動控制、溫度控制、壓力控制及進料控制。其中溫度控制採用 PID 控制方法，運用 FX3U 系列 PLC 及時將溫度控制在允許範圍之內；溫度控制分為機筒溫控及運動平台溫控，這些區域的溫度通過熱電偶檢測換算成電信號，並與溫度設定值的電信號進行對比，通過設置合適的 PID 參數，使溫度穩定下來。

此外，關於閥針的開啟與關閉通過隔離式信號轉換器實現，將運動控制主板輸出的停料、出料直流電流信號轉換成按比例輸出的且與輸入信號隔離

的直流電流或電壓信號，傳輸至電磁閥，控制針閥的開啟與關閉。

　　在熔體擠出過程中，需保持流量的穩定，因此熔體壓力需保持穩定，採用壓力閉環控制裝置，能夠較為精確地控制熔體擠出壓力。壓力閉環控制裝置選用 PT124 型，量程 0~25MPa，膜片耐溫 400℃。其中進料控制如前面所述，將雷射光傳感器的模擬電流信號讀入到 PLC 模擬量單元，執行運算，判斷氣動閥的運動。圖 3-49 為熔體微分 3D 列印設備控制模組。其中圖 3-50 為控制介面，用於顯示及調控各控制參數。

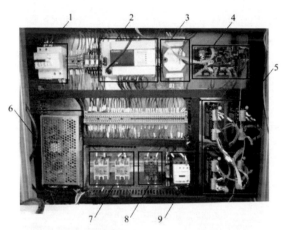

▲ 圖 3-49 熔體微分 3D 列印設備控制模組

1—總開關；2—FX3U 系列 PLC；3—隔離式信號轉換器；4—運動控制主板；5—運動驅動器；
6—24V 電源；7—機筒加熱溫控繼電器；8—基板加熱溫控繼電器；9—Tesys 接觸器

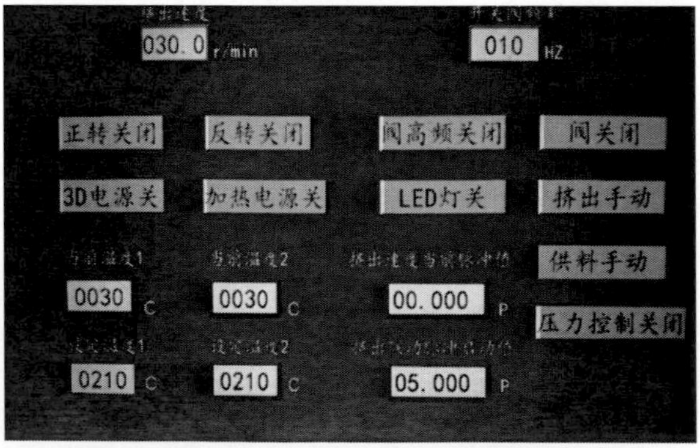

▲ 圖 3-50 熔體微分 3D 列印設備控制介面

　　根據 3D 列印的基本流程，3D 模型經切片軟體轉化為路徑檔案後，輸入

3D 列印控制系統進行列印。對於熔融成形工藝而言，常用 Arduino 運動控制板進行相關的信號監控及運動驅動。

本節採用開源 3D 列印控制主板 MKS-Gen V1.3 進行 3D 運動控制，它在小尺寸電路板集成 3D 運動控制所需的所有電路界面，如步進馬達驅動界面、行程纖維開關界面等，如圖 3-51 所示。MKS-Gen V1.3 控制主板採用 Marlin 固件設置，可讀取由切片軟體生成的模型數位檔案，可設置平台運動速度、列印範圍，同時具有高速列印、斷電列印、加速度控制等功能。由於主板電流難以直接驅動 3D 運動模組步進馬達，因此需單獨增加步進馬達驅動器，主板將信號傳送到驅動器，再達成 3D 運動模組的移動。

此外，為統一運行 3D 運動與熔體擠出，MKS-Gen V1.3 控制主板同時控制螺桿驅動馬達的運動，通過構建插件的方式實現平台運動速度與螺桿轉速的匹配，滿足熔體擠出的精確控制。

▲ 圖 3-51 熔體微分 3D 列印運動控制主板

1 —— 運動驅動界面；2 —— 行程限位界面

3.2.5 工業級熔體微分 3D 列印機

(1) 堆積過程理論分析

根據 Y Jin[60] 的研究，將擠出熔絲截面視為長方形和兩個半圓體的結合（圖 3-52），在熔絲堆積過程中，熔絲之間的間距決定了製品的精確度和強度，因此確定熔絲間距與相關工藝參數之間的關係十分重要。根據公式（3-

22)，可以得到熔絲間距和流量 Q 成正比，與列印速度 v 及層高 h 成反比。因此，需精確測定在不同工藝條件下的流量，透過與速度及層高的協調，確定合適的熔絲間距。

$$\varepsilon = \omega - \Delta c = \frac{Q}{vh} \tag{3-22}$$

式中，ε 為熔絲間距；ω 為熔絲寬度；Δc 為熔絲交集寬度。

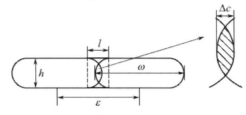

▲ 圖 3-52 擠 出微單元堆積示意

根據式（3-11）得知，有三個因素影響熔體流量：一是噴嘴的幾何尺寸，正比於噴嘴直徑的 4 次方，反比於噴嘴長度；二是噴嘴的內外壓差，由螺桿的轉速引起的背壓導致；三是熔體的黏度，作為非牛頓流體，黏度受溫度影響較大，當溫度較低時，黏度高，需要更高的壓力才能擠出噴嘴。因此，在噴嘴直徑和長度已確定的情況下，可以通過改變擠出壓力及熔融溫度來調節流量。

(2) 工業級熔體微分 3D 列印機設計

基於對粒料 3D 列印裝置的分析，粒料 3D 列印裝置存在以下缺點：物料輸送不穩定，比如架橋、顆粒尺寸不均勻等；塑化過程中易混入空氣；噴嘴流涎不可控；塑化結構笨重等。上述問題限制了粒料 3D 列印機的使用，因此解決上述問題成為關鍵。

本節對熔體微分 3D 列印裝置進行修改，將閥控系統轉換為採用雙階螺桿擠出機構的粒料擠出系統，第一級螺桿直徑大，用於輸送和融化，提供壓力；第二級螺桿直徑小，進一步塑化並計量。同時在結合部位設有排氣孔，排氣效果好，避免熔絲擠出時混有氣泡。

　　根據以上原理，設計了一套實驗系統，其粒料熔融堆積的 3D 列印裝置系統如圖 3-53 所示，包含了熔體生成單元、3D 堆積單元以及工藝控制單元。熔體生成單元包括熔融建壓單元和塑化計量單元。其中，熔融建壓單元主要用於將塑膠粒料轉化為熔體，並建立壓力。它包含熔融建壓段，馬達驅動螺桿在料筒中旋轉，加熱套固定在機筒上，塑膠粒料被加熱套產生的熱量熔融，並由螺桿旋轉輸送到前端，由於螺桿前端的螺槽深度小於後端，因此建立了大而穩定的壓力；同時在塑化計量單元，另一個驅動馬達驅動計量螺桿旋轉，將熔融建壓段輸送過來的熔體，按照需求通過噴嘴擠出到 3D 堆積單元。

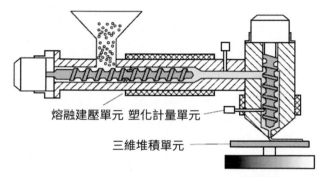

熔融建壓單元　塑化計量單元

三維堆積單元

▲ 圖 3-53 基於粒料熔融堆積的 3D 列印裝置系統

　　根據加工原理，製備採用雙階螺桿機構的熔體微分 3D 列印機，圖 3-54 展示了裝置實物圖。其中料斗為 30L，確保一次加料可滿足 3h 以上的列印時間；一段螺桿直徑 25mm，長徑比 20:1，能夠達到 100r/min 的最高轉速；

　　二段螺桿直徑 16mm，長徑比 6:1，其最大轉速可達 120r/min，並透過脈衝信號執行正反轉；在兩個螺桿的連接處安裝一個壓力感測器，通過壓力和一階螺桿擠出的轉速聯鎖；根據壓力的高低，提高或降低螺桿轉速，保證壓力穩定。噴嘴內徑為 4mm，外徑為 8mm，保證產品快速列印。

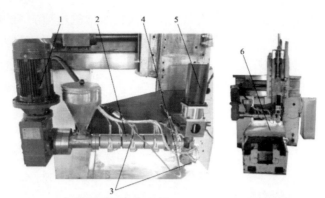

(a) 雙階螺桿擠出系統　　　　(b) 整體圖

▲ 圖 3-54 工業級熔體微分 3D 列印機

1——一階馬達；2—加熱圈；3—溫度感測器；4—壓力感測器；5—二階馬達；6—3D 運動
平台

　　3D 運動平台採用立式銑床運動平台改裝，擠出設備固定在 Z 軸垂直運動
軸上，運動平台可沿 XY 方向運動，列印面積為 800×600×600mm，平台表
面最高可加熱至 120℃。

參考文獻

[1] Brian N. Turner, Robert Strong, Scott A.Gold. A review of melt extrusion additive manufacturing processes：.I Process design and modeling [J]. Rapid Prototyping Journal, 2014, 20(3):192-204.

[2] 劉斌，謝毅 . 熔融沉積快速成型系統噴頭應用現狀分析 [J]. 工程塑料應用，2008, 36(12): 68-71.

[3] 韓江，王益康，田曉青，等 . 熔融沉積 (FDM)3D 打印工藝參數優化設計研究 [J.] 製造技術與機床，2016, (06): 139-142+146.

[4] 陳雪 . 國外 3D 打印技術產業化發展的先進經驗與啓示 [J.] 廣東科技，2013, (19): 22-25.

[5] 靳一帆，萬熠，劉新宇，等 . 基於 FDM3D 打印技術在醫療臨床中的應用 [J.] 實驗室研究與探索，2016, (06): 9-12.

[6] 潘琰峰，沈以赴，顧冬冬，等 . 選擇性激光燒結技術的發展現狀 [J]. 工具技術，2004, 38(6): 3-7.

[7] Carl R Deckard.Method and apparatus for producing parts by selective sintering, Google Patents, 1989.

[8] 何岷洪，宋坤，莫宏斌，等 .3D 打印光敏樹脂的研究進展 [J]. 功能高分子學報，2015, (01): 102-108.

[9] 王廣春，趙國群 . 快速成型與快速模具製造技術及其應用 [M]. 北京：機械工業出版社，2004.

[10] 劉偉軍 . 快速成型技術及應用 [M.]2005.

[11] 楊衛民，遲百宏，馬昊鵬，等 .LCD 屏幕選擇性光固化 3D 打印機 .

[12] 於冬梅 .LOM(分層實體制造) 快速成型設備研究與設計 [D]. 石家莊：河北科技大學，2011.

[13] 劉芬芬 . 基於超聲波焊接的 PE/ 木粉複合材料分層實體制造技術研究 [D.] 哈爾濱：東北林業大學，2015.

[14] 左紅艷 . 薄材疊層快速成型件精確度影響因素及應用研究 [D]. 昆明：昆明理工大學，2006.

[15]] 朱天柱 . 壓電式噴射 3D 打印成型系統開發與實驗研究 [D]. 武漢：華中科技大學，2012.

[16] 王景龍 .3DP 炸藥油墨配方設計及制備技術 [D.] 太原：中北大學，2015.

[17]]Elena Bassoli, Andrea Gatto, Luca Iuliano, et a.l 3D printing technique applied to rapid casting[J.] Rapid Prototyping Journal, 2007, 13(3):148-155.

[18] 鄭振糧 .3D 打印按需滴化微噴射關鍵技術 [D]. 哈爾濱：哈爾濱工業大學，2015.

[19] 尹亞楠 . 數字微噴光固化 3D 打印成型裝置設計與試驗 [D]. 南京：南京師範大學，2015.

[20] 齊樂華，鐘宋義，羅俊 . 基於均勻金屬微滴噴射的 3D 打印技術 [J]. 中國科學：信息科學，2015, (02): 212-223.

[21] Chris Williams.Ink-jet printers go beyond paper[J.] Physics World, 2006, 19(1):24.

[22] 劉鈿 . 微型催化劑圖案的微滴噴射製造技術研究 [D.] 上海：上海大學，2012.

[23] 周詩貴 . 壓電驅動膜片式微滴噴射技術仿真分析與實驗研究 [D]. 上海：上海交通大學，2013.

[24] 楊衛民 . 高分子材料先進製造的微積分思想 [J.] 中國塑料，2010, (07): 1-6.

[25] 吳明星 . 微型擠出熔體流變行爲分析及螺杆優化設計研究 [D]. 廣州：華南理工大學，2010.

[26] 劉光富，李愛平 . 熔融沉積快速成形機的螺旋擠壓機構設計 [J]. 機械設計，2003, 20(9): 23-26.

[27] 王天明，習俊通，金燁 . 顆粒體進料微型螺旋擠壓堆積噴頭的設計 [J]. 機械工程學報，2006, 42(9): 178-184.

[28] 朱復華 . 單螺杆塑化擠出理論的研究——I. 擠出物理模型 [J]. 高分子材料科學與工程，1986, 3:000.

[29] 劉坤倫 . 單螺杆擠出機仿真系統——螺杆幾何參數數據庫及 CAD 繪圖系統 [D]. 北京：北京化工大學，2003.

[30] 康凱敏 . 新型擠出螺杆參數化設計系統的研究 [D.] 北京：北京化工大學，2007.

[31] Y Li, F Hsieh.Modeling of flow in a single screw extruder [J].Journal of Food engi neering, 1996, 27(4):353-375.

[32] 王天明 . 基於顆粒體熔融堆積的高速擠出裝置及快速成型工藝理論研究 [D.] 上海：上海交通大學，2006.

[33] XiaYun Shu, HongHai Zhang, HuaYong Liu, et a.1 Experimental study on high viscosity fluid micro-droplet jetting system[J]. Science in China Series E：Technological Sciences, 2010, 53(1):182-187.

[34] 岳海波 . 用於微電子封裝的噴射點膠閥的研發 [D.] 哈爾濱：哈爾濱工業大學，2010.

[35] 李志江 . 基於液滴噴射技術的塑料增材製造系統研究與開發 [D]. 北京：北京化工大學，2015.

[36] 江開勇 . 熔融擠出堆積快速成形的品質控制原理研究 [D.] 天津：天津大學，1999.

[37] M Atif Yardimci, Seçl uk Güçeri. Conceptual framework for the thermal process modelling of fused deposition [J].Rapid Prototyping Journal, 1996, 2(2):26-31.

[38] 汪定妮 . 熔融擠壓快速成形的品質控制 [D.] 武漢：華中科技大學，2007.

[39] 陳葆娟 . 熔融沉積快速成形精確度及工藝實驗研究 [D.] 大連：大連理工大學，2012.

[40] 倪榮華 . 熔融沉積快速成型精確度研究及其成型過程數值模擬 [D]. 濟南：山東大學，2013.

[41] 王天明，習俊通，金燁 . 熔融堆積成型中的原型翹曲變形 [J]. 機械工程學報，2006, 42(3): 233-238.

[42] 黃小毛 . 熔絲沉積成形若干關鍵技術研究 [D]. 武漢：華中科技大學，2009.

[43] Emil Spšák, Ivan Gajdoš, Ján Slota. Optimization of FDM Prototypes Mechanical Properties with Path Generation Strategy[C.] Trans Tech Publ, 2014:273-278.

[44] 運贛，祥林 . 微滴噴射自由成形 [M.] 武漢：華中科技大學出版社，2009.

[45] 劉華勇 . 高黏度流體微量噴射與控制技術研究 [J.] 武漢：華中科技大學，2007,

[46] 謝丹 . 微光學器件的氣動膜片式微滴噴射製造技術研究 [D]. 武漢：華中科技大學，2010.

[47] 孫慧 . 高黏性微量液滴非接觸式分配技術研究 [D.] 哈爾濱：哈爾濱工業大學，2011.

[48] 路士州 . 壓電驅動撞針式高黏性液體微量分配技術研究 [D]. 哈爾濱：哈爾濱工業大學，2015.

[49] 丁寧寧 . 壓電 - 氣體混合驅動噴射點膠的機理及實驗研究 [D.] 長春：吉林大學，2013.

[50] 柳沁 . 壓電 - 液壓放大式非接觸噴射點膠機理及實驗研究 [D.] 長春：吉林大學，2014.

[51] 周詩貴，晢俊通 . 壓電驅動膜片式微滴噴射仿真與尺度一致性試驗研究 [J]. 機械工程學報，2013, 49(8): 178-185.

[52] 肖淵，黃亞超 . 氣動式微滴噴射過程仿真與尺寸均勻性試驗研究 [J]. 中國機械工程，2014, 25(21): 2936-2941.

[53] An-Shik Yang，We-i Ming Tsa.i Ejection process simulation for a piezoelectric microdroplet generator [J].Journal of fluids engineering, 2006, 128(6):1144-1152.

[54] Brian Derby.Inkjet printing of functional and structural materials：fluid property requirements, feature stability, and resolution [J].Annual Review of Materials Research, 2010, 40:395-414.

[55] N Reis, B Derby.Ink jet deposition of ceramic suspensions：Modeling and experiments of droplet formation [C]. Cambridge Univ Press, 2000:117.

[56] Paul C Duineveld, Margreet M de Kok, Michael Buechel, et a.l Ink-jet printing of polymer light-emitting devices [C]. International Society for Optics and Photonics, 2002：59-67.

[57] CD Stow, MG Hadfield.An experimental investigation of fluid flow resulting from the impact of a water drop with an unyielding dry surface [C].The Royal Society，1981：419-441.

[58] B Derby.Inkjet printing ceramics: From drops to solid[J].Journal of the European Ceramic Society, 2011, 31 (14):2543-2550.

[59] Agnieszka Gutowska, Jolanta Jó'zwicka, Serafina Sobczak, et a.l In-compost biodegradation of PLA nonwovens[J]. 2014.

[60] Yu-an Jin, Hui Li, Yong He, et al. Quantitative nalysis of surface profile in fused deposition modelling[J].Additive Manufacturing, 2015, 8：142-148.

第 3 章　聚合物 3D 列印機

第 4 章

聚合物 3D 影印機

4.1　概述

　　最典型的 3D 影印機就是射出成型機（簡稱注塑機），如圖 4-1 所示，是一種以高速高壓將塑膠熔體注入已閉合的模具模穴內，經冷卻定型，得到與模腔相同的塑膠製品的成型設備。由於在已知製品特定形狀的前提下，相應模具被加工出來，從而能夠大量製得與給定製品形狀尺寸完全一樣的製品，即具備「影印」的性質，故而又可稱射出成型機為高分子製品的 3D 影印機。它具有如下特點：能一次成型出外形複雜、尺寸精確或帶有嵌件的塑膠製品；對各種塑膠加工的適應性強；機器生產率高以及易於自動化生產等。所以射出成型技術及射出成型機（也稱注塑機）得到極為廣泛的應用，現在已成為塑膠加工業和塑膠機械行業的重要組成部分，射出成型機使用率占整個塑膠成型機械的 50% 以上。

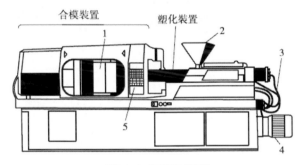

▲ 圖 4-1 典型注塑機

1—模具；2—料斗；3—液壓管線；4—馬達；5—控制面板

　　隨著科技的不斷發展以及工業 4.0 的提出，注塑機正在朝「精密、節能、高效、集成」的方向發展。不斷追求注塑機的極致，以快速高效（縮短成型週期）、大規模生產、節約能源、製造越來越複雜的產品等為目標，實現「成型即裝配、即成型即用」的目的。同時，注塑成型系統成為越來越綜合的機器系統，注塑工藝和注塑機變成系統的一部分，將更多的應用技術集成創新到注塑機上，配置自動化取件、裝配、包裝、檢測等組件，運用大數據和網際網路技術，實現注塑機之間的物聯協同和更加智慧的人機交互。

4.2 3D 影印機的組成及分類

4.2.1 3D 影印機的組成

3D 影印機的結構如圖 4-2 所示,它主要出射出系統、合模系統、傳動系統、加熱及冷卻系統、電氣控制系統、潤滑系統等組成。

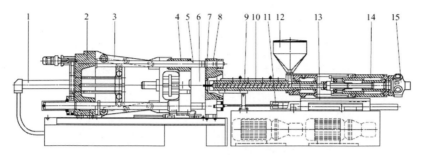

▲ 圖 4-2 3D 影印機結構(不包括控制系統)

1—肘桿鎖模油缸;2—後固定模板;3—肘桿;4—動模板;5—拉桿;6—容模空間;7—噴嘴;8—前固定模板;9—螺桿;10—機筒;11—射出裝置牽引油缸;12—料斗;13—射出裝置導向架;14—注射油缸;15—螺桿旋轉驅動裝置

(1) 射出系統

注塑機的射出系統是聚合物熔融塑化的核心,它直接決定了塑膠熔融的均勻性,進而決定了製品的品質。射出系統主要分為柱塞式、螺桿式、螺桿預塑柱塞射出式 3 種形式。目前應用最廣泛的是螺桿式,其作用是在一個注塑循環中,將一定量的塑膠加熱塑化後,在給定的壓力和速度下,通過螺桿將熔融塑膠注入模具模穴中。射出結束後,對射出到模腔中的熔料保持定型。它主要包括加料斗、注塑螺桿、機筒、噴嘴等部件,如圖 4-3 所示。

(2) 合模系統

合模系統是決定製品形狀的部分,它是熔融物料最終成型的地方,其主要功能是保證模具可靠地開啟與閉合以及頂出製品,因此它的好壞對製品的尺寸精確度有著顯著影響。模具系統主要由模具開合機構、拉桿、調模機構、頂出機構、固定模板和安全保護機構組成。其結構形式主要分為二板式和三板式,如圖 4-4 所示。

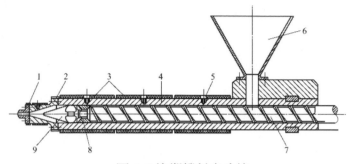

▲ 圖 4-3 注塑機射出系統

1—噴嘴；2—機筒頭；3—加熱圈；4—機筒；5—熱電偶；

6—加料斗；7—往復螺桿；8—止逆閥；9—螺桿頭

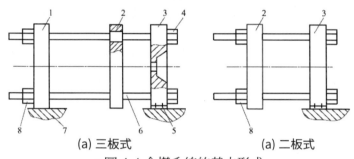

(a) 三板式　　　　　　　(a) 二板式

▲ 圖 4-4 合模系統的基本形式

1—後固定模板；2—動模板；3—前固定模板；4—前螺母；

5—固定螺釘；6—拉桿；7—機架；8—後螺母

(3) 傳動系統

從注塑機的工作過程來看，傳動系統主要體現在 5 個地方：模具的開閉、製品的頂出、螺桿的轉動、螺桿的軸向移動、射出系統或模具系統的整體移動。隨著新技術的不斷開發與應用，注塑機的傳動系統不再局限於液壓式，大量的全電動式設備相繼被開發出來。據此，將注塑機的傳動系統分為液壓傳動系統和全電動傳動系統。

液壓傳動系統存在一系列優點，例如，合模精確度高、開合模力大，容易實現壓力和速度的過程控制及機器的集中控制。液壓傳動系統由液壓幫浦、液壓馬達、各類閥門、活塞以及其他液壓零部件所組成，其傳動依賴於

液壓。二板直壓式是這類結構的代表。二板直壓式液壓合模機構可分為無循環式、外循環式和內循環式，如圖 4-5 所示。

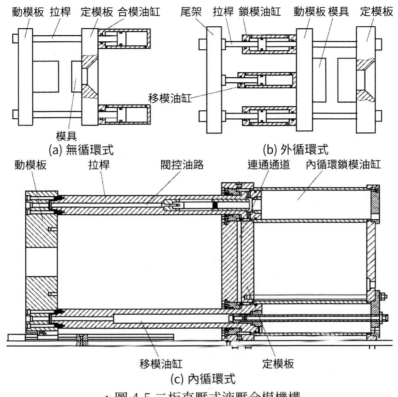

(a) 無循環式　　　　　　　　(b) 外循環式

(c) 內循環式

▲ 圖 4-5 二板直壓式液壓合模機構

　　全電動傳動系統不包括任何液壓元件，在注塑機實體上，它與液壓傳動系統的主要區別在於模具的開閉、射出螺桿的移動不以液壓為動力，射出螺桿後端也不必採用活塞與射出油缸的結構。全電動傳動系統主要由馬達、齒輪、滾珠螺桿類傳動零件等組成。目前所推出的全電式注塑機主要是合模結構是用伺服馬達取代原來的油缸推動肘桿做開合模運動。因此原來的曲肘式機所存在的問題繼續存在，如加工精確度要求高、易磨損、調模困難等，但有些方面也有一定的改善，如節能、控制精確度和重複精確度高、效率高和環保清潔等。隨著高精確度薄壁注塑件應用範圍和需求量的擴大，以及環保意識的日漸增強，電動曲肘式合模機構以其優越性得到了人們的認可，目前世界各大注塑機生產廠商所生產的全電動注塑機均採用這種合模機構。

　　當然也有電動直壓式合模機構，合模機構根據伺服馬達的正反轉和轉速，透過滾珠螺桿對，開閉模具和切換速度，並且在模具接觸後，根據伺服馬達輸出的扭矩產生推力完成鎖模。這種合模機構系統剛性大、傳動精確度高、效率高、節能，但是鎖模時無增力機構，滾珠螺桿軸向力大，機械磨損嚴重，只適合微小機型。電動式合模機構結構如圖 4-6 所示。

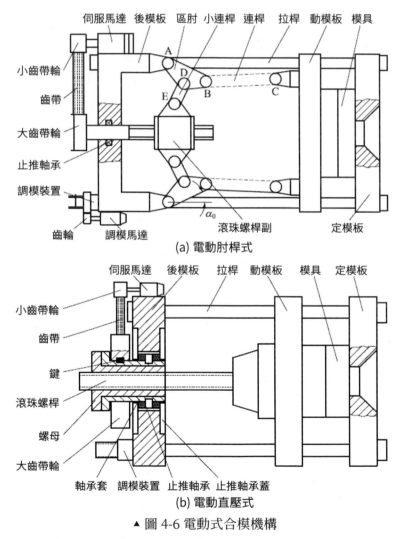

(a) 電動肘桿式

(b) 電動直壓式

▲ 圖 4-6 電動式合模機構

　　液壓式和電動式傳動系統各有優缺點，目前全電動式注塑機主要用於中小型射出成型機生產高檔精密和小型精密零件，而不同類型的全液壓式注塑

機用於中高檔、高檔精密和大型製品的成型[1]。「小型機電動化，大型機二板化」成為一種發展趨勢。

(4) 加熱與冷卻系統

加熱系統是用來加熱料筒及射出噴嘴的，注塑機料筒一般採用電熱圈作為加熱裝置，安裝在料筒的外部，並用熱電偶分段檢測。熱量通過筒壁導熱為物料塑化提供熱源。冷卻系統主要是用來冷卻油溫，油溫過高會引起多種故障出現，所以油溫必須加以控制。另一處需要冷卻的位置在料斗下料口附近，防止原料在下料口熔化，導致架橋現象以致原料不能正常下料。

(5) 電氣控制系統

電氣控制系統對整個注塑過程起到控制、調整作用，它需要保證注塑機按照設定的工藝條件（壓力、溫度、速度、時間）與動作順序準確無誤的運行。它主要包括電器、電子元件、儀表、感測器等。電氣控制一般有 4 種控制方式：手動、半自動、全自動、調整。

(6) 潤滑系統

潤滑系統主要是為注塑機的動模板、調模裝置、拉桿、射出底座等有相對運動的部位提供一定的潤滑，以便減少能耗和提高零件壽命，潤滑可以是定期的手動潤滑，也可以是自動電動潤滑。

(7) 安全系統及輔助系統

安全系統的作用是保證操作人員和設備的安全。它主要由各種安全閥、安全門、光電檢測元件、限位開關等組成，現在的注塑機能夠實現多重安全保護。

輔助系統包括：原料的乾燥裝置、混合裝置、粉碎裝置、上料裝置及模溫控制器、模具安裝輔助裝置及機械手臂等。

4.2.2　3D 影印機的分類

注塑機的分類方法多種多樣，按其塑化方式可分為柱塞式注塑機與螺桿式注塑機；按其結構形式可分為立式注塑機、臥式注塑機、角式注塑機和組

合式注塑機；按驅動形式可分為電動式與液壓式；按合模機構可分為三板式與二板式；按有無拉桿可分為拉桿式注塑機與無拉桿式注塑機；按用途可分為熱塑性塑膠注塑機、熱固性塑膠注塑機、低發泡注塑機、多組分注塑機、雙色 / 混色注塑機等。

　　目前產業內使用較多的分類方法如下。

(1) 按結構形式分類

　　這裡的結構形式指的是射出螺桿的中軸線與模具系統開合模方向線的相對位置，二者均處於於水平方向稱為臥式，二者均處於垂直方向稱為立式。

①　臥式：臥式注塑機是目前使用最為廣泛也是最基本的形式，其結構如圖 4-7 所示，它適用於各種批量製品的生產，其螺桿軸線與開合模方向均水平設置。由於臥式注塑機的結構特點，它具有如下優勢：機身低、穩定、便於操作與維修；製品可以利用自身重量脫落，容易達成自動化。

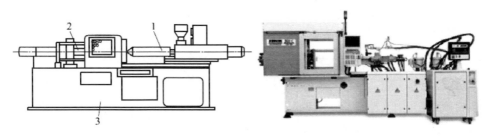

▲ 圖 4-7 臥式注塑機

1—射出系統；2—合模系統；3—機身

②　立式：立式注塑機的螺桿軸線與開合模方向均與地面垂直，其結構如圖 4-8 所示。它的占地面積相對較小，但是由於設備沿高度方向設置，高度方向上占據空間較大，因此立式注塑機多為小型設備，而且立式注塑機重心較高，穩定性較臥式差，製品的取出方式增加了實施自動化的困難，因此立式注塑機的應用範圍比較窄。

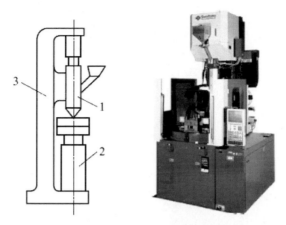

▲ 圖 4-8 立式 3D 影印機

1—射出系統；2—合模系統；3—機身

③ 角式：角式注塑機如圖 4-9 所示，其螺桿軸線與開合模方向垂直，其設置方式多為螺桿水平擺設，開合模方向垂直於地面。角式 3D 影印機綜合了臥式和立式的一些優點，使用也比較普遍，它特別適用於成型中心不允許出現澆口痕跡的製品。

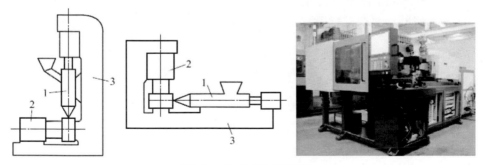

▲ 圖 4-9 角式 3D 影印機

1—射出系統；2—合模系統；3—機身

(2) 按機器加工能力分類

經常用來表示射出成型機加工能力的參數，有機器的射出量和合模力。而多數是用射出量與合模力同時表示。分類情況如表 4-1 所示。

表 4-1 按機器加工能力分類範圍

類別	合模力 /k N	射出量 /cm^3
超小型	<200~400	<30
小型	400~2000	60~500
中型	3000~6000	500~2000
大型	8000~20000	>2000
超大型（巨型）	>20000	

　　射出量僅規定了機器成型製品的重量範圍，而合模力則從成型製品面積上給予了限制。可是在實際加工的製品中，二者之間並不存在嚴格的比例關係，而且隨加工塑膠製品範圍的擴大，其矛盾也越大，如在成型盤、盆、框之類的製品時，機器的成型面積即合模力是主要的，而機器的射出量經常使用不足。因此，為了更合理地設計和使用機器，目前在一些製造廠，將射出和合模裝置進行標準化設計（積木式）。這樣可用較少的設計，來滿足較大範圍內的使用要求。

(3) 按用途分類

　　射出成型的應用範圍較廣，為滿足各種射出工藝的要求，提高機械效能，而將機器設計成熱塑性塑膠通用型（亦稱普通型）、熱固型、發泡型、排氣型、高速型、多色、精密、鞋用、螺紋製品用等類型。其中以熱塑通用型系列、熱固系列、低發泡系列、排氣系列和高速系列最為普遍。

① 熱固性塑膠注塑機

　　傳統的熱固性塑膠成型工藝包括壓縮模塑成型法和傳遞模塑法，兩種方法均存在一些缺點，例如操作複雜、成型週期較長、生產效率低下等，隨著技術的進步和生產效率的迫切需要，熱固性塑膠的射出成型技術得到了很好的發展。熱固性注塑原理與熱塑性注塑一樣，將顆粒或粉狀樹脂射出料注入機筒內，通過機筒的外加熱和螺桿的剪切熱對射出料進行加熱，在溫度不高的機筒內進行預熱塑化，使樹脂發生物理變化和緩慢的化學變化而成稠膠狀，產生流動性，然後用螺桿或柱塞在強大的壓力下將其注射進模具中，在高溫高壓下進行化學反應，經過一段時間的保壓後，固化成型，最後取出製品 [2]。熱固性注塑與熱塑性注塑的不同之處如表 4-2 所示。

表 4-2 熱固性與熱塑性塑膠射出成型工藝的區別 [3]

項目	熱固性塑膠	熱塑性塑膠
機筒溫度	95℃以下，過低不能射出，過高則產生固化，溫度控制嚴格，可用水套等方式控溫	150℃以上，過低不能熔融，過高影響射出，甚至產生降解等，溫度控制不嚴格
射出量的控制	每次射出完畢，應使機筒前部預料很少，避免硬化堵塞噴嘴	每次射出完畢，應使料筒前部有相當數量的預料，用來補縮
模具溫度	一般在 170℃以上，過低固化時間變長，過高則固化太快，不能充滿模穴	100℃以下，甚至通冷水冷卻
變化屬性	物理 - 化學變化。注入模腔後化學反應會分解氣體	物理變化，無分解氣體

熱固性塑膠注塑機也分為柱塞式和螺桿式兩種形式，柱塞式注塑機主要用於不飽和聚酯增強注塑團狀塑膠材料（BMC），螺桿式注塑機主要用於熱固性酚醛注塑膠 [4]。熱固性塑膠注塑機結構與熱塑性基本一致，但其參數控制更加嚴格，其設計要求如下：

a. 有良好的供料特點（團狀 BMC 塑膠必須附加擠壓式加料斗或自動餵料機）。

b. 保證塑膠在料筒中均勻加熱，排除過大的摩擦熱對塑膠的影響。

c. 要有較高的效率，即通過噴嘴的塑膠與塑化塑膠的數量要大。

d. 能夠防止塑膠在料筒中或機頭內固化。

e. 鎖模力要大。

f. 螺桿與料筒間隙要合適。

g. 料筒加熱部分要有冷卻裝置，能嚴格控制溫度。

② 排氣型注塑機

在聚合物射出成型時，由於某些物料（如 ABS、PA 等）含有許多水分、氣體或各種易揮發成分，往往需要在射出前對其進行乾燥等一系列的預處理，這樣需要增加預處理設備，如果能在射出機中完成這一預處理過程，將極大地節省人力物力，排氣型射出機就是在這樣的背景下提出的。

圖 4-10 所示為排氣型注塑機的結構，它由塑化系統和儲料射出系統兩部分組成，平行分布。兩部分之間是連接套，連接套內設有流道。由於塑化系統和儲料射出系統兩個部分呈平行分布，這種形式的排氣螺桿在工作的時候只是起到塑化的作用，沒有軸向的位移，而射出任務則由儲料射出系統來完成。工作時，物料從料斗加入，經過計量加料裝置將物料輸送到料筒中。物料經過第一階螺桿加料段的輸送、第一壓縮段的混合和熔融及第一計量段的均化後，基本處於熔融狀態。進入排氣段時，由於排氣段螺槽突然變深，容積提高，壓力驟降，促使熔料內所含水分（及其他揮發性物質）迅速汽化，汽化後的水分被熔體膜所包圍呈泡沫狀。在螺桿的旋轉作用下，熔體膜被擠碎，水分分離出，並從排氣口直接排出機外（常壓排氣）或由真空輔助系統排出機外（負壓排氣）。隨後，已去除了水分的熔料流經第二壓縮段和第二計量段，並在壓力的作用下經過流道進入到儲料缸中，當儲料缸中的物料達到一定量時，螺桿停止轉動。儲料缸中活塞開始動作，與此同時，流道中設置的止逆閥關閉，從而活塞將物料推入到模具的模穴中得到製品。

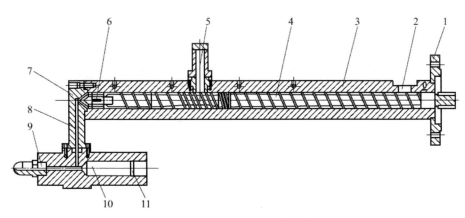

▲ 圖 4-10 排氣型注塑機結構

1—法蘭；2—加料口；3—機筒；4—排氣螺桿；5—排氣室；6—螺桿頭；

7—連接套；8—流道；9—噴嘴；10—儲料室；11—活塞

這種形式的排氣式射出機與普通排氣式射出機的主要區別就是排氣螺桿在旋轉的過程中並沒有軸向的位移，而是將螺桿的軸向運動轉化為

活塞的軸向往復運動，這樣可以建立起更大的壓力而不至於破壞物料的性能。在整個注塑的過程中由於沒有了螺桿退回的時間，整個週期要比傳統注塑的時間減少，提高了其工作的效率，特別適用於快速成型。另外，由於加入儲料缸使得小螺桿也可以打出大的製品。

③　高速及超高速注塑機 [5, 6]

高速及超高速注塑機，顧名思義，即射出速度很高的一類注塑機。一般而言，將射出速度在 300~600m/s 之間的注塑機稱為高速注塑機，將射出速度在 600m/s 以上的注塑機稱作超高速注塑機，高速及超高速注塑機的特點有以下幾點：

a. 高射出速度，最高可達每秒 1000mm。由於射出速度快，熔融成型材料在經過模具流道、澆口時，瞬間受到剪切而發熱，從而提高了材料的溫度，黏度下降，流動性能好，成型製品不會產生塌陷、凹坑、變形，尺寸精確度高，複製能力好，其製品品質精確度可達 0.18mm。

b. 射出壓力顯著提高，可成型加工細小的成型製品而不變形。

c. 噴嘴設置有兩段精密溫度控制裝置。進行溫度控制的主要目的是防止在成型加工小型薄壁製品時射出成型機噴嘴溫度下降，影響成型製品品質。

d. 該機使用止逆環專用螺桿。

目前，高速及超高速注塑機主要有全電動式和液壓式兩類。全電動式注塑機的動力來源於伺服馬達，不再使用原有的液壓缸，整個注塑機結構與液壓式相差不大，主要區別在於採用 AC 伺服馬達、滾珠螺桿、齒輪等零件取代原來的液壓馬達、方向閥、油路板、氣缸等液壓元件，全部採用電氣元件來驅動注塑機。

4.3　3D 影印機的工作原理

塑膠在射出成型過程中的行為變化，主要包括兩個基本內容：一是塑膠

熔體的形成、增壓和流動；二是製品的成型。以往復螺桿式射出成型機為例，從其工作時序圖（見圖 4-11）可知，前者是在料筒內發生，後者是在模腔中進行。

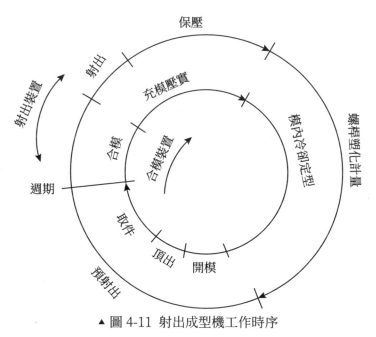

▲ 圖 4-11 射出成型機工作時序

4.3.1　塑化

　　塑膠藉助旋轉螺桿的輸送作用，不斷沿螺槽向前運動。塑膠在運動過程中，受外加熱和螺桿剪切熱的共同作用，逐步軟化，最終成為熔融黏流狀態。在螺桿頭部的熔料因具有一定的壓力，此力要推回螺桿，但螺桿能否退回以及退回速度的大小，顯然取決於螺桿退回時所附加的各種阻力的大小，如各種摩擦阻力以及射出油缸內工作油的回泄阻力（即油缸背壓）等。待螺桿回退至一定位置，即預塑計量完畢，螺桿停轉，準備下次射出。隨後，當再次合模，螺桿藉助油缸推力，進行軸向移動，將前端經計量好的儲存熔料注出。因此，射出機螺桿是在週期性的工作條件下連續運作，其塑化過程主要包括兩個部分。

　　第一階段是短暫的擠出過程。螺桿邊旋轉邊後退，退回的距離（相應螺桿轉動時間），由所需的射出量決定。對此，可視為螺桿在一個可伸縮的料筒

內轉動，塑化時螺桿的回退變換為料筒前端儲料室的伸長。這樣，射出螺桿轉動時的熔融機制和通常的擠出過程類似。

第二階段螺桿靜止。這時主要依靠從料筒傳導來的熱量使固體床繼續熔融，當螺桿再次轉動時，增厚的熔膜將被逐漸刮入熔池，固體床與熔模的界面也將恢復到原先分布的狀況。

在上述螺桿週期性轉動過程中，同時發生螺桿的軸向移動。因此，決定射出螺桿熔融性質的基本因素，是螺桿轉動和靜止的週期性的交替作用和螺桿的軸向移動作用。前者決定塑膠在螺槽內熔融狀態的分布，後者對塑膠熔融過程產生顯著擾動。

(1) 熔融物理模型

透過對擠出和射出螺桿的螺槽內塑膠熔融狀態取樣分析，證明射出螺桿具有瞬時熔融特性（見圖 4-12）。

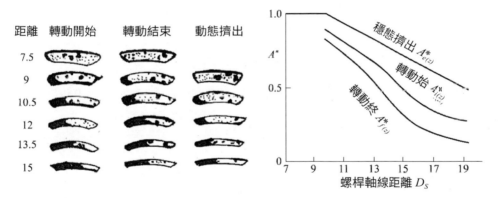

▲ 圖 4-12 射出螺桿熔融特性

擠出機螺桿中的熔融物理模型描述了穩定擠出狀態下的物料的熔融過程，即在一定的運轉工藝條件下，當螺桿旋轉的時間足夠長時，塑膠由固相轉變為熔融態的物理過程。因為在穩定擠出狀態下，擠出機的擠出量，以及螺桿頭部物料的熔融溫度和壓力都將保持定值，如就任意一個指定的螺槽橫斷面來說，其未熔固相面積 A^*（或寬度 X）及熔膜厚度 δ，也必定保持某一固定的數值。但射出螺桿是間歇式工作，它除旋轉塑化外，還要作一定時間的停留。在這停留期間，塑膠在機筒的熱傳導作用下繼續熔融，使原熔膜增

厚，而固體床面積則相應減小至 $A^*_{i(Z)}$。當螺桿再次旋轉時，熔膜 δ 將逐漸變薄，固體床面積相應提高。如旋轉時間足夠長，熔膜將會恢復到原穩定擠出時的厚度。然而射出螺桿塑化工作時間一般較短，對某一螺槽斷面，塑膠的熔融過程也就處在固體床面積由 $A^*_{i(Z)}$ 轉變到 $A^*_{f(Z)}$ 的過程中（見圖 4-13），其面積一般要比螺桿在穩定擠出狀態時小。在一個射出週期中，螺桿上的熔融分布只是暫時的，是時間的函式。對於 Z 處螺槽在時間為 t 時的固體床面積可用下式表示：

$$A^*_{(Z, t)} = A^*_{e(Z)} - A^*_{f(Z)} - A^*_{i(Z)} / (1 - e)^{-\beta N t}]e^{-\beta N t} \tag{4-1}$$

式中　　Z　　—— 沿螺槽距離；

　　　　t　　—— 螺桿轉動時間，$0 \leq t \leq t_R$；

　　　　N　　—— 螺桿轉速；

　　　　$A^*_{e(Z)}$　—— 穩定狀態熔融分布；

　　　　$A^*_{i(Z)}$　—— 螺桿開始轉動時的熔融分布；

　　　　$A^*_{f(Z)}$　—— 螺桿停止轉動時的熔融分布；

　　　　β　　—— 物料近似平衡時的熔融速率，與流變特性和熱物理性質有關的參數，並由實驗確定。

在上式中的 $A^*_{f(Z)} - A^*_{i(Z)}$ 為熔膜增厚部分，其所需熱量由加熱料筒通過逐漸增厚的熔膜傳遞到固體床和熔膜的分界面上，屬於移動邊界和有相變條件下的熱傳導問題。

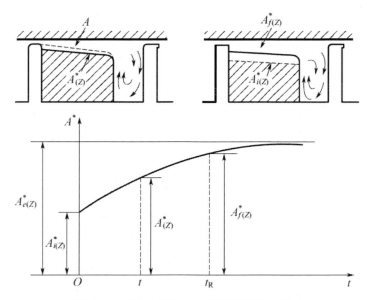

▲ 圖 4-13 射出螺槽內未熔固相面積的變化

在以上的分析中未考慮螺桿的軸向移動所產生的熔融滯後作用。

機器運作時，在料筒加料口處進行冷卻，進入加熱段的塑膠不會立即熔融，而要滯後一段時間（或距離），直到形成熔膜，才開始產生熔融機制。這種物料開始加熱與熔融並非同時發生的現象即為熔融滯後。滯後長度通常用經驗對比法或實驗法確定。

圖 4-14 所示為螺桿軸移位置示意，如取 L1 為螺桿在回退位置時開始加熱處，L_1^* 為對應物料的座標位置點，L_2 為螺桿前移（射出）時能達到加熱位置 L_1 的位置點，L_2^* 是 L2 相對應物料位置點，當螺桿射出至前端（即 L2 至原 L1 處），再進行轉動塑化，則各位置點之間的關係為

螺桿退回距離

$$S = V_r T_d \tag{4-2}$$

物料 L_2^* 相對螺桿 L_2 的距離，即滯後長度

$$W_d = V_p T_d \tag{4-3}$$

物料 L_2^* 相對原加熱位置 L_1 的距離

$$W1 = (V_P - V_r)\ T_d \tag{4-4}$$

式中　　T_d　　——　螺桿轉動距離；

　　　　V_r　　——　螺桿轉動時軸移速度；

　　　　V_P　　——　軸向固體床移動速度。

可見，在整個塑化週期中，熔融滯後端將發生變化，所以使熔融過程更為複雜。

在穩定擠出過程中，螺槽內的物料僅受切向速度（$v_b = \pi\ D_s\ N$）的作用。除此，射出螺桿還受邊塑化邊回退的軸向移動速度 v_r 和射出時的射出速度 v_i 的作用，這將會影響到熔融模型。

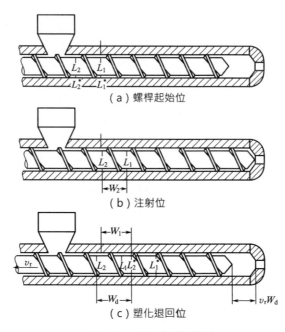

（a）螺桿起始位

（b）注射位

（c）塑化退回位

▲ 圖 4-14 螺桿軸移位置

從圖 4-15 可知，螺桿轉動時附加速度 v_r 將改變熔體中的速度分布。

$$v_{bx} = v_b \sin\theta - v_r \cos\theta \tag{4-5}$$

$$vz = vb\cos\theta - v_r \sin\theta \tag{4-6}$$

因此，將對黏性耗散（剪切熱）發生影響，使熔融速度降低。

由於射出速度的作用，將產生相當大的橫流和反相流動，又因在螺桿停止轉動時，對輸送物料所產生的壓力也將逐漸消失，在整個塑化週期中壓力場呈週期性變化。因此，被壓實的固體床內的氣體就有可能逸出。在射出時的橫流作用下，會把固體床從螺稜的背面拉向螺紋的推力面，使固體床在螺槽中的位置發生變化，促使固體床更早解體（見圖 4-16），熔融效率也會因此而降低。

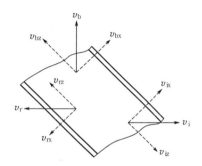

▲ 圖 4-15 射出螺桿軸向移動所引起的附加流動

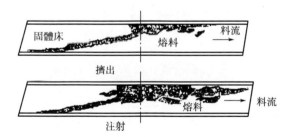

▲ 圖 4-16 固體床在螺槽中的位置發生改變

近年來，有些學者不僅對射出螺桿非穩定態的熔融模型做了各種假設，還在實驗基礎上進行數學解析，應用於螺桿設計。由於射出塑化過程是一個相當複雜的工藝過程，這些理論將通過實驗來檢驗和發展。

(2) 影響塑化品質的主要因素及其調

整射出螺桿的熔融過程為非穩定過程，主要表現為熔融效率不穩定和塑化後的熔料存在較大的軸向溫差（見圖 4-17 和圖 4-18），特別是後者直接影響到製件的品質。

從熔融機制和實驗分析得知，影響熔料軸向溫差的主要因素如下。

① 樹脂性能：對於黏度大、熱物理性質差的樹脂，其溫差大。

② 加工條件：螺桿轉速高、行程大、油缸背壓低、料筒全長溫度差大，其溫差大。

③ 螺桿長度及要素：對長徑比小、壓縮比小的普通螺桿，其溫差大。

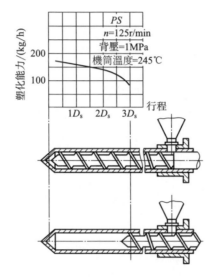

▲ 圖 4-17 螺桿塑化能力與行程關係

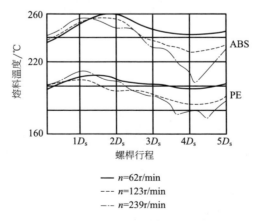

▲ 圖 4-18 熔料的軸向溫度分布

因此在設計時從保證塑化品質（減小軸向溫差）出發，對於普通注射螺桿，其轉速一般不超過 30r/min，行程不大於 3.5D_s（螺桿直徑）。

螺桿在轉動時，若改變工作油回泄阻力（俗稱螺桿背壓），即改變了螺桿塑化時頭部的壓力，這時會導致螺紋槽內的塑膠流動狀況發生改變，從而使塑膠的塑化情況得到相應的調整。螺桿背壓對螺桿塑化能力和塑化溫度的影響見圖 4-19，提高背壓可改善熔料均化程度，縮小溫差，但熔料溫度被提高，螺桿的輸送能力將下降。在不影響成型週期的情況下，盡可能使用較低的螺桿轉速，這樣較易確保塑化品質。

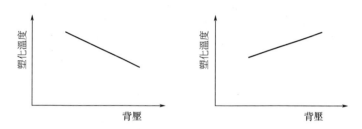

▲ 圖 4-19 螺桿背壓與塑化能力及塑化溫度的關係

因此，解決射出螺桿熔料軸向溫差大的最為有效的辦法是設計新型射出螺桿，並對工藝參數（螺桿轉速和背壓）進行有效控制和調節。

4.3.2 充模與成型

熔料充模與成型是熔料在模內發生的全部行為。由於在高分子熔體流動的同時，伴隨著熱交換、結晶、取向等過程，再加之流道截面的變化和模具溫度場的不均勻性等，所以過程極為複雜。但是這一過程與製品品質密切相關，幾乎在射出成型技術得到重視與發展的同時，就開始了對射出成型過程的觀察研究。

塑膠在模內的狀態可用 Spence-Gilmore 狀態方程式表示

$$（p+π）（V-W）=RT \tag{4-7}$$

式中　　p　　—— 塑膠（熔體）壓力；

　　　　V　　—— 塑膠比容；

T　　　—— 塑膠溫度；

R, π, W　　　—— 取決於塑膠特性的常數。

　　由此可知，製品品質主要取決於塑膠在模塑時的比容變化。在高溫和高壓下的模塑過程，無疑其壓力、溫度、比容將被看成熱力學過程的基本變數。塑膠的狀態（比容）將取決於壓力與溫度。式（4-7）表明，當溫度 T 為常數，即等溫過程，則模腔中的熔料壓力 p 和比容 V 直接相關，這與成型週期中的充模階段很接近。而在冷卻階段澆口封凝後，VW 為常數，此時溫度 T 將直接影響到壓力 p。

　　壓力除了對塑膠熔體有靜力影響外，同時還關係到熔體在充模時的流動性質。熔料在充模時需要的充模壓力及其流動規律，可參考流變學中的相關知識進行分析。

　　因此，模內塑膠壓力（模腔壓力）的變化直接反映了模內成型過程，並可以此作為有效控制製品品質的重要方法。

（1）模腔壓力

　　模腔壓力在一個模塑週期中的變化如圖 4-20 所示，充模時模腔壓力隨流動長度的加長基本呈線性增加至 p。當熔料充滿模穴後，模腔壓力迅速增至最大值 p，壓力出現明顯轉折，隨後機器進行保壓，由於油缸壓力保持在低壓，而模腔內的熔體在模具冷卻作用下，其壓力有所下降。保壓終止，油缸壓力卸除後，模腔壓力將以較快的速度繼續下降，最終的模腔壓力將決定製品的殘餘應力。

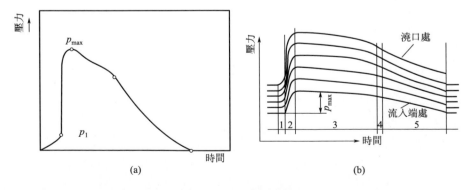

▲ 圖 4-20 模腔壓力變化

1—充模；2—壓實；3—保壓；4—卸壓倒流；5—製品冷卻

根據模塑過程可將壓力變化分為以下 4 個階段。

① 充模壓實階段：從螺桿開始前移至熔料充滿模穴的這段時間為充模期。在此期間，壓力隨熔料流入路程的增加而增加，注入速度穩定並且達到最大值。此時熔料在模腔內的流動狀態對製品的表面品質、分子取向、製品內應力等有著直接影響。所以，目前對射出速度與壓力，可根據塑膠製品與模具結構的特點，選擇不同的程序設計，達到比較理想的充模過程。

當熔料注滿模腔後，壓力迅速升至最大值（其數值取決於射出壓力的大小），射出速度則迅速下降，壓實模腔內熔料。

② 保壓增密階段：當模腔充滿熔料後，因模具的冷卻作用，而使熔料的比容產生變化，以至製品收縮。為此螺桿仍須以一定的壓力作用於熔料，進行補縮和增密。此階段進行至螺桿卸壓為止，保壓時間的長短和保壓壓力的大小與製品的應力有直接關係。壓力高，製品收縮小。但壓力過大時，易產生較大的應力，並使脫模困難。

③ 倒流階段：當保壓壓力撤除後，模腔壓力便高於澆口至螺桿處熔料壓力。此時，模腔內的塑膠尚未完全固化，內層塑膠還具有一定的流動性，所以有可能向澆口外（即模腔外）做微量的倒流，模腔壓力也隨之下降。顯然，倒流作用能否發生以及作用的程度主要決定於澆口的封閉狀況。熔料的倒流使製品容易產生縮孔、中空等缺陷。如在澆口基本上已封閉的狀態下，仍繼續以高壓作用再進行填充（後填充），在澆口周圍就會有殘餘應力。為了避免上述現象的產生，保壓壓力的設定最好能根據模腔壓力的減小而實現程序化的控制。準確控制澆口封閉時的模腔壓力和塑膠溫度，對取得高精確度塑膠製品具有重要作用。

④ 製品冷卻階段：此階段從澆口塑膠完全凍結時起，到開模取出製品時為止。模內塑膠在這一階段繼續被冷卻，便於製品在脫模時具有足夠的剛度。開模時，模內塑膠還有一定的壓力，此壓力稱之為殘餘壓力。殘餘壓力的大小與保壓時間的長短和保壓壓力的大小等有關。

(2) 全程壓力分布及壓力損失

在壓力圖中，充模階段的最高壓力 P_{DC} 是充模流動的基本條件，稱為動態壓力。P_{SC} 是壓實階段的最高壓力，稱靜態壓力。若對全程進行壓力測試，並將相應位置的動、靜態壓力表示成圖 4-21 所示全程分布形式，即可知對高分子熔體不僅有動態壓力損失，同時還有靜態壓力損失，這是由高分子熔體對壓力傳遞作用是時間的函數這一特性所決定。

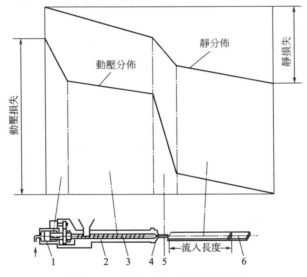

▲ 圖 4-21 射出過程中的壓力損失

1—射出油缸；2—機筒；3—螺桿；4—噴嘴；5—流道；6—製品

4.4 3D 影印機的基本參數

4.4.1　射出裝置主要參數 [7]

射出系統的基本參數及含義如下。

螺桿直徑 d_s：射出螺桿的外徑，單位 mm；

螺桿的長徑比 L/d_s：射出螺桿螺紋部分的有效長度與其外徑之比；

理論射出容積 V_i：一次射出過程所能射出的最大理論容積，單位 cm^3；

射出量 W_i：一次射出過程所能射出的最大理論品質，單位 g；

射出壓力 p_i：射出過程中螺桿頭部熔料所受到的最大壓力，單位 MPa；

射出速率 q_i：單位時間內所能射出的最大理論容積，單位 cm^3/s；

射出功率 N_i：螺桿推進熔料的最大功率，單位 k W；

塑化能力 Q_s：射出系統單位時間內所能塑化的物料品質，單位 g/s；

螺桿轉速 n_s：螺桿在預塑化時每分鐘最大轉數，單位 r/min；

射出座推力 P_n：射出噴嘴與模具貼緊時的壓力，單位 N；

料筒加熱功率 T_b：料筒加熱元件單位時間供給到機筒表面的總熱能，單位 k W。

射出系統的主要參數及計算如下。

(1) 理論射出容積 V_i

射出時螺桿（或柱塞）所能排出的理論最大容積，稱之為機器的理論射出容積。理論射出容積是衡量一台射出機規模的重要指標。根據其定義，若已知螺桿的最大射出行程（S_{imax}），則可通過下式計算：

$$V_i = \frac{\pi}{4} d_s^2 S_{imax}$$

(4-8)

式中　　d_s　　——螺桿直徑，mm；

　　　　S_{imax}　——最大射出行程，mm。

(2) 射出量 W_i

機器在無模（對空射出）操作條件下，從噴嘴所能注出的樹脂最大品質，稱之為機器的射出品質。

由定義可知，射出量應等於理論射出容積乘以熔料密度，但考慮到射出過程中熔料的密度變化以及回流等因素，常引入密度修正係數 α_1 與回流修正係數 α_2，統稱為射出修正係數 α，於是得射出量的計算公式如下：

$W_i = \alpha \rho V_i = \alpha_1 \alpha_2 \rho V_i$

式中　　V_i　　——　理論射出容積，cm^3。

射出機的規格中多以聚苯乙烯（PS）的射出量標示。

(3) 射出壓力 p_i

射出壓力的定義是射出過程中螺桿頭部熔料所受到的最大壓力，它也是螺桿給熔料的最大壓力，因此它可以通過射出油缸中工作油的壓力 p_0 來計算：

$$p_i = \frac{A_0}{A_s} p_0$$

式中　　A_0　　——　射出油缸的有效截面積；

　　　　A_s　　——　機筒內孔的截面積。

(4) 射出速率 qi

射出速率表示單位時間內從噴嘴射出的熔料量，其理論值是機筒截面與速度的乘積。根據定義可得 qi 的計算公式如下：

$$q_i = \frac{V_i}{t_i} = \frac{\pi d_s^2 S_{i\max}}{4t_i}$$

式中　　d_s　　——　螺桿直徑，mm

　　　　$S_{i\max}$　　——　最大射出行程，mm；

　　　　t_i　　——　射出時間，s。

(5) 塑化能力 Q_s

射出系統的塑化能力指的是射出系統單位時間內所能塑化的物料質量，它等於螺桿均化段的熔體輸送能力。

$$Q_s = \beta d_s^3 n_s$$

式中　　β　　——　塑化係數，與物料有關；

d_s —— 螺桿直徑，mm；

n_s —— 螺桿轉速，r/min。

4.4.2 合模裝置主要參數 [8]

合模系統的主要參數如下。

合模力 P_{cm}：合模後模具之間的壓力，單位 kN；

頂出力 P_j：頂出裝置頂出製品所需的最大推力，單位 kN；

啟閉模速度 V_m：啟閉模過程中單位時間的最大行程；

移模行程 S_m：動模板所移動的最大距離；

頂出行程 S_j：頂出裝置所能頂出製品的最大距離。

(1) 合模力 P_{cm}

通常射出系統給熔料的壓力在注入模具的途中會損失一部分，但仍會保留一部分熔體壓力，我們稱之為模腔壓力或脹模力，而為了防止模具不被脹模力脹開，需要給模具施加一個夾緊力，即合模力。合模力與射出量一樣，也是反映注塑機成型製品能力的重要指標，所以通常會在注塑機的規格中標出，但注塑機規格中標示的合模力指的是模具的所能達到的最大合模力。合模力的計算公式如下：

$$P_{cm} \geq 0.1p_{dm} A$$

式中　　p_{dm} —— 模腔動壓力；

　　　　A —— 製品在分型面的最大投影面積。

(2) 頂出力 P_j

頂出力是指頂出裝置頂出製品的最大推力，其經驗計算公式如下：

$$P_j = C_j P_{cm}$$

其中，C_j 指經驗係數，取 0.02~0.03 之間，合模力大時經驗係數取小值。

4.5　3D 影印機結構設計

4.5.1　射出裝置

射出裝置在射出成型機的工作過程中，主要用於塑化計量、射出和保壓補縮三項功能，是聚合物熔融塑化的核心，決定了塑膠熔融的均勻性，進而決定了製品的品質。目前應用最廣泛的是螺桿式射出系統，它主要包括料斗、注塑螺桿、機筒、噴嘴等部件。其設計的基本要求有：

① 在規定時間內，能均勻塑化並射出定量的熔料。

② 能根據製品的尺寸結構在注塑規格內調節射出速率與射出壓力。

射出系統的結構設計主要包括注塑螺桿的設計、機筒的設計、噴嘴的設計等。

(1) 螺桿的結構設計

目前，各大生產廠商不斷研發出新的螺桿，使得螺桿的形式不斷擴展，例如，針對 PVC 的專用螺桿。但總體而言，這些螺桿的設計都是基於常規注塑螺桿而研發的。通常，注塑螺桿由安裝段、螺紋段以及螺桿頭組成。

① 螺桿螺紋段設計：普通注塑螺桿的螺紋段為三段式（見圖 4-22）：加料段、壓縮段（熔融段）與均化段（計量段）。各段的主要參數包括：各段的長度、螺槽深度、螺距等，這些幾何參數的不同都會對聚合物的熔融塑化計量產生影響，進而影響製品品質。

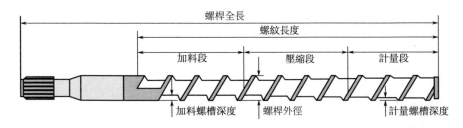

▲ 圖 4-22 螺桿的分段

② 螺桿頭的設計：與擠出機工作過程不同的是，注塑機的射出過程是間歇的，而且注塑螺桿存在軸向的移動，因此，注塑螺桿工作時更容易出

現熔料回泄的問題，尤其是在成型低黏度物料時，於是在進行注塑螺桿設計時，必須在螺桿頭部設計出防止熔料回泄的結構。

如圖 4-23 所示，這種螺桿頭稱為平尖型螺桿頭，其特點是螺桿頭部的錐角很小或帶有螺紋，其安裝後與機筒之間的縫隙很小（見圖 4-24），能有效防止高黏度物料的回泄，因此它主要適用於高黏度或熱敏性塑膠，如 PVC。

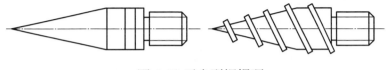

▲ 圖 4-23 平尖型螺桿頭

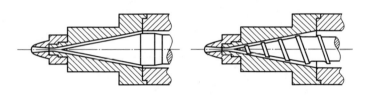

▲ 圖 4-24 平尖型螺桿頭安裝後的截面圖

如圖 4-25 所示，這種螺桿頭稱為鈍尖型螺桿頭，其頭部為「山」字形曲面，它的作用類似於活塞，主要用於成型透明度要求高的 PC、PMMA 等塑膠。

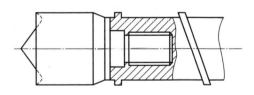

▲ 圖 4-25 鈍尖型螺桿頭

除此之外，應用最為廣泛的是止逆螺桿頭，如圖 4-26 所示，它採用止逆環的結構，其工作原理類似於單向閥。預塑化時，螺桿旋轉，從螺槽中出來的熔料由於具有一定的壓力，將止逆環頂開，形成圖中下側的狀態，熔料進入螺桿前端的儲料室；射出時，螺桿前移，直到螺桿錐面與止逆環右端接觸，形成圖中上側的結構，從而阻止熔料的回泄，多用於低黏度塑膠的加工。

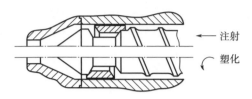

▲ 圖 4-26 止逆環螺桿頭工作原理

　　止逆環也存在多種形式，例如，環形螺桿頭（圖 4-27），止逆環與螺桿存在相對轉動，適用於中低黏度塑膠。

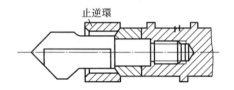

▲ 圖 4-27 環形螺桿頭

　　爪形螺桿頭（見圖 4-28），通過槽狀結構限制了止逆環的轉動，避免了螺桿與止逆環之間的熔料剪切過熱，適用於中低黏度塑膠。

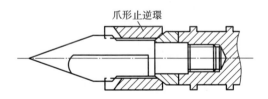

▲ 圖 4-28 爪形螺桿頭

　　滾動球式止逆環（見圖 4-29），止逆環與螺桿之間使用滾動球，使得止逆環與螺桿之間為滾動摩擦，這種結構能起到升壓快，射出量精確，延長使用壽命等特點，適用於中低黏度塑膠。

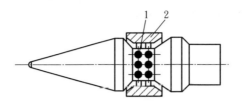

▲ 圖 4-29 滾動球式螺桿頭

1—滾動球；2—止逆環

　　銷釘型螺桿頭（見圖 4-30），螺桿頭部帶有混煉銷，能夠進一步均化，適用於中低黏度塑膠。

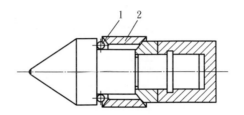

▲ 圖 4-30 銷釘型螺桿頭

1—滾動球；2—止逆環

　　分流型螺桿頭（見圖 4-31），螺桿頭部開有斜槽，能夠進一步均化，適用於中低黏度塑膠。

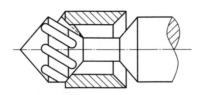

▲ 圖 4-31 分流型螺桿頭

　　好的止逆螺桿頭應該具有啟閉靈活的特性，能最大限度地防止熔料回泄，因此對其設計有如下要求：

　　a. 止逆環與螺桿的配合間隙要合適。間隙太大回泄增多，間隙太小會影響靈活性；

　　b. 螺桿頭部要保證預塑化時有足夠的流通截面；

　　c. 螺桿頭與螺桿應採用反螺紋連接。

③ 新型射出螺桿結構螺桿是高聚物塑化的核心部件,射出螺桿則是擠出螺桿的發展延伸,上述的通用螺桿雖然使用十分廣泛,但其塑化效果並不能滿足精密注塑的要求,為了改善塑化品質,擠出機的一些螺桿結構也被用在注塑機上,如分離型螺桿(見圖 4-32)、屏障型螺桿(見圖 4-33)等,二者均是通過特殊結構將固液相分離,從而使固相能夠更好地熔融。

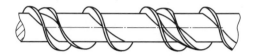

▲ 圖 4-32 分離型螺桿的結構形式 [9]

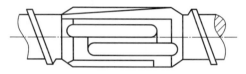

▲ 圖 4-33 屏障型螺桿的結構形式

　　在前文中我們提到一種新型強化傳熱螺桿 —— 場協同螺桿。事實證明,它可以有效改善速度場與熱流場的協同作用,實現強化傳質傳熱的目的,改善熔體塑化品質,提高熔體溫度均勻性。圖 4-34 所示為積木式試驗螺桿及新型強化傳熱結構,圖 4-35 所示為使用 FDM3D 列印機列印的不同螺桿結構及組裝後的螺桿。

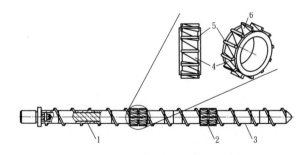

▲ 圖 4-34 積木式試驗螺桿及新型強化傳熱結構

1—螺桿軸芯;2—新型強化傳熱結構;3—普通螺桿結構;
4—分割槽;5—分割稜;6—90°扭轉曲面

▲ 圖 4-35 3D 列印不同構型的螺桿元件（左）和組裝後的積木式螺桿（右）

（2）機筒結構設計

機筒是射出系統中另一個重要部件，它與料斗、射出座連接，內裝螺桿，外裝加熱元件，如圖 4-36~ 圖 4-38 所示，機筒主要包括 3 種結構形式。

① 整體式：其特點是機筒受熱均勻，精確度容易得到保證，尤其是裝配精確度。缺點是內表面難以清洗及修理（圖 4-36）。

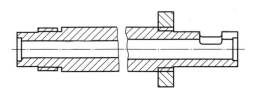

▲ 圖 4-36 整體式機筒

② 襯套裝配式：特點是機筒分段之後便於清洗修理，外套可採用更便宜的碳鋼，節省了成本，但兩段式的裝配難度較大，精確度不如整體式高（圖 4-37）。

機筒外套　　襯套

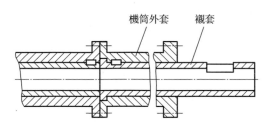

▲ 圖 4-37 襯套裝配式機筒

③ 內襯澆鑄式：其特點是澆鑄的合金層與外機筒結合牢固，耐磨性高，使用壽命長，節省成本（圖 4-38）。

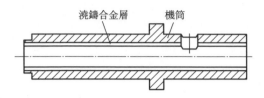

▲ 圖 4-38 內襯澆鑄式機筒

其結構設計主要包括以下幾個方面。

① 加料口：目前，3D 影印機射出系統多採用自重加料，因此，機筒加料口的設計應盡可能增強塑膠的輸送能力。目前廣泛採用的加料口形式有兩種：對稱型和偏置型，如圖 4-39 所示。

從輸送效果來看，偏置型要略優於對稱型。

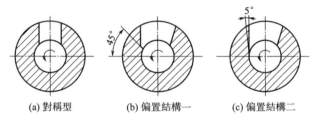

(a) 對稱型　　　(b) 偏置結構一　　　(c) 偏置結構二

▲ 圖 4-39 加料口結構形式

② 機筒與螺桿之間的間隙：為了防止物料回泄，影響塑化品質，機筒與螺桿之間的間隙一般都非常小，但為了方便裝配，減少螺桿功率消耗，這個間隙也不能過小，根據經驗一般取 $0.002d_s$~$0.005d_s$，設計時可參考表 4-3 的經驗數據。

表 4-3 機筒與螺桿間隙值 mm

螺桿直徑	≥ 15~25	>25~50	>50~80	>80~110	>110~150	>150~200	>200~240	>240
最大徑向間隙	≤ 0.12	≤ 0.20	≤ 0.30	≤ 0.35	≤ 0.45	≤ 0.50	≤ 0.60	≤ 0.70

除了滿足上述範圍之外，一般螺桿三段的間隙值也不一樣。螺桿均化段對間隙值要求更嚴，因此其間隙更小，間隙值的設計應盡量滿足：

$$\delta_1 < \delta_2 < \delta_3$$

其中，δ_1、δ_2、δ_3 分別表示螺桿均化段、熔融段、加料段與機筒之間的間隙。

③ 機筒內、外徑及壁厚之前提到，機筒需要內裝螺桿，外裝加熱元件。因此，機筒的壁厚既不能過厚，也不能過薄，過厚不僅笨重，而且影響熱量的傳遞；過薄容易出現強度問題，還會因為熱容量小導致難以取得穩定的溫度條件。考慮到熱容量和熱慣性的問題，機筒內外徑一般按下式選取：

$$\frac{D_0}{D_b} = K$$

其中，D_0 為機筒外徑；D_b 為機筒內徑；K 為經驗係數（一般取 2~2.5）。

再從強度方面考慮，K 還需滿足下式：

$$1 - \frac{1}{K} \geq \frac{1}{2} \sqrt{\frac{[\sigma]}{[\sigma] - \sqrt{3}p_i} - 1}$$

其中，D_0 為機筒外徑；$[\sigma]$ 指材料的許用應力；p_i 指射出壓力。

綜合以上兩點，可以取到一個合適的 K 值。而我們已經知道，螺桿與機筒之間的間隙十分小，為 $0.002d_s$~$0.005d_s$，因此可以用螺桿直徑 d_s 的值作為機筒內徑 D_b 進行計算，再由 $D_0 = KD_b$ 求出 D_0，最終求得機筒壁厚 δ。

④ 機筒與前料筒的連接結構形式：機筒與噴嘴並不是直接連接的，而是通過前料筒作為過渡零件，如圖 4-40 所示，機筒與前料筒之間的連接需要嚴格確保密封性，常見的連接形式有三種。其中，螺紋連接拆裝方便，但長期的使用會使螺紋變形鬆動，引起溢料，因此這種結構多用於小型注塑機。相對而言，法蘭連接的密封性更好，使用壽命更長，因此可用於中小型注塑機。大型注塑機多採用法蘭螺紋複合連接，它綜合了上述兩種結構的優點。

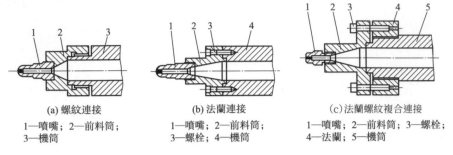

(a) 螺紋連接
1—噴嘴；2—前料筒；
3—機筒

(b) 法蘭連接
1—噴嘴；2—前料筒；
3—螺栓；4—機筒

(c)法蘭螺紋複合連接
1—噴嘴；2—前料筒；3—螺栓；
4—法蘭；5—機筒

▲ 圖 4-40 機筒與前料筒的連接形式

⑤ 機筒的創新設計：從結構創新角度，德國亞琛工業大學的 Ch.Hopmann 開發了一套新的射出塑化系統，如圖 4-41 所示，他將螺槽設計在機筒上，螺桿採用類似柱塞式的形式，邊旋轉邊推進，他們的研究表明，這樣的結構具有很好的均化效果，能產生更短的停留時間，注塑件的重複精確度得到很大的提升，在微注塑成型領域有很好的發展前景[10]，但總體來說，關於機筒結構的創新改進並不多。

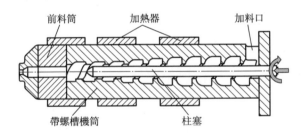

▲ 圖 4-41 IKV 新型射出塑化系統

(3) 噴嘴的結構設計

噴嘴是連接射出系統與模具系統的重要部件。由於噴嘴從進口到出口逐漸變小，在螺桿的壓力作用下，熔料流經噴嘴後，剪切速度顯著提高，壓力提高，部分壓力損失還會使熔料溫度進一步升高，均化效果進一步改善。保壓時，噴嘴還需要進行充料補縮，再加上噴嘴需要與模具主流道澆口套緊密貼合，這些都使得噴嘴的設計十分重要，其精確度要求非常高。也正是因為如此，噴嘴往往單獨設計，不與前料筒進行整體設計。

常見的噴嘴結構形式有開式噴嘴、鎖閉式噴嘴以及特殊用途噴嘴。

開式噴嘴其流道一直處於敞開狀態，如圖 4-42 所示，壓力損失小，補縮效果好，但容易形成冷料和「流涎」現象，因此主要用來成型厚壁製品，加工熱穩定性差、黏度高的塑膠。

鎖閉式噴嘴是利用流道鎖閉的結構以防止「流涎」，如圖 4-43 所示，鎖閉可以通過彈簧等結構實現，射出是利用熔料將鎖閉的頂針壓開，這種結構比較複雜，多用於加工低黏度塑膠。

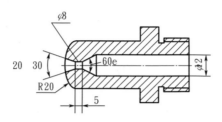

▲ 圖 4-42 開式噴嘴

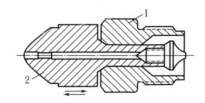

▲ 圖 4-43 鎖閉式噴嘴

1—噴嘴體；2—噴嘴芯特

殊用途噴嘴主要是指為了增強塑化，提高混合均勻性而設計的特殊結構噴嘴。

噴嘴的結構設計主要包括噴嘴口徑和噴嘴頭部球面半徑的設計。

① 噴嘴口徑 d_n：噴嘴口徑是指噴嘴流道出口處的孔徑（即熔料流出的最小孔徑），因此它直接關係到熔料注出的壓力、剪切發熱及補縮。其設計如下公式計算：

$$d_n = k_m \sqrt[3]{q_i}$$

其中，d_n 指噴嘴口徑，mm；q_i 指射出速率，cm^3/s；k_m 指塑膠性能指數，

熱敏性、高黏度的材料取 0.65~0.80，對一般性塑膠取 0.35~0.4。

② 噴嘴球面半徑：噴嘴球面半徑的確定參照中國專業標準 ZBG95003 ——
87，依照拉桿有效間距取值，見表 4-4。

表 4-4 噴嘴球面半徑的確定 mm

球面半徑 R	拉桿有效間距
10	200~559
15	560~799
20	800~1119
35	1120~2240

4.5.2 合模裝置

　　合模裝置是決定製品形狀的部分，它是熔融物料最終成型的地方，其主要功能是保證模具可靠地開啟與閉合以及頂出製品，因此它的好壞對製品的尺寸精確度有顯著影響。合模裝置主要由模具開合機構、拉桿、調模機構、頂出機構、固定模板和安全保護機構組成。其設計的基本要求有：能提供足夠的合模力；強度、剛度可靠；結構合理，其設計應盡量使能源利用率最高。

　　合模裝置的設計主要包括合模機構、頂出機構、模板、拉桿的設計。

(1) 合模機構的設計

　　合模機構最基本的結構形式包括直壓式和肘桿式，直壓式結構如圖 4-44(a) 所示，動模板的一端是模具，另一端是活塞，通過液壓力推動活塞開合模，這種機構的設計只需考慮強度等因素即可；肘桿式機構如圖 4-44(b) 所示，這種機構的優點是具有力的放大作用，模具鎖緊後進入自鎖狀態，而且能使動模板具有慢快慢的速度特性。隨著電動式結構的不斷發展，合模機構的形式也得到了充分的擴大。目前市面上注塑機的合模機構按傳動形式可分為 4 大類：全機械式（極少使用）、機械連桿式、全液壓直壓式、液壓機械式，如圖 4-45 所示。

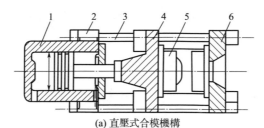

(a) 直壓式合模機構

1—合模油缸；2—後模板；3—拉桿；4—動模板；5—模具；6—前模板

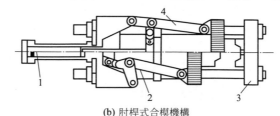

(b) 肘桿式合模機構

1—移模油缸；2—開模狀態的肘桿位置；3—定模板；4—閉模狀態的肘桿位置

▲ 圖 4-44 合模機構形式

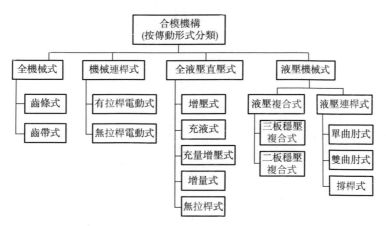

▲ 圖 4-45 注塑機合模機構按傳動形式的分類[11]

對於肘桿機構的設計，單純的數學計算已經無法求解，隨著 MATLAB、ADMAS 等軟體的不斷發展，用電腦進行肘桿機構的尺寸優化與動力學分析越來越方便。

關於合模機構的設計，我們需要知道幾個力的概念。

合模力 P_{cm}：合模後，射出熔料前，模具之間形成的合緊力。

鎖模力 P_z：射出熔料後，由於存在脹模力，合模力會被抵消一部分，剩下的模具之間的合緊力稱之為鎖模力。

移模力 P_m：推動動模板移動的力。

脹模力 P_s：熔料在模腔中形成的欲使模具分開的壓力。

在合模機構的設計中，直壓式結構的設計相對簡單，其合模力與液壓力成比例，由液壓直接驅動模板對模具鎖合，在模具合緊過程中形成的合模力為：

$$P_{cm} = \frac{\pi}{4} D_0^2 p_0 \times 10^3$$

式中　　D_0　　—— 合模油缸直徑，m；

　　　　p_0　　—— 工作油壓力，MPa。

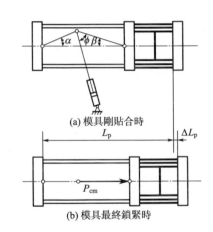

(a) 模具剛貼合時

(b) 模具最終鎖緊時

▲ 圖 4-46 肘桿式合模機構原理

但直壓式機構與肘桿式相比，不具備力的放大作用，因此工業中多使用肘桿式。對於肘桿式合模機構的設計，最早是採用作圖法試湊，其做法是簡化合模肘桿結構，根據幾何關係和材料力學相關知識建立合模力、鎖模力與肘桿結構參數之間的關係，然後解出最優解，例如，圖 4-46 是單曲肘合模機構的工作原理圖。

由圖 4-46 可知,在肘桿式合模機構運行過程中,拉桿有一定的變形,其變形量 ΔL_p 經理論推導可由下式表示:

$$\Delta L_p = \frac{P_{cm} L_p}{Z E F_p}$$

也可改寫成:

$$P_{cm} = Z C_p \Delta L_p$$

式中　　L_p　　—— 拉桿長度,m;

　　　　F_p　　—— 拉桿截面積,m²;

　　　　ΔL_p　　—— 拉桿變形量,m;

　　　　Pc_m　　—— 合模力,N;

　　　　E　　—— 拉桿材料彈性模量,Pa;

　　　　Z　　—— 拉桿數;

　　　　C_p　　—— 拉桿剛度,$C_p = \dfrac{E F_p}{L_p}$,N/m。

肘桿機構的最大特點是具有力的放大作用,即當油缸的推力為 P_0 時,往往產生的移模力 P_m 要比它大得多,我們稱二者的比值為放大倍數 M,其計算公式如下(各角度的含義如圖 4-46 所示):

$$M = \frac{P_m}{P_0} = \frac{\cos\beta\sin\phi}{\sin(\alpha+\beta)}$$

但是,即便是單曲肘結構,數學求解也是很麻煩的,而且單曲肘合模機構的放大倍數在 10 倍左右,承載能力也有限,因此工業中多使用雙曲肘合模機構或其他複雜的結構形式,對於雙曲肘結構的設計,數學計算更加無法實現,因此現在的合模機構設計都會用各種軟體加以輔助,例如,MATLAB、ADAMS、ANSYS 等,目前的設計一般按以下步驟進行。

① 肘桿結構設計及選用雙曲肘的結構設計多種多樣,按曲肘鉸鏈點數可分為四點式、五點式,按曲肘排列方向分為斜排式和直排式,按曲肘

翻轉方向可分為外翻式和內翻式，設計時可選用其中一種。

② 肘桿機構動力學特性分析根據選用的結構進行力學和幾何學分析，確定各參數之間的數學關係，分析出諸如行程比、移模速度、力的放大倍數等特徵量的表達式，藉助 MATLAB 分析幾何參數與目標特徵量之間的變化關係，確定幾組較佳的解。

③ 數值分析與運動仿真將上述參數解及特徵量輸入到 MATLAB 中，進行特徵量的分析，例如，動模板速度、加速度、力的放大比等與行程的關係，同時可以將肘桿結構在 ADMAS 或 ANSYS 中建模，進行結構的動力學分析，最終得到最佳解。

肘桿機構的設計大致如上所述，但具體設計形式也十分多樣，由於參數很多，相互的影響也因此很複雜，實際設計過程中需根據不同的合模機構要求進行優化設計。

總體來說，合模機構的設計要點如下：

① 保證模具可靠地安裝、固定和調整；

② 能夠根據注塑合模要求實現快速啟閉模、低壓低速安全閉模以及高壓鎖模；

③ 滿足強度剛度要求；

④ 節能減耗。

(2) 頂出機構的設計

頂出機構的設計與模具及製品的結構密切相關，其頂出方式包括推桿頂出、推板頂出、推件板頂出等多種形式，對應採用的頂出零件是推桿、推板、推件板等，關於此部分內容在此不作過多敘述，本小節主要從頂出方式角度介紹頂出機構的設計要點。

頂出機構按頂出方式可分為液壓式與機械式。

液壓式頂出機構 [見圖 4-47(a)] 的頂出力來自於動模板上的頂出液壓缸，由於液壓能夠得到很好的調節，可自行復位，因此應用很廣。

　　機械式頂出機構 [見圖 4-47(b)] 是利用開模時頂桿頂板等結構不動，動模板後退形成的相對運動來進行製件的脫模。這種結構雖然簡單，但頂出力、復位等均不便控制，一般只在小型設備上使用。

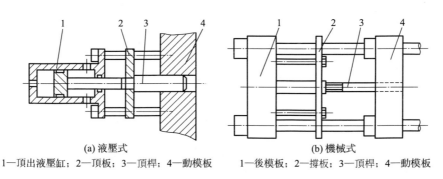

(a) 液壓式　　　　　　　　　　　　(b) 機械式

1—頂出液壓缸；2—頂板；3—頂桿；4—動模板　　　1—後模板；2—撐板；3—頂桿；4—動模板

▲ 圖 4-47 頂出機構形式

(3) 拉桿的設計

　　拉桿是模具系統運行中的重要承力部件，同時會影響動模板移動的導向，因此它對整個模具系統的精確控制有非常重要的作用。拉桿按照與模板的連接方式可以分為固定式結構和可調式結構。

　　固定式拉桿的結構如圖 4-48 所示，其兩端通過螺紋固定，固定式結構雖然設計簡單，但不能確保模具的安裝精確度，多用於小型設備上。

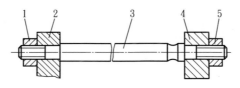

▲ 圖 4-48 固定式拉桿

1—後螺母；2—後模板；3—拉桿；4—前模板；5—前螺母

　　可調式拉桿的結構如圖 4-49 所示，可以對模板底座與動模板之間的平行度進行調節，雖然結構較複雜，但安裝、動作精確度能夠有效控制，因此應用十分廣泛。

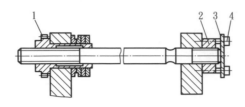

▲ 圖 4-49 可調式拉桿

1—後螺母組片；2—前螺母；3—壓板；4—螺栓

在滿足強度剛度要求外，拉桿的結構設計應充分考慮合模結構的形式，其設計要點如下。

① 有足夠的耐磨性。拉桿要有一定的導向作用，與動模板之間頻繁相對滑動，因此需要有足夠的耐磨性。

② 注意消除應力集中。在模厚段常設置緩衝槽防止過載損壞合模機構，並提高耐疲勞性。

(4) 調模機構的設計

一台注塑機往往需要注塑不同的製品，為了安裝不同厚度的模具，擴大注塑機加工製品的生產範圍，必須設置調節模板距離的裝置，即調模裝置。在注塑機合模系統的技術參數中，有最大模厚和最小模厚。最大模厚與最小模厚的調整是透過調模裝置。該裝置還可以調整合模力的大小，對於直壓式合模機構，動模板的行程由移模油缸的行程來決定，調整裝置是利用合模油缸來進行，調模行程應是動模板行程的一部分，因此無需另設調模裝置。對於液壓機械式合模裝置系統，必須單獨設置調模裝置，這是因為肘桿機構的工作位置固定不變，動模板行程不能調節。

目前使用較多的調模機構的形式有如下幾種。

① 螺紋肘桿式調模裝置：此結構如圖 4-50 所示，使用時通過旋動帶有正反扣的調節螺母，進而調節肘桿的長度 L，實現模具厚度和合模力的調整。這種形式結構簡單、製造容易、調節方便，但螺紋要承受合模力，合模力不宜過大，調整範圍有限，多用於小型注塑機。

② 動模板間大螺母式調模裝置：如圖 4-51 所示，它是由左、右兩塊動模板組成，中間用螺紋形式連接起來。通過調整調節螺母 2，使動模板間

距離 H 發生改變，從而實現模具厚度的調節和合模力的調整。這種形式調節方便，但需增加模板和機器的長度，多用於中小型注塑機上。

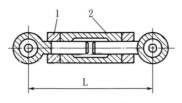

▲ 圖 4-50 螺紋肘桿式調模裝置

1—調節螺母；2—鎖緊螺母 H　231

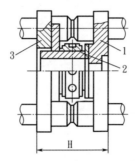

▲ 圖 4-51 動模板間大螺母式調模裝置

1—右動模板；2—調節螺母；3—左動模板

③ 油缸螺母式調模裝置：如圖 4-52 所示，此結構是通過改變移模油缸的固定位置來實現調整，使用時，轉動調節手柄，調節螺母 2 轉動，合模油缸 1 產生軸向位移，使合模機構沿拉桿向前或向後移動，從而使模具厚度和合模力得到了相應的調整。這種形式調整方便，主要適用於中、小型注塑機上。

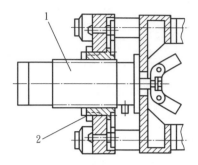

▲ 圖 4-52 油缸螺母式調模裝置

1—移模油缸；2—調節螺母

④ 拉桿螺母式調模裝置：拉桿螺母式調模裝置形式很多，目前使用較多的是大齒輪調模形式，如圖 4-53 所示。調模裝置安裝在後模板 1 上，調模時，後模板和曲肘連桿機構及動模板一起運動，4 個後螺母齒輪 4 在大齒輪 3 驅動下同步轉動，推動後模板及整個合模機構沿軸向位置發生位移，調節動模板與前模板間的距離，從而調節整個模具厚度和合模力。

這種調模裝置結構緊湊，減少了軸向尺寸鏈長度，提高了系統剛性，安裝、調整比較方便。但結構比較複雜，要求同步精確度較高，小型注塑機中可用手輪驅動調模，中、大型注塑機需用普通電動馬達、液壓馬達或伺服電動馬達驅動調模。

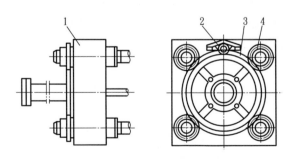

▲ 圖 4-53 大齒輪調模裝置

1—後模板；2—主動齒輪；3—大齒輪；4—後螺母齒輪

此外，關於調模行程的確定可以查閱 ZBG95003 —— 87 標準參數值進行

選定，在此選取了部分數據以供參考，見表 4-5。

表 4-5 各種規格的移模行程 mm

合模力系列 /k N	500	630	800	1000	1250	1600	2000	2500	3200	4000
拉桿有效間距≥	280			315		355	400	450	500	560	630
移動模板行程≥	240	270		300	350	400	450	500	550	650
最大模厚	240	270		300	350	400	450	500	550	650
最小模厚	150	170		200	230	200	200	320	350	400

4.5.3 驅動與安全裝置

之前提到注塑機的驅動主要有兩種形式：一種是液壓式，另一種是電動式。

相比液壓式驅動，電動式具有如下優點：① 傳動效率高；② 拆裝方便，維修成本低；③ 占地面積小，重量輕；④ 產生噪聲小，無污染，無油耗。

但由於液壓式更容易達到壓力和速度的過程控制和機器集中控制，動作更加平穩，而且其缺點在不斷改善，因此目前的注塑機驅動仍以液壓式為主。

注塑機的安全裝置主要為了保護人身安全、機器及模具運行安全等，其主要內容參考表 4-6。

表 4-6 注塑機防護內容

項目	措施	防護內容
合模裝置的安全門	①電氣保護 ②電器液壓保護 ③電器（液壓）機械保護	只有當安全門完全合上，才能進行合模動作
合模機構運行部分的安全	加防護罩	防止人或物進入運動部件內
過行程保護	電器或液壓行程限位	防止在液壓式合模裝置上加工過薄模具或無模具情況下進行合模
模具保護	①低壓低速下試合模 ②電子監測	合模具，確認無異物再升壓合緊，防異物壓傷模腔或生產出殘次品
試螺桿過載保護	①預塑電機過電流保護 ②機械安全保護 ③機筒升溫定溫加熱	防止塑膠內混有異物或「冷啟動」等引起螺桿過載破壞
加熱機筒與噴嘴的防護	防護罩	防止熱燙傷

螺桿計量保護	雙電器保護，並報警	防止計量行程開關失靈，而螺桿繼續後退所造成的事故
加熱圈工作指示	指示燈指示已壞加熱圈的位置並報警	防止因加熱圈斷線降溫而造成次品或機器事故
料鬥料位的保持	料鬥下部安裝電接觸式或光電式料位器	防止因料斗缺料，破壞機器正常運轉
潤滑系統	潤滑點等指示與報警	防止肘桿機構失去潤滑而造成事故
液壓系統	油面與油面的指示與報警	保持液壓系統的正常工作條件
工作環境與噪聲	①低噪聲幫浦與閥 ②低噪聲油壓配管 ③提高機架剛性 ④噪聲、消聲措施	防止噪聲過大形成公害，整機噪聲不超過 85d B（ZBG95004—87）

4.6　3D 影印機過程控制 [12]

4.6.1　製品精確度控制核心原理

聚合物的 PVT 關係特性描述高分子材料比容隨溫度和壓力的改變而變化的情況，作為聚合物的基本性質，也用來說明製品加工中可能產生的翹曲、收縮、氣泡等的原因，在聚合物的生產、加工以及應用等方面有著十分重要的作用。聚合物的 PVT 數據提供了射出成型過程中熔融或固態的聚合物在溫度和壓力範圍內的壓縮性和熱膨脹性等資訊。以聚合物 PVT 關係特性為核心的射出成型過程電腦模擬與控制為精密注塑機的研製提供了數據、檢測、控制等多方面的依據，引領著精密注射成型的發展方向。

圖 4-54 是無定型聚合物和半結晶型聚合物的 PVT 關係特性曲線圖。圖中可以看出當材料溫度增加時，比容由於熱膨脹也隨之增加；壓力升高時，比容由於可壓縮性而隨之降低。在玻璃化轉變溫度點，由於分子具有了更多的自由度而占據更多的空間，比容的增加速率變快，因此圖中可以看到曲線斜率的明顯變化，因而也可以通過聚合物 PVT 關係特性曲線發現體積出現突變時的轉變溫度。在溫度變化過程中，無論是無定型聚合物還是半結晶型聚合物都會由於分子熱運動發生結晶轉變或玻璃化轉變而產生明顯的體積變化，

而半結晶型聚合物由於在結晶過程中質點的規整排列，體積會有較大變化。因此，可以看到無定型聚合物和半結晶型聚合物的 PVT 關係存在很明顯的不同。在更高的溫度下，半結晶型聚合物在進入熔融狀態時，比容有一個突升，這是由於原來結構規則且固定的結晶區受到溫度的影響而變得可以隨意自由移動造成的。

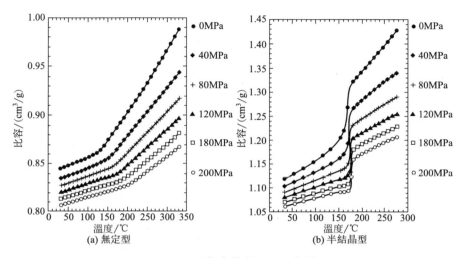

▲ 圖 4-54 聚合物的 PVT 曲線

　　聚合物 PVT 曲線圖通過比容的變化，得知塑膠在射出成型過程中的收縮特性，並可看出聚合物的溫度、壓力對比容的影響，直觀了解聚合物密度、比容、可壓縮性、體積膨脹係數、PVT 狀態方程等相關資訊。對聚合物 PVT 關係特性的研究，不僅可以用來說明射出成型過程中與壓力、密度、溫度等相關的現象，分析製品加工中可能產生的翹曲、收縮、氣泡等缺陷的原因，獲得聚合物加工的最佳工藝條件，更快捷方便地制定最佳工藝參數，還可以用來指導射出成型過程控制，提高射出成型裝備的控制精確度，以制得高品質的製品。

　　聚合物 PVT 關係的應用領域可以歸結為以下幾個方面：

① 預測聚合物共混性；

② 預測以自由體積概念為基礎的聚合材料及組分的使用性能和使用壽命；

③ 在體積效應伴隨反應的情況下，估測聚合物熔體中化學反應的變化

情況；

④ 優化工藝參數，以代替一些通過實驗操作誤差或經驗建立的參數；

⑤ 計算聚合物熔體的表面張力；

⑥ 研究狀態方程參數，減少同分子結構的相互關係；

⑦ 研究同氣體或溶劑相關材料的性質；

⑧ 相變本質的研究。

反映聚合物加工過程中實際情況的聚合物 PVT 數據能使電腦模擬的粗略結果變得更為精準；聚合物 PVT 關係特性曲線圖描述了熔體比容對溫度和壓力的關係，是使每次成型的製品總是保持相同的品質的基礎。

4.6.2　製品精確度過程控制方法

(1) 射出成型過程中聚合物 PVT 關係特性與壓力變化情況

為了保證成型製品品質，需要掌握模具中聚合物材料的比容變化情況。材料成型過程中的最佳壓力變化途徑能通過 PVT 曲線圖得到。聚合物 PVT 關係特性曲線圖也能通過一系列不同的數學表達式（聚合物 PVT 狀態方程式）來表述。以下針對射出成型過程，結合聚合物材料的壓力變化情況，對聚合物 PVT 關係特性在整個射出成型加工過程中的變化進行詳細的描述。

圖 4-55 描述了聚合物 PVT 關係特性曲線和模具模穴壓力曲線。點 A 是射出成型過程開始的起始點，此時聚合物以熔融狀態停留在注塑機機筒中螺桿前端部分。A —— C 是射出階段。點 B 是模具模穴壓力信號開始點（此時，模具模穴中的壓力感測器首次接觸到熔體），之後壓力開始增加。點 C 時刻，射出階段完成，熔融的聚合物材料自由填充模具型腔，後進入壓縮階段（C —— D），模具模穴壓力迅速上升至最高值（點 D）。此時，射出壓力轉為保壓壓力，進入保壓階段（D —— E）。有更多的聚合物熔體壓入模具模穴中以繼續補充先進入的熔體由於冷卻收縮比容減小而產生的間隙。此過程一直到澆口凍結時（點 E）結束，在點 E 時熔體不再能夠進入模具模穴。點 E 是保壓結束點，也就是澆口凍結點。剩下的冷卻階段（E —— F），模具模穴中的熔體保持恆定體積繼續冷卻，壓力也快速降低到常壓。這個等體積冷卻階

段尤其重要,因為需要通過體積的恆定來獲得最小的取向、殘餘應力和扭曲變形。這個階段對於成型的尺寸精確度具有決定性作用。在點 F 時,模具模穴中製品成型,成型不再受到任何限制,可以頂出脫模,並進一步自由冷卻至室溫(F——G)。成型製品在 F——G 階段經歷自由收縮的過程。

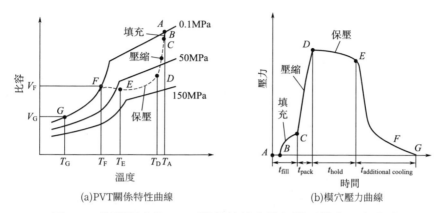

▲ 圖 4-55 典型聚合物 PVT 關係特性曲線和模具模穴壓力曲線

可見,決定最終製品尺寸和品質的就是射出成型過程中保壓過程的控制,這也是射出成型過程控制的核心內容。保壓過程的控制主要是 E——F 階段的控制,其對於最終製品的品質有很大影響。由於點 F 在注射成型過程中是不可直接控制的變數,對於點 E 的控制成為射出成型中聚合物 PVT 關係特性控制的核心點。點 E 的控制受到點 D 及 D——E 階段(即轉壓點和保壓過程的控制)的影響。為此,將射出成型過程控制的重點放在保壓過程控制上。

(2) 基於注塑裝備的聚合物 PVT 關係特性控制技術原理

目前,現有的注塑機的控制方式都是針對壓力(射出壓力、噴嘴壓力、保壓壓力、背壓、模具模穴壓力、系統壓力、合模力等)和溫度(機筒溫度、噴嘴溫度、模具溫度、模具模穴溫度、液壓油溫等)這兩組變數的單獨控制,而在提高控制精確度方面也是主要集中在壓力和溫度兩個變數的單獨控制上,並沒有考慮到對材料壓力和溫度之間關係的控制。

基於注塑裝備的聚合物 PVT 關係特性控制技術原理,主要是通過控制聚合物材料的壓力(p)和溫度(T)的關係來控制材料比容(V)的變化,從而

得到一定體積和重量的製品。因此，在保證壓力和溫度兩個變數的單獨控制精確度的條件下，再保證壓力和溫度之間關係的控制精確度，即可在整體上進一步提高注塑成型品質的控制精確度。由此即可將「過程變數控制」提高到「品質變數控制」的等級。

射出成型過程保壓階段的控制可分為 3 個部分，包括射出階段到保壓階段的 V 用轉壓點的控制、保壓結束點的控制及整個保壓過程的控制。正確設定轉壓點和採用分段保壓過程控制，對製品的成型品質非常重要。根據聚合物 PVT 關係控制理論，筆者團隊分別開發了一系列的注塑成型過程控制技術，包括熔體壓力 V/p 轉壓、熔體溫度 V 用轉壓、保壓結束點熔體壓力控制、保壓結束點熔體溫度控制、聚合物 PVT 關係特性在線控制技術、保壓過程熔體溫度控制和多參數組合式控制。同時，開發了專門的射出成型保壓過程控制系統，以進行相關控制技術的實驗研究。

圖 4-56 是基於注塑裝備的聚合物 PVT 關係特性控制技術原理，其中，p_n 是噴嘴熔體壓力，T_m 是噴嘴熔體溫度，p_{c1} 是遠澆口點處的模具模穴熔體壓力，T_{c1} 是遠澆口點處的模具模穴熔體溫度，p_{c2} 是近澆口點處的模具模穴熔體壓力，T_{c2} 是近澆口點處的模具模穴熔體溫度，T_c 是冷卻液溫度，P_h 是系統油壓，S_o 是伺服閥開口大小，Y_r 是螺桿位置，V_r 是螺桿速度。

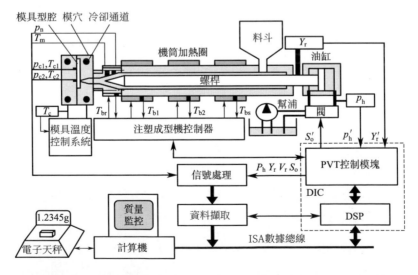

▲ 圖 4-56 基於注塑裝備的聚合物 PVT 關係特性控制技術原理

　　圖 4-57 是基於注塑裝備的聚合物 PVT 關係特性控制系統流程圖，主要集中在注塑成型保壓過程控制上，包括 V/p 轉壓、保壓過程、保壓結束點、時間信號、螺桿位置信號、壓力 / 溫度信號的選擇程序等。

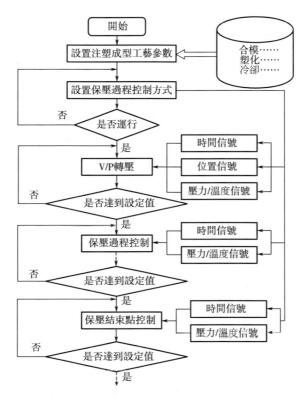

▲ 圖 4-57 基於注塑裝備的聚合物 PVT 關係特性控制系統流程

4.7　精密 3D 影印機

　　所謂精密塑膠製品，一般指微型化、薄壁化的塑膠製品，這些製品在尺寸、重量、形位和功能方面精確度很高，因此對注塑成型有著更高的要求。精密注塑的顯著特點是射出壓力高、射出速度快、溫度控制嚴格。

　　為了保證正常的生產，必須對常規注塑機做出相對應改進，對部分環節

進行有效控制，主要體現在以下幾個方面 [13, 14]。

(1) 原料的選擇

對於精密注塑成型技術而言，不同塑膠所採用的助劑與聚合物的配比、成分、類別各有不同，材料的成型性能及流動性能也有很大差別，由於精密製品的微型薄壁化以及高壓高速的射出環境，精密注塑成型技術對材料的要求如下 [15]：

① 成型性能和流動性能較好，具有穩定均勻的密度和流動性；

② 具有較高的機械強度和較好的穩定性，以及較強的抗蠕變能力；

③ 材料內部具有較穩定、較小的應力；

④ 塑膠收縮率應盡可能較小。

綜合來說，常用的精密注塑成型材料有以下幾種：POM（聚甲醛）、POM+CF（碳纖維）、POM+GF（玻璃纖維）、PA（尼龍）、FRPA66（玻纖增強尼龍）、PBT（聚對苯二甲酸丁二醇酯）、PC（聚碳酸酯）等工程塑膠 [16-18]。

(2) 射出成型設備的高精密化

精密射出成型機在射出設備方面主要有兩個方面的體現：射出系統的高速化和合模系統的高精確度化。

① 射出系統的高速化：在薄壁製品的成型過程中，聚合物熔體進入模穴的黏流阻力和冷卻速率隨著製品壁厚的減小而不斷提高，製品容易出現欠注、熔接痕、應力集中等缺陷，為保證製品的精確度，提高機筒模具溫度以及射出速度是行之有效的方法，提高模具溫度能夠讓聚合物熔體具有較好的流動性能，有利於充模，但需要延長冷卻時間，進而延長了製品的成型週期，不利於提高生產效率，而射出速度的提高帶來的優勢則更為顯著。聚合物熔體在高速射出時受到的剪切應力提高，熔體的黏度下降，發生了剪切變稀，流動性能增強，縮短了填充時間，從而提高生產效率。此外製品在高速射出成型時壓力及溫度分布均勻，能夠有效減輕翹曲變形。

高速射出成型設備早在 1980 年代就有了相關報導，至今已經發展了 30多年，如今發展的形式各式各樣，通常我們所說的高速射出是指射出速度在

300mm/s 以上，而超高速更是高達 800mm/s。根據驅動方式的不同，高速射出機又可以分為液壓式和全電動式。

液壓高速射出機是通過在液壓系統中配備儲能器來實現高速射出。儲能器內部有一個橡膠氣囊，氣囊的內部儲存高壓氣體，氣囊的外部是高壓油，與液壓油路連通。射出動作開始前，液壓油路與蓄能器內部空間產生壓差，蓄能器內壓低於油路壓力，使得液壓油充入蓄能器中，壓縮氣囊蓄能。射出時，氣囊內氣壓高於液壓油路氣壓，氣囊將儲存在儲能器中的液壓油擠壓到油路中，此時油路中液壓油的流量瞬間提高，驅動螺桿完成高速射出 [6]。

與液壓高速射出機不同，全電動高速射出機不再由液壓馬達及油缸提供動力，而是用伺服馬達、同步帶和滾珠螺桿進行傳動，如圖 4-58 所示。由於伺服馬達、編碼器和驅動器的動態響應時間只有幾毫秒，滾珠螺桿的傳動精確度一般能達到微米級，其傳動效率能達到 90%，使得全電動射出機具有響應快，精確度高，節能環保等優點。

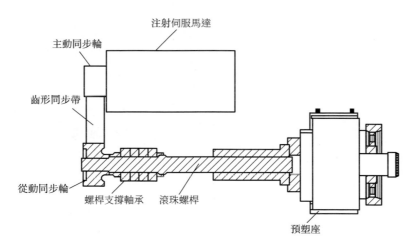

▲ 圖 4-58 全電動高速射出機驅動原理

在全電動高速射出領域，日本一直處於領先地位，發展十分迅速。據統計，日本國內射出機 80% 為全電動式 [19]，圖 4-59 為日本 FANUC 公司生產的 α-S250i A 型全電動射出機，其最高射出速度可達 1200mm/s，對導光板等超薄塑膠製品具有很好的成型性能。一般全電動高速射出機採用伺服馬達通

過同步帶輪和滾珠絲槓驅動螺桿完成射出過程，此機型跳過同步帶輪，採用馬達直連滾珠絲槓進行驅動，能降低射出系統的轉動慣量，從而提高響應性能。該公司另一款型號為 SUPERSHOT100i 的超高速射出機，採用 4 個大功率線性馬達驅動，最高射出速度和射出加速度分別達 2000mm/s 和 17g。

▲ 圖 4-59 α-S250i A 全電動注塑機

盡管全電動形式在高速場合也存在一些問題，例如，射出速度太高時，全電動式的滾珠螺桿磨損發熱嚴重、磨損較快等。但整體來說，電動式在高速化、高精確度化、快響應時間等方面優於液壓式，此外，採用電動射出、液壓保壓的電液複合驅動射出也是未來的發展趨勢，更有可能用直線性馬達電機取代現有伺服馬達加滾珠螺桿的組合用於線性射出。

② 合模系統的高精確度化合模精確度是成型微型薄壁產品的一個最主要技術難點，合模精確度差會導致厚壁不均，這在厚壁產品中影響可能不太明顯，但當產品的壁厚只有 0.1~0.2mm 時，壁厚相差 0.02~0.03mm 也會嚴重影響製品的成型。如有些地方缺料、有些地方毛邊等。

此種情況在一模多腔的情況下會更加嚴重。操作者經常只看到毛邊現象而不了解毛邊實質上是導因於設備的鎖模力不平衡，所以往往簡單地加大鎖模力來解決。鎖模力的增加對肘桿式合模機構而言就意味著機絞銷軸在加速磨損，會導致鎖模力的下降和鎖模精確度的進一步下降，嚴重者會導致斷銷軸、斷拉桿、裂模板等。此外，傳統肘桿式注塑機的肘桿裝置在低壓合模區（見圖 4-60）剛好是肘桿的力的放大區，其移模力經過放大後遠超設定值，且不穩定，所以很不可靠。低壓護模不可靠，將極有可能出現個別製品頂不出的問題，留在模具上的產品在高壓鎖模下會使模具損壞。種種原因使得傳統

的三板肘桿式注塑機難以滿足高精密的合模要求，因此為了提高注塑機的合模精確度，出現了結構更加緊密的二板式注塑機。[20, 21]

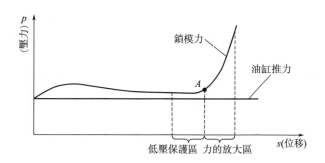

▲ 圖 4-60 肘桿機構合模時的壓力 - 位移曲線

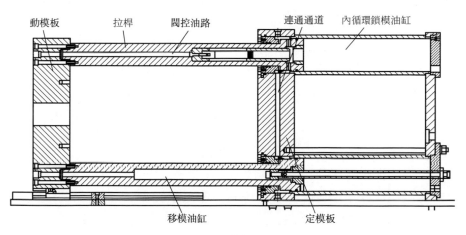

▲ 圖 4-61 二板直壓式合模機構

　　二板式注塑機可以分為二板複合式與二板直壓式。二板複合式由於增加了機械動作，使開合模週期延長，因此不太適合在中小型注塑機中應用，是大型塑膠件生產的發展方向。而二板直壓式由於在高壓鎖模前不需要增加機械動作，因此效率比較高，適合小型製品的生產。圖 4-61 是一種直壓式的二板式合模機構，該合模裝置採用四缸直鎖形式，在一組對角設置的鎖模油缸的活塞桿（即拉桿）裡設置移模油缸；而另一組對角的鎖模油缸為內循環油缸，4 個鎖模油缸的鎖模側彼此相通。移模時，通過對角設置的移模油缸來實現移模動作，鎖模油缸活塞兩側的液壓油通過內循環鎖模油缸及 4 個鎖模油

缸的連通通道實現鎖模系統液壓油的內部大循環。鎖模時，通過閥控油路控制內循環鎖模油缸閥芯關閉，4 個鎖模油缸同時作用達到額定鎖模力。

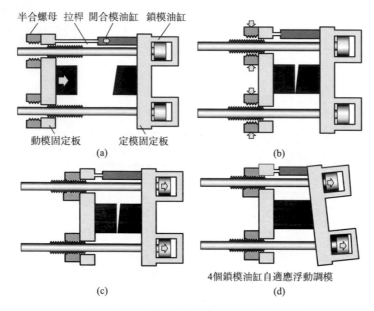

▲ 圖 4-62 二板複合式合模機構的合模過程

　　圖 4-62 為二板複合式合模機構的合模過程。從圖中可以看出，與肘桿式合模相比，二板式合模時在模具 4 個角的 8 個點的力幾乎是相等的，另外，二板式的合模平行度誤差幾乎為零，在高壓鎖模時可以根據模具的精度自動調整，因此在成型微型薄壁製品時，其精確度效率要比肘桿式高得多。

　　但是相對於三板機，二板機依靠 4 個鎖模油缸進行鎖模，能耗增加，且合模速度慢；動模板的結構設計及運動導向等要求較高，設計、製造、安裝、維護要求較高；液壓系統要完成開模、合模、高壓鎖模等動作，較肘桿式更加複雜。這些都增加了注塑機的成本，使得二板機的性價比不高，因此在小型機中的應用較少，主要往「大型機」方向發展 [22, 23]。

　　綜合考慮肘桿式三板機的優劣勢以及二板機性價比低的劣勢，筆者團隊開發了新一代精密三板式注塑機（Generation2.0, G2.0），既保留了傳統三板機的優點，又彌補了其合模精確度低的不足，能夠實現響應式「零間隙」合模；無需調模，避免了傳統三板機模板平行度調節困難的問題；受力均衡，

能有效保護拉桿、模具等，提高拉桿、模具等的使用壽命。

　　該機的合模裝置仍然為雙肘桿機構，保留肘桿式合模機構的優勢。

　　與傳統三板機的不同之處在於，在動模板處設置動模板平行度自動調節裝置，如圖 4-63 所示，可以有效消除在運行過程中合模時動模板與靜模板之間的間隙，實現響應式「零間隙」合模。調模主要分為上下方向響應式調模和左右方向響應式調模。

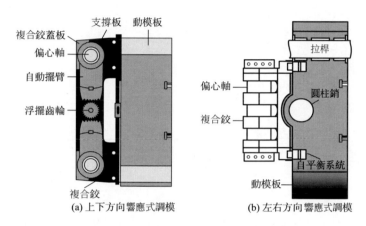

(a) 上下方向響應式調模　　　　(b) 左右方向響應式調模

▲ 圖 4-63 動模板平行度自動調節裝置

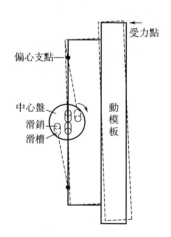

▲ 圖 4-64 響應式調模機構原理

　　上下方向響應式調模的原理如圖 4-64 所示。當動模板或靜模板因傾斜而存在間隙時，在合模時動模板接觸點受力，通過複合鉸傳遞給偏心軸，自動擺臂在槓桿原理的作用下發生擺動，進而帶動浮擺齒輪旋轉，從而使得另一側的自動擺臂擺動，最終導致模板發生偏斜。左右方向響應式調模主要依靠圓銷與自平衡系統的配合動作，當模板左右方向發生偏斜時，動模板會繞著圓銷旋轉以適應模板的偏斜。

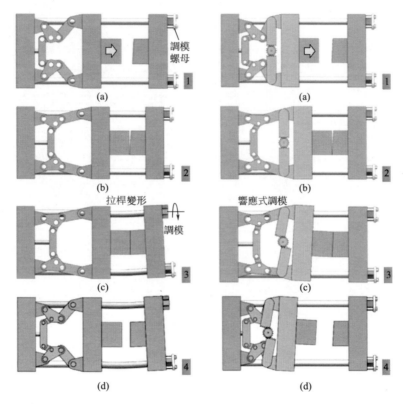

▲ 圖 4-65 傳統三板機（左圖）與新型三板機（右圖）調模方式對比

　　圖 4-65 所示為傳統三板機與新型三板機上下方向調模方式的對比圖。當動靜模板之間出現間隙時，傳統三板機主要通過旋轉靜模板的 4 個調模螺母使得 4 個拉桿發生變形，以調節模板平行度。這樣不僅調模結構複雜、調模難度大、模板平行度難以保證，而且拉桿及模板易發生斷裂、合模精確度較低。新型三板機則通過動模板的機械浮動響應式調模，模板受力均勻，合模

精確度高，能夠有效保護模具，特別是對於模具成本高於生產母機的情況。上下方向調模組件的核心結構是偏心軸，而實現槓桿結構的多樣形式。圖 4-66 所示為上下方向響應式調模的兩種形式，一種為中心齒輪式，通過大小齒輪嚙合傳動進行偏心軸扭矩的傳遞及限位；另一種為齒輪齒條式，通過齒輪齒條嚙合進行變心軸扭矩的傳遞及限位 [24, 25]。

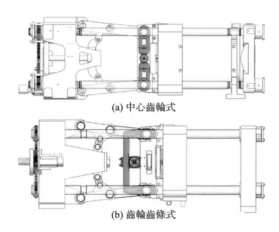

(a) 中心齒輪式

(b) 齒輪齒條式

▲ 圖 4-66 上下方向響應式調模方式

(3) 射出成型工藝的精確控制

　　影響精密射出製品品質的工藝條件可分為壓力、溫度、時間 3 大類，包括射出壓力、背壓、螺桿轉速、射出速度、料筒溫度、保壓壓力及時間、多級控制、冷卻時間、製件頂出等。為獲得高性能、高精確度的注塑製品，對於模具模穴內材料參數（PVT 參數）的直接測控成為研究的熱點，有關 PVT 的相關內容本章第 6 節已有介紹。

　　在以智慧感測為基礎，以大數據為承載，透過模塑成型裝備與智慧製造和雲端技術相融合，將進一步提升「3D 影印」的智慧化應用水平。其智慧化水平主要體現在：自動化程度，如自動換模、自動供料、自動取件、自動修邊等；集中控制和集中管理，如中央集中供料、集中供水供電、多台設備共用換模車、無人注塑作業間等；大數據及資訊化平台，如注塑機群與廠商及客戶間資訊交流、自動診斷與控制、遠程診斷與控制、產品資訊追溯系統等。

　　在聚合物 PVT 特性 [26, 27] 曲線圖上定義製品品質標準工藝路徑，如圖 4-67

所示，通過即時在線監測模具模穴內熔體溫度（T）、壓力（p）、比容（V）的變化，自動識別因環境條件變化或黏性變化引發的工藝波動，並與製品品質標準成型工藝路徑進行對比，如果發生偏離，程序將會自動根據該聚合物熔體的 PVT 特性進行調整，採取相應的應對措施，可以顯著提高製品的重複率，降低廢品率，真正意義上實現注塑製品缺陷的在線診斷和自癒調控。

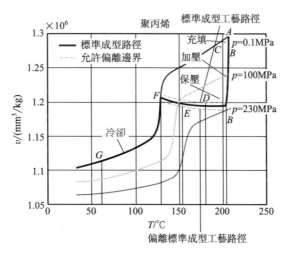

▲ 圖 4-67 注塑缺陷在線診斷及自癒調控

很多注塑機廠商也在設備中加入產品資訊追溯系統，記錄所有與質量有關的加工數據，比如加熱曲線、注塑壓力、模腔壓力曲線等，生成相應的平面條碼，然後通過 3D 列印或者雷射光雕刻等方式印製在每一個製品上，為每一個製品設置「身份證」，如圖 4-68 所示。客戶則可通過手機、平板電腦或台式機，在全球範圍內查詢、追蹤每個部件的加工數據。

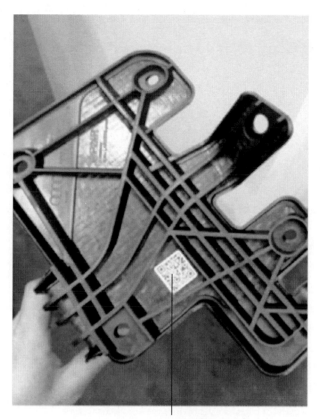

產品資訊QR code

▲ 圖 4-68 製品品質身份證

參考文獻

[1] 黃步明 . 世紀之爭——全液壓式與全電動式注塑機的比較 [J] . 中國塑料，2001, (03): 3-6.

[2] 胡海青 . 熱固性塑料注塑成型綜論 [J]. 塑料科技，2001, (03): 41-46 ＋ 50.

[3] 熱固性塑料注射成型工藝 [J]. 低壓電器技術情報，1974, (02): 36-40 ＋ 35.

[4] 劉慶志，王立平，徐娜 . 熱固性塑料注射成型技術 [J.] 電氣製造，2010, (08): 66-68 ＋ 77.

[5] 蔡康雄 . 注塑機超高速注射液壓系統與控制研究 [D.] 廣州：華南理工大學，2011.

[6] 邱揚法 . 全電動超高速注射成型關鍵技術研究 [D.] 北京：北京化工大學，2015.

[7] 王興天 . 注塑技術與注塑機 [M]. 北京：化學工業出版社，2005.

[8] 王興天 . 塑料機械設計與選用手冊 [M]. 北京：化學工業出版社，2015.

[9] 馬懿卿 . 通用型螺杆與分離型螺杆對注射用 PVC-U 複合粉料塑化效果的比較 [J]. 聚氯乙烯，2007, (03): 25-27.

[10] Ch Hopmann, T Fischer. New plasticising process for increased precision and reduced residence times in injection moulding of micro parts[J.] CIRP Journal of Manufacturing Science and Technology, 2015, 9: 51-56.

[11] 尹輝，陸國棟，王進，等 . 注塑機合模機構分析及其發展趨勢 [J]. 中國塑料，2009, (11): 1-6.

[12] 楊衛民 . 塑料精密注射成型原理及設備 [M.] 北京：科學出版社，2015.

[13] 李丁來 . 精密注塑應注意的幾個環節 [J]. 塑料製造，2006, (04): 55-57.

[14] 黃步明 . 精密注塑機的最新技術進展及發展趨勢 [J.] 中國醫療器械信息，2012, (03): 23-26.

[15] [王攀 . 精密注塑成型技術探究 [J]. 機電信息，2013, (24): 106-107.

[16] 張友根 . 精密注塑成型加工設備全套方案研發理念 (下)[J]. 橡塑技術與裝備，2012, (11): 10-16.

[17] 張友根 . 精密注塑成型加工設備全套方案研發理念 (上)[J]. 橡塑技術與裝備，2012, (10): 29-34.

[18] 張友根 . 精密注塑設備全套方案研發的理念 [J.] 塑料工業，2012, (03): 39-45.

[19] 黃澤雄 . 日本以全電動注射機搶市場 [J]. 國外塑料，2004, (11): 89.

[20] 焦志偉，安瑛，謝鵬程，等 . 新型注塑機合模機構內循環節能機理 [J]. 機械工程學報，2012, (10): 153-159.

[21] 焦志偉，謝鵬程，嚴志雲，等 . 全液壓內循環二板式注塑機 [J]. 橡塑技術與裝備，2010, (01): 38-41.

[22] 馮剛，江平 . 二板式注塑機的特點研究及發展新動向 [J.] 塑料工業，2011, (01): 9-13.

[23] 章勝亮 . 二板式注塑機的技術探討及發展前景 [J.] 輕工機械，2002, (01): 15-18.

[24] 張忠信 . 用於壓鑄機或注塑機的自動萬向合模機構 [P]. 中國：

201610150736.6, 2016-03-16.

[25] 張忠信 . 用於壓鑄機或注塑機的萬向
合模機構 [P]. 中國：201510937339.9,
2015-12-15.

[26] 鑒冉冉，楊衛民，王建，等 . 聚合物
PVT 特性在線測試技術及在模具設計
中的應用 [J]. 中國塑料，2016, (07):
57-61.

[27] 鑒冉冉，楊衛民，謝鵬程 . 塑料精密
注射模塑成型 PVT 特性測控方法研究
[J]. 中國塑料，2016, (02): 94-98.

第 4 章　聚合物 3D 影印機

第 5 章

聚合物 3D 影印用材料及缺陷分析

5.1　3D 影印材料

5.1.1　3D 影印材料分類

　　射出成型是生產外形複雜、尺寸精確、帶嵌件的塑膠製品的重要加工方法。射出成型產業的三大基本要素是塑膠原材料、加工助劑和塑膠加工機械。可用於射出成型的原材料最主要的是塑膠（聚合物），且射出成型塑膠用量約占整個塑膠產業量的 30%。聚合物是一種以合成或天然的高分子化合物為主要成分，在給定的溫度和壓力條件下，可塑制成一定形狀，當外力解除後，在常溫下仍能保持其形狀不變的材料。聚合物的特點是具有巨大的分子量、奇特的性能和多種形式的加工方法。與傳統材料（如金屬材料）相比，聚合物密度較低，可在較低溫下成型模塑，易於加工成型。這些都使得聚合物在今天得到了廣泛應用。

（1）射出用熱塑性塑膠

　　射出用熱塑性塑膠有以下幾種。

① 聚烯烴聚合物：一般是指乙烯、丙烯、丁烯的均聚物與共聚物，主要品種包括各種不同密度的聚乙烯（LDPE、HDPE、MDPE、LLDPE）以及聚丙烯（PP）等。在汽車部件、工業零件等應用領域，改性聚丙烯射出製品的使用日益增多。

② 苯乙烯類聚合物：如聚苯乙烯（PS）、苯乙烯 - 丙烯腈共聚物（AS）、丙烯腈 - 丁二烯 - 苯乙烯共聚物（ABS）等。

③ 用於工業零件的尼龍（PA），70% 以上是射出成型製品。

④ 其他熱塑性塑膠：用射出方法加工的還有聚氯乙烯（PVC）、聚甲基丙烯酸甲酯（PMMA）、纖維素酯和醚類塑膠、聚碳酸酯（PC）等。

⑤ 新型射出用特種工程塑膠：隨著高科技產業的發展，對塑膠製品的耐熱、耐高溫性要求更為苛刻，從而促使某些特種工程塑膠 —— 耐高溫樹脂的射出製品的發展，其中如聚醯亞胺（PI）、聚碸（PSF）、聚苯醚（PPO）、聚苯硫醚（PPS）、聚醚醚酮（PEEK）、熱致液晶聚合物（LCP）、聚乙烯亞胺（PEI）、聚甲醛樹脂（POM）等。這些材料由於熔

點高、黏度大，在射出工藝與模具結構上都有特殊的要求。特種工程塑料占熱塑工程塑膠總量的 5% 左右。

(2) 射出用熱固性塑膠

熱固性塑膠的特點是在受熱過程中不僅有物理狀態的變化，還有化學變化進行，並且這種變化是不可逆的。到目前為止，幾乎所有的熱固性塑膠都可採用射出成型，但用量最多的是酚醛塑膠。除此之外，用於射出成型的熱固性樹脂還包括脲醛樹脂、三聚氰胺甲醛樹脂、苯二甲酸二丙烯樹脂、醇酸樹脂以及環氧樹脂等。在射出成型過程中，帶有反應基團的預聚物或反應物質在熱的作用下發生交聯反應，其結構由線型轉變成體型。因此，熱固性塑膠的射出成型工藝及設備與熱塑性有較大的區別。

傳統的熱固性塑膠成型主要是壓縮模塑壓塑法和傳遞模塑法。壓塑成型工藝操作複雜，成型週期長，生產效率低，模具易損壞，易出廢品，品質不穩定，依賴較強體力的人工操作，成本高。1960 年代後，美國針對壓塑工藝所存在的問題，首創了熱固性塑膠注塑工藝，1963 年即投入實用化生產，在此基礎上發展的熱固性塑膠無流道注塑工藝及無流道注壓工藝的應用，更促進了熱固性塑膠成型的發展。熱固性塑膠射出成型的發展與完善推動了熱固性塑膠的發展，大量用於電器電子、儀器儀表、化工、紡織、汽車、建築、機械、輕工、軍工、航空航太等部門。

(3) 射出用彈性體

熱塑性彈性體兼具塑膠與橡膠的雙重特性，即在常溫下它表現出類似硫化橡膠的彈性，而在高溫下又具有類似熱塑性塑膠的塑性，因此可以採用射出的方法對其進行加工。常用射出成型方法進行加工的熱塑性塑膠彈性體有聚烯烴熱塑性彈性體（TPR），如丙烯 - 乙丙橡膠共聚物、乙烯 - 丁基橡膠接枝共聚物等；苯乙烯類熱塑性彈性體，如苯乙烯 - 丁二烯 - 苯乙烯嵌段共聚物（SBS）、丙烯腈 - 丁二烯 - 苯乙烯接枝共聚物（ABS）等；此外，還有聚酯類熱塑性彈性體、聚氨酯熱塑性彈性體等。

目前，用於射出成型的橡膠製品主要有密封圈、減振墊、空氣彈簧和鞋類等，也有用於射出輪胎製品的。射出橡膠要經過塑化射出和熱壓硫化兩個階段，所以其射出工藝過程、設備及模具結構與塑膠有很大的不同。射出用

橡膠有天然橡膠、順丁橡膠、甲基丁苯橡膠、氯丁橡膠、丁腈橡膠等。

(4) 射出用複合材料

對於射出成型的材料來說，它可以是純的聚合物，也可以是以聚合物為主料、各種添加劑為輔料的混合物。加入輔料的目的是為了提高聚合物的力學性能，改善其加工性能，或是為了節約原材料，以提高經濟效益。

塑膠改性是高分子材料改性的一方面，包括化學改性和物理改性兩種。化學改性是指通過共聚、接枝、嵌段、交聯或降解等化學方法，使塑膠製品具有更好的性能或新的功能；而物理改性是在塑膠加工過程中實施的改性，通常有填充、增強和共混 3 種方法。填充改性是在塑膠成型加工過程中加入無機填料或有機填料，使塑膠製品的成本下降，達到增量的目的。增強改性是在塑膠中添加雲母片、玻璃纖維、碳纖維、金屬纖維、硼纖維等增強體，可以大大提高塑膠製品的力學性能和熱性能。共混改性是將兩種或兩種以上性質不同的塑膠按照適當的比例在一定溫度和剪切應力下進行共混，形成兼有各塑膠之長的塑膠。

射出用的改性複合材料有改性通用塑膠、改性通用工程塑膠和改性特種工程塑膠。

① 改性通用塑膠：如熱塑性塑膠 PP、PE、PS 和 PVC 通過填充、增強和發泡等方法，其力學性能和耐熱性能已大幅度提高，有利於取代工程熱塑性塑膠的發展。PP 不僅可通過玻璃纖維、碳纖維等增強改性，還可採用嵌段共聚、複合技術及合金化技術來改性；工程級聚苯乙烯（PS）具有極好的耐衝擊性，其製品衝擊強度接近中級 ABS，並且保持良好的韌性和外觀品質；玻纖增強 PVC 具有高強度、阻燃和易加工等特點，用它製造的冷氣機格柵在強度、美觀和硬度方面均滿足使用要求。

② 改性通用工程塑膠：通過改性賦予通用工程塑膠功能特性，以滿足不同的需求，如利用高回彈性的彈性體來提高通用工程塑膠的耐衝擊性；用無定形塑膠與通用塑膠共混以改進材料的加工性和耐化學性能；此外，通用工程塑膠相互共混實現合金化，也可發揮各組分的性能優勢。比如，PC/ABS合金，解決了 PC 熔體黏度大的缺陷，降低了 PC 的成本，大大改善了 PC 的衝擊強度、應力開裂性、缺口敏感性和耐疲勞性；PA66/ 改性聚烯烴彈性體

合金，克服了尼龍衝擊強度不高的弊病，保有尼龍耐化學腐蝕、耐磨和不易翹曲等性能；POM/ 聚氨酯彈性體合金，克服 POM 成型加工溫度範圍窄、耐熱穩定性不好的缺點，保持 POM 原有的耐磨性、耐熔劑性和耐疲勞性；PC/PBTP/ 聚氨酯彈性體合金，克服了 PC 在汽油化學介質環境中產生應力開裂和溶劑開裂的缺點；PPO/PS 合金，克服了 PPO 熔體黏性太高等的弊病，價格也明顯下降；PPS/PTFE 合金，解決了 PPS 熔體流動速率高，難以直接模塑成型的問題，在 300℃以上仍能保持很高的力學性能。

③ 改性特種工程塑膠：如 PTFE、PI、PPS、PSF、PAR、PEEK、LCP等，通常都具有突出的耐熱性，優越的力學性能，良好的耐化學性和耐磨性，但綜合性能較差。這類材料通常利用填充和共混技術改性。如 RTP 公司採用玻璃纖維或碳纖維對熱塑性聚醯亞胺（TPI）進行增強改性，其改性產品的耐熱性優異；LNP 工程塑膠歐洲公司採用 60% 玻璃纖維改性 PES，不僅提高了剛性，而且簡化成本，這種材料耐化學性、電絕緣性和力學性能均優良，且自身具有阻燃性；德國 HOECHST 公司採用 30% 或 40% 玻璃纖維增強 LCP，價格比普通 LCP 要低 15%~40%，且其物理性能基本不變，該材料耐熱性和尺寸穩定性好。

(5) 其他射出成型材料

用於射出成型的材料，不僅僅局限於聚合物，也包括了一些金屬材料（包括磁性材料）等。金屬粉末射出成型法（MIM）是用金屬微細粉末與樹脂或石蠟（黏接劑）混合物作原料射出成型後經脫脂（將黏接劑分解）和燒結來製造金屬製品的技術，是將粉末冶金與塑膠射出成型法綜合成一體的一種複合製造工藝。對比粉末冶金法，它能夠利用更微細的金屬粉末，因而能促進燒結，製得高密度材料，產品性能大為提高，同時還能製造形狀複雜的、精確度更高的小型金屬製件。

磁性材料，尤其是永磁材料，作為資訊社會中高科技產業賴以存在的重要物質基礎之一，其具有廣闊的應用前景。電子技術的飛速發展對磁性材料提出了新要求，磁性元件要求形狀複雜、小型化、尺寸精確度高、能批量生產、成品率高、成本低等。但是，磁鐵硬而脆，形狀受限。然而通過 MIM 技術可以滿足其要求，並製造出高性能磁性元件。

磁性材料射出成型包括黏接永磁射出成型和燒結磁體射出成型兩方面。

用於射出成型的永磁材料主要有釹鐵硼、釤鈷、鐵氧體，軟磁材料主要有鈍鐵、鋁矽鐵、錳鋅鐵、鎳鋅鐵。從磁性材料使用要求出發，應嚴格控制其雜質含量。從射出成型工藝要求出發，磁粒平均尺寸應大於 10μm，形狀應為球形。因為小尺寸的球形磁粒容易與塑膠黏合劑混合均勻，有利於熔融塑膠的流動和填滿模腔。

(6) 射出塑膠助劑

塑膠助劑，亦稱塑膠添加劑，是與塑膠行業密切相關的產業。塑膠助劑的分類方式有多種，比較通行的方法是按照助劑的功能和作用進行分類。在功能相同的類別中，往往還要根據作用機制或者化學結構類型進一步細分。

① 增塑劑：增塑劑是一類增加聚合物樹脂的塑性，賦予製品柔軟性的助劑，也是迄今為止生產消耗量最大的塑膠助劑類別。增塑劑主要用於 PVC 軟製品，同時在纖維素等極性塑膠中亦有廣泛的應用。

② 熱穩定劑：如果不加說明，熱穩定劑專指聚氯乙烯及氯乙烯共聚物加工所使用的穩定劑。聚氯乙烯及氯乙烯共聚物屬熱敏性樹脂，它們在受熱加工時極易釋放氯化氫，進而引發熱老化降解反應。熱穩定劑一般通過吸收氯化氫，取代活潑氯和雙鍵加成等方式達到熱穩定化的目的。

③ 加工改性劑：傳統意義上的加工改性劑幾乎特指硬質 PVC 加工過程中所使用的旨在改善塑化性能、提高樹脂熔體黏彈性和促進樹脂熔融流動的改性助劑，此類助劑以丙烯酸酯類共聚物（ACR）為主，在硬質 PVC 製品加工中具有突出的作用。現代意義上的加工改性劑概念已經延展到聚烯烴（如線性低密度聚乙烯 LLDPE）、工程熱塑性樹脂等領域，預計未來幾年茂金屬樹脂付諸使用後還會出現更新更廣的加工改性劑種類。

④ 抗衝擊改性劑：廣義來說，凡能提高硬質聚合物製品抗衝擊性能的助劑統稱為抗衝擊改性劑。傳統意義上的抗衝擊改性劑其基礎建立在彈性增韌理論上，所涉及的化合物也幾乎無一例外屬於各種具有彈性增韌作用的共聚物和其他的聚合物。

⑤ 阻燃劑：塑膠製品多數具有易燃性，這對其製品的應用安全帶來了諸多隱患。準確地講，阻燃劑稱作難燃劑更為恰當，因為「難燃」包含著阻燃和抑煙兩層含義，較阻燃劑的概念更為廣泛。然而，長期以來，人們已經習慣使用阻燃劑這一概念，所以目前文獻中所指的阻燃劑實際上是阻燃作用和抑煙功能助劑的總稱。阻燃劑依其使用方式可以分為添加型阻燃劑和反應型阻燃劑。按照化學組成的不同，阻燃劑還可分為無機阻燃劑和有機阻燃劑。

⑥ 抗氧劑：以抑制聚合物樹脂熱氧化降解為主要功能的助劑，屬於抗氧劑的範疇。抗氧劑是塑膠穩定化助劑最主要的類型，幾乎所有的聚合物樹脂都涉及抗氧劑的應用。按照作用機制，傳統的抗氧劑體系一般包括主抗氧劑、輔助抗氧劑和重金屬離子鈍化劑等。

⑦ 光穩定劑：光穩定劑也稱紫外線穩定劑，是一類用來抑制聚合物樹脂的光氧降解，提高塑膠製品耐候性的穩定化助劑。根據穩定機制的不同，光穩定劑可以分為光屏蔽劑、紫外線吸收劑、激發態淬滅劑和自由基捕獲劑。

⑧ 填充增強體系助劑：填充和增強是提高塑膠製品力學性能、降低配合成本的重要途徑。塑膠工業中所涉及的增強材料一般包括玻璃纖維、碳纖維、金屬晶鬚等纖維狀材料。填充劑是一種增量材料，具有較低的配合成本。事實上，增強劑和填充劑之間很難區分清楚，因為幾乎所有的填充劑都有增強作用。

⑨ 抗靜電劑：抗靜電劑的功能在於降低聚合物製品的表面電阻，消除靜電累積可能導致的靜電危害。按照使用方式的不同，抗靜電劑可以分為內加型和塗敷型兩種類型。

⑩ 潤滑劑和脫模劑：潤滑劑是配合在聚合物樹脂中，旨在降低樹脂粒子、樹脂熔體與加工設備之間以及樹脂熔體內分子間摩擦，改善其成型時的流動性和脫模性的加工改性助劑，多用於熱塑性塑膠的加工成型過程，包括烴類（如聚乙烯蠟、石蠟等）、脂肪酸類、脂肪醇類、脂肪酸皂類、脂肪酸酯類和脂肪醯胺類等。脫模劑可塗敷於模具或加工機械的表面，亦可添加於基礎樹脂中，使模型製品易於脫模，並改善其表

面光潔性，前者稱為塗敷型脫模劑，是脫模劑的主體，後者為內脫模劑，具有操作簡便等特點。矽油類物質是工業上應用最為廣泛的脫模劑類型。

⑪ 分散劑：塑膠製品實際上是基礎樹脂與各種顏料、填料和助劑的混合體，顏料、填料和助劑在樹脂中的分散程度對塑膠製品性能的優劣至關重要。分散劑是一種促進各種輔助材料在樹脂中均勻分散的助劑，多用於母料、著色製品和高填充製品。

⑫ 交聯劑：塑膠的交聯與橡膠的硫化本質上沒有太大的差別，但在交聯助劑的使用上卻不完全相同。樹脂的交聯方式主要有輻射交聯和化學交聯兩種方式。有機過氧化物是工業上應用最廣泛的交聯劑類型。有時為了提高交聯度和交聯速度，常常需要並用一些助交聯劑和交聯促進劑。助交聯劑是用來抑制有機過氧化物交聯劑在交聯過程中對聚合物樹脂主鏈可能產生的自由基斷裂反應，提高交聯效果，改善交聯製品的性能，其作用在於穩定聚合物自由基。交聯促進劑則以加快交聯速度，縮短交聯時間為主要功能。

⑬ 發泡劑：用於聚合物配合體系，旨在通過釋放氣體獲得具有微孔結構聚合物製品，達到降低製品表觀密度之目的的助劑稱之為發泡劑。根據發泡過程產生氣體的方式不同，發泡劑可以分為物理發泡劑和化學發泡劑兩種主要類型。物理發泡劑一般依靠自身物理狀態的變化釋放氣體。化學發泡劑則是基於化學分解釋放出來的氣體進行發泡的，按照結構的不同分為無機類化學發泡劑和有機類化學發泡劑。

⑭ 防霉劑：防霉劑又稱微生物抑制劑，是一類抑制黴菌等微生物生長，防止聚合物樹脂被微生物侵蝕而降解的穩定化助劑。絕大多數聚合物材料對黴菌並不敏感，但由於其製品在加工中添加了增塑劑、潤滑劑、脂肪酸皂類等可以滋生黴菌類的物質而具有黴菌感受性。

⑮ 偶聯劑：偶聯劑是無機和天然填充與增強材料的表面改性劑。由於塑膠工業中的增強和填充材料多為無機材料，配位數又大，與有機樹脂直接配位時往往導致塑膠錯合物加工性能和應用性能的下降。偶聯劑作為表面改性劑能夠通過化學作用或物理作用使無機材料的表面有機

化，進而增加配位數並改善錯合物的加工和應用性能。

(7) 射出成型材料應用

　　就發展趨勢來說，射出成型的原材料，在今後相當長時間內，仍將以石油為主。過去對高分子的研究，著重於全新品種的發掘、單體的新合成路線和新的聚合技術的探索。目前，則以節能為目標，採用高效催化劑開發新工藝，同時從生產過程中工程因素考慮，著重在強化生產工藝（裝置的大型化，工序的高速化、連續化）、產品的薄型化和輕型化以及對成型加工技術的革新等方面進行工作。利用現有原料單體或聚合物，通過複合或共混可以製備一系列具有不同特點的高性能產品（見高分子共混物、高分子複合材料）。近年來，從事這一方面的開發研究日益增多，新的複合或共混產品不斷湧現。在功能材料方面，特別是在分離膜、感光材料、光導纖維、變色材料（光致變色、電致變色、熱致變色等）、液晶、超電導材料、光電導材料、壓電材料、熱電材料、磁體、醫用材料、醫藥以及仿生材料等方面的應用和研究工作十分活躍。以下簡單介紹射出塑膠的一些應用領域。

① 汽車材料：塑膠因其具有質輕、性能優良、耐腐蝕和易成形加工等優點，使其在汽車材料中的應用比例不斷增加。塑膠部件的大量應用，顯著減輕汽車本體重量，降低油耗，減少環境污染，提高汽車造型美觀與設計的靈活性。如今，汽車塑膠化已是一個國家汽車工業技術進展的重要標誌之一。塑膠在汽車上的應用包括保險桿、擋泥板、裝飾用品、散熱器面罩、油管、燃油箱和儀表板等。汽車用塑膠零部件主要有 3 類：內飾件、外飾件和其他結構功能件。塑膠生產商還在設法廣用塑膠來製造車廂地板、車窗、轉向軸、彈簧、車輪、軸承和其他功能件。

汽車塑膠品種有聚乙烯、聚丙烯、ABS、聚醯胺、聚碳酸酯、聚甲醛、聚苯醚、聚甲基丙烯酸甲酯、聚氯乙烯、SAN 及聚氨酯等，一般使用的都是它們的改性材料和複合材料。

② 磁性材料：磁性塑膠可記錄聲、光、電等訊息，並具有重放功能，是用於現代科學研究的重要基礎材料之一。因其兼有塑膠與磁性材料的雙重功能，從而在電氣、儀表、通訊、玩具、文體及常用品等諸多領域

得到了廣泛應用。磁性材料的傳統製造工藝是鑄造和粉末冶金,其缺點是生產效率低、生產成本高;而射出成型是磁性塑膠的一種新的成型工藝,它能有效克服由傳統製造工藝所帶來的上述缺點。在磁性塑料射出成型的研究中,各異向性磁性材料的成型加工是一個重要的研究和應用領域。

③ 醫用塑膠:醫用塑膠是生物醫學工程產業的一個重要領域,它是隨著現代醫學發展起來的新興產業。醫用塑膠製品具有技術含量高、附加價值高的特點,而且其發展極具潛力。醫用塑膠主要是有機材料,它是一種具有一定生物相容性的合成材料。醫用塑膠製品最常用的材料有橡膠聚氨酯及其嵌段共聚物,聚對苯二甲酸乙二醇酯、尼龍、聚丙烯腈、聚烯烴、聚碳酸酯、聚醚、聚碸、聚氯乙烯、聚丙烯酸酯等。

④ 塑膠光纖:塑膠光纖(POF)是一種低成本、重量輕、便於安裝使用、柔軟的數據傳輸介質,它特別適合用於短距離、中小容量、使用連接器多的系統。一般使用的塑膠光纖是 PMMA 基的 POF。

5.1.2　材料的熔體特點

(1) 流變特性 [1, 2]

材料的流變特性主要是確定聚合物的黏度與熔體壓力、溫度、剪切速率之間的定量關係,代表了塑膠熔體基本的流動性能,是射出成型分析中非常重要的參數。

① 流變模型:絕大多數塑膠熔體屬於非牛頓流體,其主要特徵是剪切黏度隨剪切速率的提高而減小,表現出「剪切變稀」的流變特性。雖然目前尚無確切反映非牛頓塑膠熔體本質的流變學公式,但可參考設有加工條件的加工模型來表徵。下面是兩個具有代表性的加工模型:

a. 冪律模型

$$\eta_a = K \dot{\gamma}^{n-1} (n < 1) \tag{5-1}$$

式中　　η_a　　—— 表觀黏度,Pa·s;

K　　　—— 塑膠熔體稠度；

$\dot{\gamma}$　　　—— 剪切速率，s^{-1}；

n　　　—— 牛頓指數。

b.Cross-Arrhenius 模型或 Cross-WLF 模型黏度的數學模型如下：

$$\eta = \frac{\eta_0(T, P)}{1 + \left(\eta_0 \dfrac{\dot{\gamma}}{\tau^*}\right)^{1-n}} \tag{5-2}$$

式中，τ^* 為材料常數；η_0 為零剪切黏度，一般採用 Arrhenius 型表達式 (5-3) 或 WLF 型表達式 (5-4) 表示。

$$\eta_0(T, P) = B e^{T_b/T} e^{\beta P} \tag{5-3}$$

$$\eta_0 = D_1 \exp \frac{-A_1 [T - (D_2 + D_3 P)]}{A_2 + T - D_2} \tag{5-4}$$

式 (5-2) 和式 (5-3) 構成五參數 (n, τ^*, B, T_b, β) 黏度模型，式 (5-2) 和式 (5-4) 構成七參數 (n, τ^*, D_1, D_2, D_3, A_1, A_2) 黏度模型。

② 振動對流變特性的影響 [3, 4]：近年來，振動成型技術作為一種新興的聚合物成型加工方法，國內外學者進行了大量深入精細的研究，取得了許多令人欣喜的成果。振動場的引入能夠引起聚合物流變性能的改變。

振動場對聚合物熔體的表觀黏度、剪切應力、剪切速率有影響。振動場對聚合物熔體流動性能的作用與溫度和壓力有關。按照高分子糾纏學說，聚合物中的高分子鏈是採取無規線團構象，且分子線團之間是無規糾纏的。在聚合物熔體中，高分子鏈之間的這種糾纏是不斷發生，又不斷消失，分子鏈之間的「糾纏」和「解纏」是共存的矛盾情形，在一定的條件下處於動態的熱平衡狀態。在振動場中，聚合物熔體振動的作用有利於阻礙糾纏的形成和增強解纏的能力。振動的這種作用通過聚合物熔體的流變特性表現出來就是表觀黏度下降，流動性能增強。當然，聚合物熔體黏度的下降也不是無限的。當黏度隨頻率的增加下降到一定程度時，其下降的速率就變得緩慢，形成了黏度 - 頻率曲線的平坦區，如圖 5-1 所示。振動對聚合物熔體的影響因溫度

和壓力的不同而不同，在溫度較低時，聚合物熔體黏度較大，表觀黏度隨振動頻率增加而下降的量較大；溫度較高，表觀黏度隨振動頻率增加下降的幅度就較小。不同的平均壓力條件，振動對聚合物黏度的影響不一樣，見圖 5-2 所示。由於振動作用的強弱與振動的頻率和振幅有關，因而，振動的頻率和振幅對聚合物熔體的表觀黏度就有影響。振動對聚合物熔體流變性的影響大小因聚合物材料而定，例如，振動對 PS 熔體流變性的影響比對 HDPE 熔體的影響大。

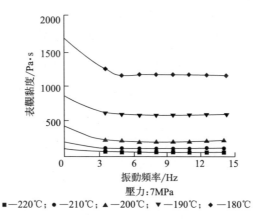

▲ 圖 5-1 PS 熔體表觀黏度與振動頻率之間的關係

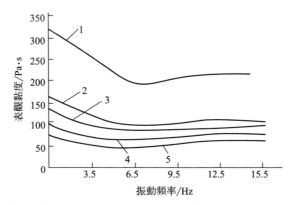

▲ 圖 5-2 PS 熔體在不同壓力下表觀黏度與振動頻率之間的關係

1—7MPa；2—8MPa；3—9MPa；4—10MPa；5—11MPa

③ 流變性能在注塑加工中的應用

a. 使用流動曲線指導注塑。從某種塑膠的流動曲線（μ- $\dot{\gamma}$ 關係曲線）上可知，黏度對剪切速率雖然有依賴性，但是在低剪切速率區和高剪切速率區，黏度變化的梯度是不同的。剪切速率的微小變化就能引起很大的黏度波動，這種情況會使射出困難，造成射出工藝的不穩定性，使充模料流不穩定、密度不均、內應力過高及線收縮不對稱等。因此加工注塑製品時，根據流動曲線，應選擇對黏度影響較小的剪切速率區，有利於穩定加工條件。為此，在注塑機上需設定合適的射出速度，並選擇適當的澆口，實現充模過程。

b. 利用「剪切變稀」原理指導注塑工藝。低溫充模有利於提高製品品質、減少成型週期，所以近年來注塑工藝提倡低溫充模。低溫充模是利用提高剪切速率、降低溫度而維持黏度不變的等效辦法來實現的。例如，對一個要求在黏度 0.0488Pa·s 下充模的聚丙烯注塑製品可做如下分析：當剪切速率為 $10^2 s^{-1}$ 時，欲達到上述黏度，熔體溫度需加熱到 245.8℃，但如果剪切速率增至 $10^3 s^{-1}$ 時，則只需加熱到 204℃。若採用後一工藝方案可使熔體溫度降低 41.8℃，這樣，不僅縮短了冷卻週期，提高了生產率，還減少了能耗。加大剪切速率的辦法，可用提高射出速度的方法來實現，也可通過改變澆口截面尺寸的辦法來實現。

④ 流變特性在 CAE 中的應用：CAE（computer aided engineering）技術即電腦輔助工程技術，它的出現是電腦輔助設計 / 電腦輔助製造（CAD/CAM）技術向縱深方向發展的結果。射出模電腦輔助工程技術使模具在製造前就可以形象、直觀在電腦屏幕上模擬出實際成型過程，預測模具設計和成型條件對產品的影響，發現可能出現的缺陷，為判斷模具設計和成型條件是否合理提供科學的依據。然而，熱塑性材料注塑模擬分析過程中經常要用到大量的數據資料，如塑膠材料（流變學性能 / 熔體黏度）、模具材料、冷卻介質材料的物性以及具體的工藝條件和計算過程的控制參數等數據。其中，塑膠熔體的黏度是一個非常重要的參數。但是，射出成型是一個相當複雜的物理過程，非牛頓高溫塑料熔體在壓力的作用下通過澆口、流道向較低溫度的模具模穴充填，在此其間經歷了不同的壓力、溫度和剪切速率變化過程，要完全描述加工條件對熔體流動性質的影響，就必須知道在各種條件下（壓力、溫

度和剪切速率）熔體的黏性。雖然能夠通過實驗測量一定條件下的黏度，但無法測量所有條件下的黏度，解決的途徑是建立能夠描述一般條件下材料流變特性的黏度數學模型。一旦這類模型建立起來，便能夠以有限的實驗值為基礎，採用一定的擬合方法來確定模型參數，從而以相當的精度計算出複雜條件下的黏度，並將它運用到其他條件中。

(2) 溫度特性 [5, 6]

　　注塑成型加工過程中，在模具和製品確定之後，注塑工藝參數的選擇和調整對製品的品質將產生直接的影響。而在這些工藝條件當中，最重要的是溫度、壓力和速度，尤其是熔體溫度，它是這些加工變數當中最重要的變數之一。它直接影響熔體的性質，例如，黏度、密度和退化程度；並且熔體溫度也決定了其他的加工變數，如熔體流動率、噴嘴口的壓力、模穴的壓力、充模時模腔壓力的建立、充模時間、冷卻過程（包括射出週期、生產效率、收縮變形等）；熔體溫度也嚴重影響注塑件的品質特性，如零件的重量、密度、尺寸及其他物理性能和形態。

　　① 熔限和熔點物質由結晶狀態變為液態的過程稱為熔融。高分子晶體的熔融與低分子晶體的熔融本質上是相同的，都屬於熱力學一級相轉變過程。但是，兩者的熔融過程是有差異的。低分子晶體的熔融溫度範圍很窄，只有 0.2K 左右，整個過程中，體系的溫度基本保持不變。而高聚物晶體卻邊熔融邊升溫，整個熔融過程發生在較寬的溫度範圍內，這一溫度範圍稱為熔限。晶體全部融化的溫度定義為該高聚物的熔點（T_m）。而對於非結晶型高聚物，從達到玻璃化轉變溫度時開始軟化，但從高彈態轉變為黏流態的液相時，卻沒有明顯的熔點，而是有一個向黏流態轉變的熔化溫度範圍 T_f，如圖 5-3 所示。

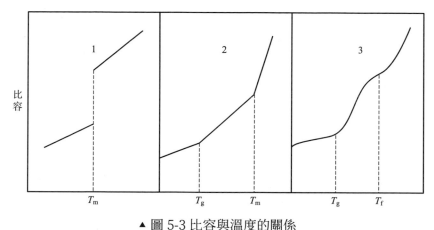

▲ 圖 5-3 比容與溫度的關係

1—低分子物料；2—結晶型高聚物；3—非結晶型高聚物

常用的測量熔點的方法有偏光顯微鏡法、體膨脹法和熱分析法。

② 玻璃化轉變溫度聚合物的玻璃化轉變溫度（T_g）是指線性非結晶型聚合物由玻璃態（硬脆狀態）向高彈態（彈性態）或者由後者向前者的轉變溫度。從分子的角度看，隨著溫度的升高，分子熱運動能量增加，雖然整個分子還不能運動，但是鏈段的運動被激發，聚合物達到玻璃化轉變區。該區內聚合物的形變提高，其他物性如比容、膨脹係數、模量、折射係數等也發生突變。不同品種的聚合物的玻璃化轉變溫度不同，即使對於同一種高聚物，由於鏈段長度是一個統計平均值，不同鏈段所處的環境也有所不同，所以材料的玻璃化轉變溫度往往不是一個精確的溫度點，而是一個波動的溫度範圍。一般情況下，塑膠的 T_g 高於室溫，所以塑膠在常溫下是處於脆性的玻璃態。

聚合物的玻璃化轉變過程是一個體積鬆弛過程。當高聚物由高彈態向玻璃態轉變時，隨溫度降低，自由體積減小，分子鏈調整構象趨於緊密堆積，宏觀表現為高聚物體積逐漸收縮。經過一個相當長的時間後，其體積可以達到與某一溫度相對應的平衡體積，這就是體積鬆弛現象。這一現象表現在高聚物發生玻璃化轉變時，與冷卻（加熱）速度密切相關，如圖 5-4 所示。如果冷卻速度快，體系的黏度增加也快，鏈段過早的被凍結在還沒來得及逸出的自由體積中，所以體積在高比容下出現拐點，T_g 就高。相反，冷卻速度過

慢，自由體積逸出量大，分子鏈緊密堆積，曲線在低比容下出現拐點，T_g 就低。這個問題對於塑膠製品的成型工藝及性能有很大影響，若成型時冷卻速度過快，製品中不僅殘存較大的應力，而且存在較多的自由體積，存放過程中自由體積不斷逸出，導致製品變形。

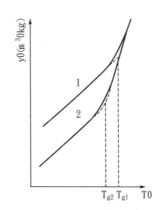

▲ 圖 5-4 非晶高聚物的溫度 - 比容曲線圖

1—快速冷卻；2—慢速冷卻

(3) 物理性質

① 熱導率：傅立葉定律是導熱的基本定律，表示傳導的熱流量和溫度梯度以及垂直於熱流方向的截面積成正比，即：

$$Q = -\lambda A \frac{\mathrm{d}T}{\mathrm{d}x}$$
(5-5)

式中　　Q　——　傳導的熱流量，即單位時間內所傳導的熱量，W；

A——　導熱面積，即垂直於熱流方向的截面積，m^2；

$\dfrac{\mathrm{d}T}{\mathrm{d}x}$　——　溫度梯度，K/m；

λ　——　熱導率，是指在穩定傳熱條件下，1m 厚的材料，兩側表面的溫差為 1 度（K,℃），在 1h 內，通過 1m² 面積傳遞的熱量，單位是 W/（m·K）。熱導率反映了熱量在材料中傳遞的速度。熱導率越高，材料內熱傳遞越快。熱導率與材料的組成結構、密度、含水率、溫度等因素有關。

　　聚合物的熱導率很小，所以無論物料是在機筒中加熱還是在模具中冷卻，都需要一定的時間。通常把熱導率較低的材料稱為保溫材料，而把熱導率在 0.05W/（m·K）以下的材料稱為高效保溫材料。圖 5-5 是低密度聚乙烯的熱導率 - 溫度曲線（樣品 B，見表 5-1）。物料的熱導率受物料的鬆散狀態（見圖 5-6）、密度和結晶度（見圖 5-7）以及熱歷程（見圖 5-8）的影響。

表 5-1　圖 5-5 和圖 5-7 中樣品的有關數據

試樣名稱	110℃條件下的結晶時間 /min	23℃時的密度 /（g/cm³）	結晶度 /%
A	0	0.911	34.0
B	120	0.918	42.0
C	240	0.925	44.0
D	360	0.929	46.9

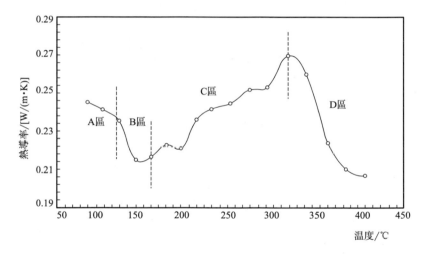

▲ 圖 5-5 低密度聚乙烯的熱導率 - 溫度曲線

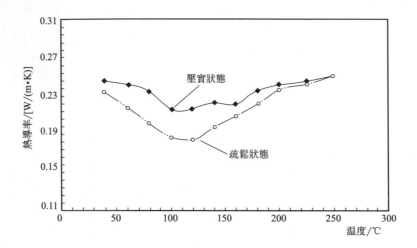

▲ 圖 5-6 物料的狀態對 LDPE 熱導率的影響

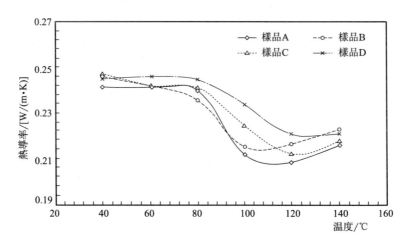

▲ 圖 5-7 密度和結晶度對 LDPE 熱導率的影響

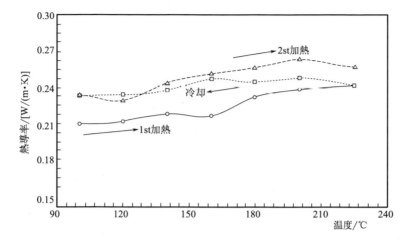

▲ 圖 5-8 加熱和冷卻對 LDPE 熱導率的影響

另外，定義

$$\alpha = \frac{\lambda}{c_p \rho}$$

$$(5\text{-}6)$$

式中　α　——導溫係數，cm^2/h；

　　　λ　——熱導率，W/（m·K）；

　　　c_p　——定壓比熱容，J/（kg·K）；

　　　ρ　——密度，kg/m^3。

　　導溫係數又稱熱擴散係數，表示物料在加熱或冷卻時，內部溫度趨於一致的能力。導溫係數越大，物料內部溫差越小；反之，物料內部溫差越大。

② 熱膨脹係數：比容在恆壓的條件下隨溫度的變化而產生的變化為熱膨脹係數。熱膨脹係數有體積熱膨脹係數和線熱膨脹係數之分。

a. 體積熱膨脹係數 β，簡稱體脹係數：

$$\beta = \frac{1}{V}\left(\frac{\partial V}{\partial T}\right)_p = \frac{V_T - V_0}{V_0(T - T_0)} = \frac{\Delta V}{V_0 \Delta T}$$

$$(5\text{-}7)$$

b. 線熱膨脹係數 α，簡稱線脹係數：

$$\alpha = \frac{1}{L}\left(\frac{\partial L}{\partial T}\right)_{\mathrm{p}} = \frac{L_{\mathrm{T}} - L_0}{L_0(T - T_0)} = \frac{\Delta L}{L_0 \Delta T}$$

(5-8)

式中　　V_0　——　初始溫度 T_0 時的比容；

　　　　V_{T}　——　終止溫度 T 時的比容；

　　　　L_0　——　初始溫度 T_0 時的長度；

　　　　L_{T}　——　終止溫度 T 時的長度。

　　對於各向同性的固體，體膨脹係數是線膨脹係數的 3 倍，固體、液體、氣體中，以氣體的體膨脹係數為最大，固體最小。

(4) PVT 特性 [7]

　　高聚物及其共混體系的壓力 - 體積 - 溫度（PVT）作為高聚物的基本性質在高聚物的生產、加工以及應用等方面有著十分重要的作用。從 PVT 數據出發，通過熱力學計算方法可以獲得很多熱力學量及狀態方程（EOS）參量，進而研究高聚物及其共混物的相分離行為及共混相容性等問題，從而指導高聚物的加工製備。

5.1.3　材料的加工特性

(1) 可塑化特性

　　射出過程中，塑膠經歷了由固態 - 半熔融狀態 - 熔融態的轉變。固態物料的傳輸性能對成型加工的可塑化特性影響很大，其中重要的參數有固體物料顆粒的大小及形狀、體積密度和摩擦因數。

　　① 固體顆粒的大小及形狀：用於射出成型的聚合物粒子的範圍很廣，從 1μm~1mm。圖 5-9 所示為通常用以描述一定粒度範圍的粒狀固體的術語。

　　粒子的形狀主要有任意形、角形、柱形和球形。粒狀固體的傳輸特性對粒子的形狀十分敏感。即使在粒度保持不變的情況下，內、外摩擦因數都能隨粒子形狀的改變而發生本質上的變化。切粒過程的微小差異，會造成塑化過程的波動。

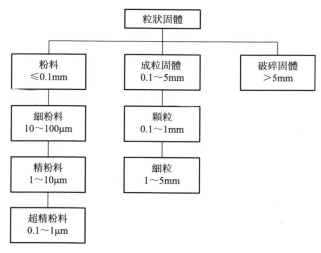

▲ 圖 5-9 粒狀物料術語

固體傳輸的難易程度常由粒度決定。顆粒料通常是自由流動的，並且不會夾帶空氣。細粒有自由流動的，也有半自由流動的，它有可能夾帶空氣。半自由流動的細粒需要特殊餵料裝置，以保證穩定塑化。粉料易於內聚，也易夾帶空氣，其塑化的難度隨粒度減小而提高。破碎固體通常形狀不規則，且體積密度一般較低，餵料難度較大。

② 體積密度：固體顆粒形成的鬆散物料的體積密度是指在不施加壓力或在輕拍之下將鬆散物裝入一定體積的容器中，以物料品質除以體積求得的密度。

鬆散物料的可壓縮性在很大程度上決定固體輸送行為。聚合物粒料的壓縮率可表示為：

壓縮率 ＝（鬆散物料體積密度 - 壓實物料體積密度）/ 鬆散物料體積密度

$$(5-9)$$

當壓縮率低於 20% 時，聚合物顆粒是自由流動物料；當壓縮率高於 20% 時，聚合物粒料是非自由流動物料；當壓縮率高於 40% 時，物料在供料料斗中有非常強的壓緊傾向，此時可能會出現餵料困難現象。

將物料堆成堆，錐形物料堆的側邊與水平面形成夾角，該角稱作休止

角，如圖 5-10 所示。研究表明，45°的休止角可大致作為自由流動物料與非自由流動物料之間的界線，非自由流動物料的休止角大於 45°，自由流動物料的休止角小於 45°。

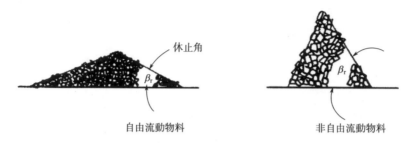

▲ 圖 5-10 休止角

物料的形狀與密度、休止角、塑化量的關係如表 5-2 所示。

表 5-2 物料的形狀與密度、休止角、塑化量的關係（LDPE）

形狀	密度 /（g/cm³）	休止角 /（°）	塑化量 /（kg/h）
任意形	0.29~0.30	42.5	22.7
角形	0.40~0.48	40	41.3
柱形	0.50~0.50	32.5	43.1
球形	0.54	22	45.4

將壓縮率和休止角作為自由流動和非自由流動的判斷依據，只是一個很粗略的指標。其實聚合物粒料的壓實是十分複雜的過程，受許多因素影響。在壓實過程中，物料應力的分布比較複雜，並且很多取決於料斗的幾何形狀和表面狀況，以及鬆散物料的自身特徵。

③ 摩擦因數：鬆散物料的摩擦因數是另一個十分重要的性能，可將其分為內摩擦因數和外摩擦因數。內摩擦因數是相同物料的粒子層滑過另一粒子層時產生的阻力的量度。外摩擦因數是聚合物粒子與不同的結構材料壁間界面上存在的阻力的量度。

影響摩擦變數的因素非常多，溫度、滑動速度、接觸壓力、金屬表面狀態、聚合物粒子大小、壓實程度、時間、相對濕度和聚合物的硬度等都將會對摩擦因數產生影響。例如，摩擦因數對金屬表面狀態就非常敏感。某聚合物粒料對完全清潔的金屬表面的摩擦因數開始很低，在 0.05 以下。但是當聚

合物在表面上滑過若干時間後，摩擦因數將大幅增加。採用圖 5-11 所示的裝置測得的部分塑膠摩擦因數與溫度的關係，如圖 5-12 所示。測試條件：摩擦速度為 87mm/s，壓力為 0.53MPa。由圖 5-12 可以看出，各種材料之間的差別是很大的。

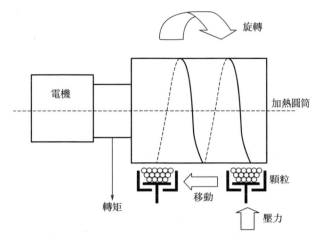

▲ 圖 5-11 塑膠與金屬表面摩擦因數測定裝置

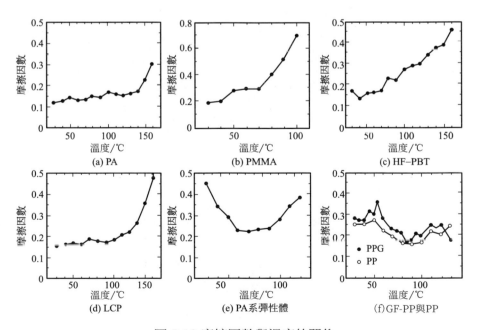

▲ 圖 5-12 摩擦因數與溫度的關係

Bartenev 和 Lavrenl 模擬在螺桿中摩擦過程的條件下，測定了多種聚合物的摩擦性能，列舉了溫度、滑動速度和法向應力與摩擦因數的關係。

例如，圖 5-13 所示，物料為聚乙烯，滑動速度為 0.6m/s，不同壓力下外摩擦因數與溫度的關係。在低壓下，摩擦因數隨溫度增加而提高，在熔點時達到峰值，然後開始迅速下降。在高壓下摩擦因數單調地隨溫度的升高而下降。

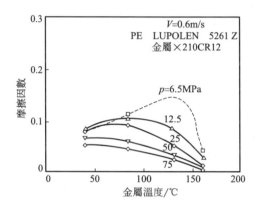

▲ 圖 5-13 外摩擦因數與溫度的關係

粒狀物料的流動性由其剪切性能決定。內剪切形變剛發生時的局部剪切應力稱為剪切強度。剪切強度是法向應力的函數，可用 Jenike 開發的剪切皿來測定粒子固體的剪切性能，如圖 5-14 所示。聚合物與機筒和螺桿的摩擦因數分別為 μ_c 和 μ_s，加工能夠正常進行的必要條件是：

$F_c > F_s$，即 $\mu_c S_c > \mu_s S_s$。

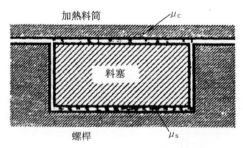

▲ 圖 5-14 材料與摩擦因數示意

μ_s > μ_c：料筒附著在螺桿上旋轉不往前輸送；μ_s < μ_c：料塞往前輸送。

(2) 熱穩定性 [8-11]

熱穩定性是指聚合物在加工溫度下能經受的最大停留時間。如圖 5-15 所示 POM 的停留時間與熔體溫度的關係，圖中麵線即為停留時間界限。如果 POM 在某一溫度下停留時間超過界限值，材料就會發生分解。圖 5-16 顯示熱分解帶來的不良影響。

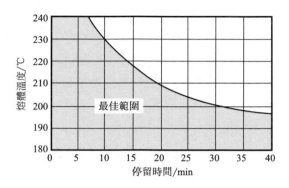

▲ 圖 5-15 POM 射出成型加工最大停留時間推薦值

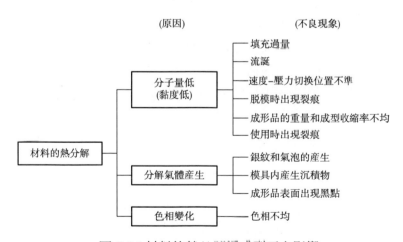

▲ 圖 5-16 材料的熱分解與成型不良影響

① 熱分解原因

　　a. 分子量降低。塑膠由大分子鏈組成，分子鏈不是均勻的。塑膠的分子量是指其平均值，平均分子量及分子量分布對材料的性能影響

很大。

分子量增加，材料的黏度也增加。當溫度升高時，熱能將引起分子鏈的斷裂，因此帶來分子量的降低，熔體黏度也降低。分子量降低，材料的物理性能也會發生變化，例如，衝擊強度下降（材料變「脆」）。

b. 氧化。同樣對於 POM，在加工溫度下（超過 160°C，由固態向熔融態轉變），POM 與空氣接觸被氧化，分子鏈發生斷鏈。如果塑化裝置採用排氣結構，就會觀察到此現象。排氣塑化裝置中螺桿的長徑比大（超過 32），熔體在機筒內的停留時間延長，也會導致分解的發生。所以，對於有些原料，要慎重選擇排氣結構，防止發生氧化反應。

c. 水解。在水分的參與下，某些材料比純粹受熱分解更快。複合材料含水量超過 0.05% 就會發生水解，加工所得製品發生脆裂。因此在加工前，吸水性強、易水解的材料要採取乾燥，尤其對於回收料，更應如此。

d. 添加劑分解。由於單一樹脂性能的局限性，為達到綜合性能的要求，多種樹脂複合或樹脂與多種添加劑複合成為必然選擇。添加劑的種類很多，下述幾種添加劑易發生熱分解：低分子聚合物、樹脂合成時的殘留物、填充劑、表面處理劑等。若要克服此類缺陷，要根據加工條件合理選擇添加劑。

② 熱穩定性的評價：比較常用的方法有分析法和射出成型法。

a. 分析法。一般有熱重分析法和差示掃描量熱法。

熱重分析法（TG, TGA）是在升溫、恆溫或降溫過程中，觀察樣品的品質隨溫度或時間變化的函數。圖 5-17 為 PC 的熱重分析結果。從圖中可以看到，在 525°C 時樣品的重量開始減少，即開始分解，到 560°C 重量不再減少，分解結束。

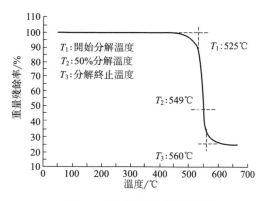

▲ 圖 5-17 PC 熱重分析曲線

差示掃描量熱法（DSC）為使樣品處於程序控制的溫度下，觀察樣品和參照物之間的熱流差隨溫度或時間變化的函數。圖 5-18 為 POM 的 DSC 分析曲線。從圖中可以看出，在 163.4℃時，開始吸熱，說明材料開始融化，到 330℃又出現吸熱現象，此時為開始分解。

b. 射出成型法。本方法是利用注塑機，通過實驗獲得滯留時間與成型溫度的曲線，根據曲線來設定加工溫度。以加工聚丙烯為例，首先設定的射出溫度為 260℃（以料筒加熱溫度為準），射出時間為 5s，冷卻時間為 10s，模具溫度為 60℃，射出起始壓力 70MPa，連續在此工藝條件下成型三次，然後每次加壓 300k Pa，每加一次壓力都射出三次，每次注射都記錄下充滿模腔的時間，加壓到不僅能很快充滿模腔且出現溢料的情況時的壓力即可看作最大極限壓力。在設定的起始壓力點上按上述方法向下降壓力，以同樣的方法找到不能將料充滿模具時的壓力 —— 最小極限射出壓力。再將壓力、溫度固定在某一可保證正常射出的條件下，逐級加溫，每次升溫 10℃，成型三次，找到因溫度過高而不能正常定型冷卻、不能成型完好製品的溫度 —— 最高射出溫度。然後回到起始設定溫度，按每次 10℃降低溫度，成型三次，一直降到製品出現各種缺陷或不能正常射出位置，此時的溫度為最小射出溫度。用同樣的方法，在固定射出溫度和壓力的情況下，確定最小射出成型週期。

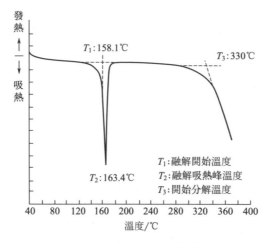

▲ 圖 5-18POM 的 DSC 分析曲線

(3) 流動性

　　同一種塑膠，由於產地、規格、牌號不同，其分子量、黏度、揮發物含量、含水率、熔體流動性等也有差異。這些指標直接影響到射出速率、充模情況等。熔體流動性不同的塑膠在射出加工時可通過調整射出壓力、射出速度、保壓時間、射出溫度來達到最佳值。熔體流動性差的原料可加入增塑劑、潤滑劑提高流動性，最終通過改變射出工藝條件得到最佳產品。但要注意，熔體流動性過高會導致噴嘴流涎。

　　表徵材料流動性的最常用的參數是熔體流動速率（MFR）。材料的熔體流動速率是採用柱塞式擠出機或擠出速度計進行點測量法得到的，其原理如圖 5-19 所示。先將物料加入到料筒中進行加熱，在活塞上安裝標準砝碼作為動力，熔體從一個短的圓孔模具中被擠出，10min 內擠出物的克數即為該材料的熔體流動速率。熔體流動速率的數值越大，材料的流動性越好。

　　另外，還可以通過測試熔體在模腔內的流動長度來評價材料的流動性。圖 5-20 所示是測試模具，在模腔內設置壓力傳感器，在測試熔體流動長度的同時還可以監測熔體流過某些點（例如，圖 5-20 中的 A、B、C 點）的壓力情況。

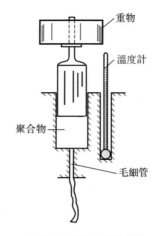

▲ 圖 5-19 熔體流動速率測試儀工作原理

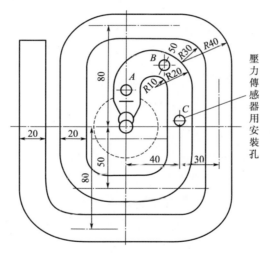

▲ 圖 5-20 熔體流動長度測試模具

(4) 材料的準備

　　為使射出過程能順利進行並保證塑膠製品的品質，在成型前應進行一些必要的準備工作，包括確定原料性能、原料的染色及對粉料的造粒、塑膠的預熱和乾燥等。由於射出原料的種類、形態，塑膠製品的結構、有無嵌件以及使用要求的不同，各種塑件成型前的準備工作也不完全一樣。

　　① 原料性能確認：塑膠的性能與品質將直接影響塑膠製品的品質。近年來，由於塑膠工業發展突飛猛進，新的塑膠品種不斷涌現。同種塑料出現了

第 5 章　聚合物 3D 影印用材料及缺陷分析

多種牌號的選擇可能，不同產地的同種類型塑膠的性能和品質也不盡相同，含有不同比例的各種添加劑的塑膠也層出不窮，其工藝性能也各不相同。因此在進行批量生產之前，應該對所用塑膠的各種性能與品質進行全面確認。其主要內容有原料外觀（如色澤、顆粒大小及均勻性等）的檢驗和工藝性能（熔體流動速率 MFR、流動性、熱性能及收縮率）的測定。對外觀的要求是色澤均勻、顆粒大小均勻、無雜質。

MFR 是重要的工藝性能之一，MFR 用於判定熱塑性塑膠在熔融狀態下的流動性，可用於塑膠成型加工溫度和壓力的選擇。對某一塑膠原料來說，MFR 大，則表示其平均分子量小、流動性好，成型時可選擇較低的溫度和較小的壓力，但平均分子量低，製品的力學性能也相對偏低；

反之，則表示平均分子量大、流動性差，成型加工較困難。

射出用塑膠材料的 MFR 通常為 1~10g/10min，形狀簡單或強度要求較高的製品選較小的 MFR 值；而形狀複雜、薄壁長流程的製品則需選較大的數值。

塑膠的性能參數一般可以從材料供應商處得到，如果所需的參數未知，則需要按照相應的測試標準進行檢測。

② 塑膠的預熱和乾燥：在塑膠成型加工過程中，塑膠原料中殘存的水分會氣化成水蒸氣，留存在製品的內部或表面，形成銀絲、斑紋、氣泡、麻點等缺陷，即使程度輕微，也將使製品表面失去原有的光澤而顯得暗淡、色調不均勻，電鍍件、噴漆件會出現局部暗斑，水分及其他易揮發的低分子化合物的存在，也會在高熱、高壓的加工環境下起催化作用，使某些敏感性大的塑膠，如聚碳酸酯、尼龍、部分 ABS 料發生交聯或降解，不但影響表現品質，而且會使性能嚴重下降。因此，在塑膠成型加工前，必須用預乾燥方法排除水分和其他易氣化物質，這個過程稱為乾燥。部分常用塑膠允許的水汽量及熱風乾燥工藝參見表 5-3，超過這個標準，注塑出來的製品便會因水汽作用而變得品質低劣。

表 5-3 部分塑膠允許的水汽量及熱風乾燥工藝

塑膠品種	縮寫符號	注塑允許水汽量分數 /%	乾燥溫度 /℃	時間 /h
聚乙烯	PE	<0.1	90~100	<0.5
聚丙烯	PP	<0.1	100~120	<0.5

聚苯乙烯	PS	0.05~0.1	71~79	1~3
	ABS	<0.3	<70	4
聚氯乙烯	PVC	<0.08	60~93	
聚碳酸酯	PC	<0.2	110~120	8
熱塑性聚酯	PET	<0.1	80~95	2~12
聚丁烯酸	PBT			
聚酰胺	PA	0.4~0.9	80~100	16
聚醚酰亞胺	PEI		120~150	2~7
聚酰胺 - 酰亞胺	PAI		150~180	8~16
聚甲基丙烯酸甲酯	PMMA	0.1~0.2	100~120	1
聚甲醛	POM		80~120	
聚碸	PSU	<0.05	110~120	3~4
聚苯醚	PPO		110~120	2
聚醚醚酮	PEEK		150	8
熱塑性聚氨酯	TPU		100~110	1~2
熱塑性彈性體	TPE		120	3~4
液晶聚合物	LCP		110~150	4~8
聚芳酯	PAR		120~150	4~8
聚苯硫醚	PPS		140~250	3~6
聚醚碸	PES			
聚芳碸	PASU		135~180	
乙烯 - 丁基丙烯酸酯共聚物	EBA		70~80	3
聚醚 - 酰胺嵌段共聚物	PEBA		70·80	2~4
乙酰丁酸纖維素	CAB		60~80	2~4
醋酸纖維素	CA			
丙酸纖維素	CP			
	SAN		70~90	1~4

　　塑膠乾燥方法有烘箱乾燥、紅外線乾燥、板乾燥和高頻乾燥等，塑料乾燥設備有熱風循環烘箱、靜置或回轉真空乾燥箱、遠紅外線乾燥箱、熱風料斗乾燥器、減濕料斗式乾燥機組、沸騰乾燥機等，熱塑性塑膠常用的乾燥方法主要有熱風循環乾燥、紅外線乾燥。

　　a. 熱風循環乾燥。乾燥原理是利用熱空氣通過塑膠表面帶走水分及揮發物。其中熱風循環烘箱要求所烘塑膠攤平，厚度不超過 2.5mm。乾燥時間通常要根據塑膠的含水量及烘箱溫度來決定。利用熱風循環原理乾燥的設備主要有熱風循環烘箱、熱風料斗乾燥器、沸騰乾

燥機等。

熱風料斗乾燥器直接從加料斗的底部通入熱空氣對塑膠進行乾燥，這種結構避免了烘箱操作所帶來的很多麻煩，有利於實現加料的連續化和自動化，同時縮短了乾燥時間。利用它來進行乾燥時的時間要比烘箱所用時間短得多，所以一般要用較高溫度，但要注意的是不能使塑膠表面發黏，否則將影響塑膠從料斗落下。另外，對於混有各種助劑的塑膠，應考慮混合料是否會在熱空氣作用下分離，若分離，則不能用熱風料斗乾燥器。

b. 紅外線乾燥。紅外線乾燥利用紅外線輻射對塑膠進行乾燥。紅外線加熱時，先是塑膠表面受熱，然後通過熱傳導將熱傳至內部，塑膠層的厚度以不超過 6mm 為宜。一般採用以傳送帶裝載塑膠通過紅外燈下的形式。烘乾塑膠的溫度與功率、燈數、塑膠與燈之間的距離、塑膠受熱面積和受熱時間有關，一般輻射源溫度設置在 400~600℃之間。烘乾過程中配以送風裝置以帶走水分及揮發物，有利於提高效率。

③ 著色：熱塑性塑膠原料大部分是透明的或呈乳白色，而隨著人們生活水平的提高和對製品性能要求的提高，人們常常對製品顏色提出各種要求，所以在塑膠製品的加工之前需要進行著色，即在塑膠中施以不同分量的著色劑進行混合，使之具有特定的色彩或特定的光學性能。

著色工藝不僅與選用的色料有關，而且與塑膠本身的性能、添加劑、加工方法、使用方法有關，在選擇著色劑時要參照著色劑的性能進行選擇。

塑膠原料的著色常用兩種方法，即乾混法（也稱浮染法）和色母料著色法。

a. 乾混法著色。乾混法著色是將熱塑性塑膠顆粒與分散劑、顏料均勻混合成著色顆粒後直接注塑。乾混法著色的分散劑一般用白油，根據需要也可用松節油、酒精及某些酯類。具體的操作過程為：在高速捏合機中加入塑膠顆粒和分散劑，混合攪拌後加入顏料；藉助攪拌漿的高速旋轉，使顆粒間相互摩擦而產生熱量；利用分散劑使顏料粉末牢固黏附在塑膠粒子的表面。乾混法著色工藝簡單、成本

低，但有一定的污染並需要混合設備；如果採用手工混合，則不僅增加勞動強度，而且混合也不均勻，影響著色品質。

b. 色母料法著色。色母料著色法是將熱塑性塑膠顆粒與色母料顆粒按一定比例混合均勻後用於注塑。色母料著色法操作簡單、方便，著色均勻，無污染，成本比乾混法著色高一些。日前，該法已被廣泛使用。

④ 嵌件預熱：注塑前，金屬嵌件先放入模具內的預定位置上，成型後與塑膠成為一個整體。由於金屬嵌件與塑膠的熱性能差異很大，導致兩者的收縮率不同，因此，有嵌件的塑膠製品，在嵌件周圍易產生裂紋，既影響製品的表面品質，也使製品的強度降低。解決此問題的辦法除了在設計製品時應加大嵌件周圍塑膠的厚度外，對金屬嵌件的預熱也是一個有效措施。嵌件的預熱必須根據塑膠的性質以及嵌件的種類、大小決定。對具有剛性分子鏈的塑膠（如 PC、PS、聚碸和聚苯醚等），由於這些塑膠本身就容易產生開裂，因此，當製品中有嵌件時，嵌件必須預熱；對具有柔性分子鏈的塑膠（如 PE、PP 等）且嵌件又較小時，嵌件易被熔融塑膠在模內加熱，嵌件可不預熱。

嵌件的預熱溫度一般為 110~130℃，預熱溫度的選定以不損壞嵌件表面的鍍層為限。對表面無鍍層的鋁合金或銅嵌件，預熱溫度可提高至 150℃左右。預熱時間一般幾分鐘即可。

⑤ 料筒的清洗：在注塑過程中，遇有需要更換原用料時，以隨後要用的塑膠或另一種可以混容的清機物料加入機筒中，以清除機筒內殘留舊料的操作，稱為料筒的清洗。生產中，當需要更換原料、調換顏色或發現塑膠有分解現象時，都需對注塑機的料筒進行清洗。換料清洗法有兩種：直接換料法和間接換料法。

a. 直接換料法。若欲換原料和料筒內存留料有共同的熔融溫度時，可直接用欲生產料替代殘留料。若欲換原料的成型溫度比料筒內存留料的溫度高時，則應先將機筒和噴嘴溫度升高到欲換原料的最低加工溫度，然後加入欲換料，進行連續的對空射出，直至料筒內的存留料清洗完畢後，再調整溫度進行正常生產。若欲換料的成型溫度

低於料筒內存留料的溫度時，則應先將機筒和噴嘴溫度升到使存留料處於最好的流動狀態，然後切斷料筒和噴嘴的加熱電源，用欲換料在降溫下進行清洗，待溫度降至欲換料加工溫度時，即可轉入生產。

b. 間接換料法。若欲換原料和料筒內存留料沒有共同的熔融溫度時，可採用間接換料法。若欲換料的成型溫度高，而料筒內的存留料又是熱敏性的，如 PVC、POM 等，為防止塑膠降解，應採用二步法換料清洗，即先用熱穩定性好的 PS 或 LDPE 塑膠或這類塑膠的回料作為過渡清洗料，進行過渡換料清洗，然後用欲換料置換出過渡清洗料。

由於直接換料清洗要浪費大量的清洗料，因此，目前已廣泛採用料筒清洗劑來清洗料筒。料筒清洗劑的使用方法為：首先將料筒溫度升至比正常生產溫度高 10~20℃，注淨料筒內的存留料，然後加入清洗劑（用量為 50~200g）；最後加入欲換料，用預塑的方式連續對空射出一段時間即可。若一次清洗不理想，可重複清洗。

(5) 脫模性

在射出過程的最後階段，模具開啟，製品離開模具。製品從模具上脫離的難易稱為脫模性。對脫模的要求是製品順利地脫離模穴或型芯，整個頂出過程不會給製品造成任何損害和變形。影響脫模性的主要因素有斜度或錐度、表面粗糙度、倒角和孔洞、分型線的位置等。幾乎所有與特定幾何形狀相關的特點都會影響製品的頂出脫模特性，如果製品設計時不考慮脫模，即使是十分簡單的製品，其頂出脫模系統也可能很昂貴。

① 斜度或錐度：斜度或錐度通常用來方便那些成型深度較大的製品的頂出。如果使用標準的模穴和型芯生產製品時，模穴與固定模板連接，而型芯與動模板相連。在模穴的側壁上設置斜度是為了在開模時製品從模穴脫離，降低啟模時對模穴側表面造成的擦傷或磨耗。設置模穴斜度有助於空氣流動，從而消除啟模時的真空作用。典型的模穴斜度在零點幾度到幾度範圍內變化，它隨模塑成型深度、材料剛性、表面潤滑性、模具表面粗糙度和材料收縮性等參數的變化影響。一旦模具打開，製品從模穴中移開，就必須把它

盡快地從型芯上剝離下來。塑膠製品易夾緊在型芯上，因此頂出製品需要的力很大。型芯斜度為零的製品很難頂出，而且頂出週期中有很高的頂出力。因此，型芯通常採用斜度，斜度範圍在 0.25°~2°。在大多數情況下，型芯斜度等於模穴斜度。這種平行結構較好，因為它使製品壁厚保持均勻。

② 表面粗糙度：模穴和型芯表面粗糙度對塑膠製品的脫模性能影響很大。模具鋼或表面鍍層的類型、表面粗糙度和拋光的方向都是很重要的影響因素。通常，表面越光滑、拋光程度越高越有利於製品的脫模。

那些脆性、硬質或玻璃態聚合物尤其如此。在另外一些情況下，表面輕度紋理或者噴砂處理也可降低頂出力，這種情況適用於某些彈性體或韌性材料。實踐證明，拋光方向對製品的頂出有很大的影響，型芯和模穴拋光的方向應與開模的方向一致，特別是對於成型深度較大而斜度很小或無斜度的製品尤為重要。帶有無規紋理的模穴根據經驗其紋理深度應為 0.025mm，每邊斜度應為 1°~5°。因為材料收縮，型芯上的紋理會使製品緊緊抱在型芯上，使脫模特別困難，所以，如果型芯上必須有紋理，則需要較大的斜度。

在頂出過程中，可通過使用潤滑劑或改變模具表面塗層的方法來降低塑膠製品與模具間的摩擦力。潤滑劑通常加入到塑膠材料中，潤滑劑一般分為內用和外用兩種。內用的潤滑劑是一些與聚合物有強親和力的添加劑，可用來降低熔融聚合物的黏度。外用的潤滑劑則相反，在聚合物中的溶解度很低，在加工過程中傾向於從聚合物本體遷移到加工設備的金屬接觸面上，產生一個潤滑面層，外用潤滑劑是替代噴塗脫模劑的好方法，它能克服噴塗脫模劑帶來的週期延長、加工過程不連貫、表面修整及組裝不便等問題。降低脫模力的另一個方法是在模具上電鍍低摩擦因數的材料或進行表面處理，例如，無電鍍鎳、電解電鍍鉻、二硫化鉬鍍層、二硫化鎢鍍層、無定形碳化硼塗層、浸漬聚四氟乙烯的五電鍍鎳的鍍層等。

常見的脫模劑主要有 3 種，即硬脂酸鋅、白油及矽油。硬脂酸鋅除 PA 外，一般塑膠都可使用；白油作為 PA 的脫模劑效果較好；矽油雖然脫模效果好，但使用不方便，使用時需要配成甲苯溶液，塗在模具表面，經乾燥後才能顯出優良的效果。

脫模劑使用時採用兩種方法：手塗和噴塗。手塗法成本低，但難以在模

具表面形成均勻的膜層，脫模後影響製品的表觀品質，尤其是透明製品，會產生表面混濁現象；噴塗法是將液體脫模劑霧化後噴灑均勻，塗層薄、脫模效果好，脫模次數多（噴塗一次可脫十幾模），實際生產中，應盡量選用噴塗法。應當注意，凡要電鍍或表面塗層的塑膠製品，盡量不用脫模劑。

③ 倒角和孔洞：設計塑膠射出製品時通常應盡量避開一些特殊的模具活動方式，如側向移動、側位抽芯、斜芯桿摺疊型芯和退扣模具等。這些特殊的模具功能使模具造價昂貴，增加模具保養費用，並會妨礙模具冷卻系統的設計，最終可能會導致製品生產週期的延長。即使是特殊的模具活動方式非用不可，也要盡量限制其應用，如果必須使用側向活動模具，則最好使活動方向與模具開啟方向垂直，斜向活動則盡量避免。

④ 分型線位置：可以通過改變製品在模具中的放置方法來避免倒角，按圖 5-21(a) 所示的製品方位就需要安裝活動型芯或者回程桿，以利於頂出。如果製品按照 5-21(b) 所示的角度放入模具中，則製品就會很容易頂出。

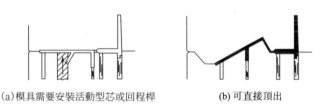

(a)模具需要安裝活動型芯或回程桿　　　　　(b) 可直接頂出

▲ 圖 5-21 改變製品在模具內的方位可以消除內倒角從而簡化製品的頂出

(6) 殘留應力

特性射出成型中殘餘應力的形成主要歸因於兩個因素：冷卻和流動應力。

最主要的是製品在模腔中迅速冷卻或淬火形成的殘餘應力。典型的殘餘應力分布如圖 5-22 所示。圖 5-22 中給出了 PMMA 和 PS 片材在不同條件下冷卻的實驗結果。3mm 厚的 PMMA 片材從 170℃或 130℃冷卻到 0℃，2.6mm 厚的 PS 片材從 150℃或 130℃冷卻到 23℃。

在充模和保壓階段，模腔內高分子熔體流動時的剪切應力和法向應力也可形成注塑製品的殘餘應力。這些流動誘導產生的拉伸應力通常比冷卻過程形成的應力小得多。但是，在低溫射出時，這些應力可能會很大，而在製品表面形成拉伸殘餘應力。

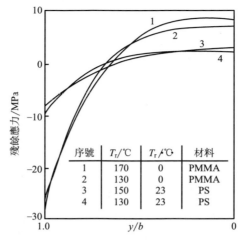

▲ 圖 5-22 殘餘應力分布

為了改進模具和模擬預測塑膠製品加工過程中的收縮和翹曲，必須控制材料在加工過程中經歷的複雜熱力學行為。收縮和翹曲源自於物料的不均勻性和各向異性，這些又是因充模、分子或纖維取向、交聯或固化行為、不合適的熱模佈置和不合理的加工條件等產生。收縮和翹曲與殘餘應力有直接的關係。短暫的熱行為或固化行為，還有材料的各向異性都能導致加工中殘餘應力的發展。這類由加工過程誘導的殘餘應力嚴重影響了製品的力學性，造成翹曲或引發複合製品的裂紋和分層。

塑膠熔體充模時，固化過程就開始了；但是在後充模或保壓階段，流動仍在繼續。這便產生了凍結流動應力，它和熱應力同一數量級。注塑製品的殘餘應力，包括高分子的黏彈行為、流動應力和熱應力。流動誘導的應力相當一部分來源於注塑過程的後充模階段。

5.1.4 材料的微觀特性

注塑成型過程實際上是伴隨有相變的可壓縮黏彈性聚合物熔體在複雜流道內的非等溫、非穩態流動，期間，由於材料受熱和力作用的歷史不同，所形成製品的微觀結構（結晶、取向、殘餘應力）和原材料會有很大差別。由於注塑成型過程不僅賦予材料一定的形狀，還賦予其特定的微觀結構，並最終決定著製品的性能。

第 5 章　聚合物 3D 影印用材料及缺陷分析

(1) 結晶 [12, 13]

聚合物按其聚集態結構可以分為結晶型和非結晶型，結晶型的聚合物呈有規則的排列，而非結晶型的聚合物分子鏈卻呈不規則的無定形排列。評定聚合物結晶形態的標準是晶體形狀、大小、等規度及結晶度，它們對注塑製品的物理 - 力學性能起重要的作用。

① 結晶對製品性能的影響：射出成型製品的性能與微觀結構密切相關。從微觀結構上來說，射出製品具有不均勻性，其宏觀性能是每一微觀結構性能的複雜組合。

a. 密度。結晶度高，分子鏈排列有序而緊密，分子間作用力強，所以密度隨結晶度的提高而提高。如 70% 結晶度聚丙烯的密度為 0.896g/cm^3；當結晶度增至 95% 時，密度增加到 0.903g/cm^3。

b. 拉伸強度。拉伸強度隨著結晶度的升高而提高，如結晶度為 70% 時，聚丙烯拉伸強度為 27.5MPa；當結晶度增至 95% 時，拉伸強度可提高到 42MPa。

c. 彈性模量。彈性模量隨結晶度的增加而提高，如聚四氟乙烯，當結晶度從 60% 增至 80% 時，其彈性模量從 560MPa 增至 1120MPa。

d. 衝擊強度。衝擊強度隨結晶度的提高而減小，如聚丙烯，結晶度由 70% 增至 95% 時，其缺口衝擊強度由 1520J/m^2 下降為 486J/m^2。

e. 熱性能。結晶度增加有利於提高軟化溫度和熱變形溫度。如聚丙烯，結晶度由 70% 增至 95% 時，熱變形溫度由 124.9℃增至為 151.1℃。

f. 翹曲。結晶度提高會使體積變小，收縮率加大。結晶型材料比非結晶型材料更易翹曲，主要原因是製品在模內冷卻時，由於溫度的差異引起結晶度的差異，致使密度不均，收縮不等，從而產生較大的內應力而引起翹曲。

g. 光澤度。結晶度提高會增加製品的緻密性，使製品表面光澤度提高，但由於球晶的存在會引起光波的散射，而使透明度降低。以尼龍為例，採用低溫模具冷卻時，製品在模腔內急速冷卻，由於結晶

度低而變得透明；若採用高溫模具成型，則由於進一步結晶而變得半透明或呈乳白色。

② 射出成型條件對結晶的影響 [14-16]

a. 熔體溫度。結晶是一個熱歷程。當聚合物熔體溫度高於熔融溫度時（$T>T_m$），大分子鏈的熱運動顯著增加，當大於分子的內聚力時，分子就難以形成有序排列而不易結晶；當溫度過低時，大分子鏈段的運動能很低，甚至處於凍結狀態，也不容易結晶。所以結晶的溫度範圍是在 T_g 和 T_m 之間，在高溫區（接近 T_m）晶核不穩定，單位時間成核數量少；而在低溫區（接近 T_g），自由能低，結晶時間長，結晶速度慢，不能為成核創造條件。這樣，在 T_g 和 T_m 之間存在較高的結晶速度（V_{max}）和相應的結晶溫度（T_{max}），如圖 5-23 所示。

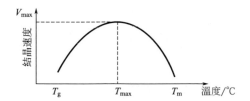

▲ 圖 5-23 結晶速度與溫度的關係

b. 冷卻速度。注塑成型時，聚合物從 T_m 以上降至 T_g 以下這一過程的速度稱為冷卻速度，它是決定晶核存在或產生的條件。冷卻速度取決於熔體溫度（T）和模具溫度（T_M）之差，稱過冷度。過冷度分為以下 3 個區。

・ 等溫冷卻區。當 T_M 接近最大結晶溫度時，這時 ΔT 小，過冷度小，冷卻速度慢，結晶幾乎在靜態等溫條件下進行，這時分子鏈自由能大，晶核不易生成，結晶緩慢，冷卻週期加長，形成較大的球晶。

・ 快速冷卻區。當 T_M 低於結晶溫度時，過冷度提高，冷卻速度很快，結晶在非等溫條件下進行，大分子鏈段來不及摺疊形成晶

片，這時大分子鏈鬆弛滯後於溫度變化的速度，於是分子鏈在驟冷下形成體積鬆散的來不及結晶的無定形區。

- 中速冷卻區。當模具溫度 T_M 被控制在熔體最大結晶速度溫度與玻璃化轉變溫度之間時，接近模具表層的區域最早生成結晶，由於溫度 T_M 太高，有利於製品內部晶核生長和球晶長大，結晶也較為規整。因此，模具溫度一般控制在此區域內，其優點是結晶速率大，製品易脫模，且射出時間短。如聚丙烯的模溫實際控制在 60~80°C 之間，即在 T_g~T_{vmax} 之間。

  總之，冷卻速度決定於熔體溫度與模具溫度的溫差。冷卻速度快，結晶時間短，結晶度低，製品密度也會降低。

c. 保壓壓力。提高保壓壓力有助於提高 PP 製件的密度和尺寸穩定性。但對多級保壓系統來說，級與級之間過大的壓力梯度會引起模腔壓力突降，對 PP 結晶過程造成不利影響，會導致結晶度和力學性能下降。

d. 射出壓力。實驗表明：熔體壓力的提高及剪切作用的增強都會加速結晶過程，這是由於應力作用使鏈段沿受力方向而取向，形成有序區，容易誘導出許多晶胚，使晶核數量增加，結晶時間縮短，從而加速了結晶作用。因此，對於結晶性高聚物而言，在注塑過程中，可通過提高注塑壓力和射出速率獲得較高的結晶度，當然，提高的程度應以不發生熔體破裂為限。

  在保壓壓力不變時，射出壓力明顯地低於或高於保壓壓力的情況對 PP 製件性能均不利，在射出壓力稍大於或等於保壓壓力時，射出 PP 的結晶度最高，力學性能也最理想。

e. 取向。對結晶聚合物而言，結晶和取向作用密切相關。根據聚合物取向可以提高結晶的道理，在注塑實踐中可以採用提高射出壓力和注射速率來降低熔體黏度的方法為結晶創造條件。

f. 振動。當考慮振動時，必須區分低頻振動和超聲波振動。在熔體過冷溫度範圍內，超聲波振動可以將在生長中的晶粒細化，這些細化

的晶粒可以充當成核點，進一步地生長。經過超聲波作用的射出成型製品，具有更高的衝擊強度、應力開裂強度和透明度。

對於低頻振動（振動頻率小於 100Hz）而言，局部奈米級的自由孔洞集成微腔能夠產生高頻率的聲子（晶體點陣振動能的量子），微腔能起到成核劑的作用，因為微腔是液體中的細小的孔洞，它開放於負壓區域。當微腔塌陷時，能產生局部的高壓。根據 Clapeyron 方程，這種高壓可以改變熔體溫度，溫度的改變反過來促進均勻的成核與結晶。

　　綜上，結晶型聚合物結晶度的高低主要取決於注塑工藝參數的設置，而聚合物結晶度的高低對製品的性能又產生重要的影響，對於同一種聚合物而言，結晶度提高，除衝擊強度外，其他所有的物理 - 力學性能都有提高。所以，在實際生產中，可根據製品的使用要求，調整工藝參數，從而控制製品結晶度的高低，達到理想的物理 - 力學性能。

③ 結晶性塑膠對注塑機和模具的要求

　　a. 結晶性塑膠熔解時需要較多的能量來摧毀晶格，由固體轉化為熔融的熔體時需要輸入較多的熱量，所以注塑機的塑化能力要大，最大注射量也要相應提高。

　　b. 結晶性塑膠熔點範圍窄，為防止噴嘴溫度降低時膠料結晶堵塞噴嘴，噴嘴孔徑應適當加大，並安裝能單獨控制噴嘴溫度的加熱圈。

　　c. 由於模具溫度對結晶度有重要影響，所以模具水路應盡可能多，保證成型時模具溫度均勻。

　　d. 結晶性塑膠在結晶過程中發生較大的體積收縮，引起較大的成型收縮率，因此在模具設計中要認真考慮其成型收縮率。

　　e. 由於各向異性顯著，內應力大，在模具設計中要汻意澆門的位置和大小、加強筋的位置與大小，否則容易發生翹曲變形，而後要靠成型工藝去改善是相當困難的。

　　f. 結晶度與塑件壁厚有關，壁厚冷卻慢結晶度高，收縮大，易發生縮孔、氣孔，因此模具設計中要注意塑件壁厚的控制。

(2) 取向 [17-19]

① 分子取向：射出成型的成型過程分為充模、保壓和冷卻三個階段。射出成型充模、保壓階段熔體非等溫流動產生的剪切應力、法向應力及彈性變形在冷卻階段不能完全鬆弛而被「凍結」在製品中形成取向。

充模時，聚合物熔體是在模腔之間流動的，壁溫一般都低於聚合物的玻璃化轉變溫度或熔化溫度。聚合物從它開始進入模腔的時刻起便開始冷卻，與模壁接觸的一層聚合物迅速冷卻，成為剪切速度幾乎等於零的不流動的冷卻皮層。該皮層有絕熱作用，使貼近皮層的聚合物不立即凝固，在剪應力作用下繼續向前流動。這樣在模腔內形成速度梯度，致使高分子鏈的兩端處於不同的速度層中，從而使高分子鏈取向。保壓時間越長，分子鏈取向程度越大。在冷卻階段中，這種取向被凍結下來，形成了貼近表皮層取向大，中心處取向小的結構。在注塑過程中，分子的取向作用對製品的物理 - 力學性能有重要的影響，沿取向方向力學性能大大提高。

熔體溫度高、模具溫度高、注塑壓力低、射出速率慢，注塑製品的取向程度小；反之，取向程度大。取向引起製品性能各向異性，在取向方向的力學性能顯著提高，而垂直於取向方向的力學性能則顯著下降。

提高料流中心處的分子取向，對提高製品的力學性能有利。「推 - 拉」注塑、剪切控制取向射出等成型工藝就是依據此原理發明的。

② 纖維取向：以特定方向（如纖維軸向）為基準的纖維大分子作有序的排列狀態，稱為纖維取向。同分子取向一樣，纖維取向會改變材料的機械特性，纖維取向會使所成型的製品呈現明顯的各向異性。

射出速度對纖維取向有較大的影響，在熔體溫度和模具溫度不變的情況下，射出速度大的製品纖維取向程度反而不如射出速度低的製品的纖維取向程度。射出工藝參數對纖維取向的影響亦是對熔體黏度和在成型過程中剪切應力的影響。熔體黏度太低或者太高都不利於纖維取向。剪切力提高有利於纖維取向。纖維取向是這兩者綜合作用的結果。

(3) 殘餘應力 [20, 21]

如前所述，射出成型充模、保壓階段熔體非等溫流動產生的剪切應力、

法向應力及彈性變形在冷卻階段不能完全鬆弛而產生取向的同時也會產生流動殘餘應力；另外，冷卻過程中，由於製品厚度方向較大溫度梯度的存在使其在不同時刻固化，從而產生不同的收縮形成熱殘餘應力。

一般來說，熱殘餘應力比流動殘餘應力大一個數量級，從熱殘餘應力可以預測製品的翹曲變形程度，但流動殘餘應力對引起製品力學、熱學和光學各向異性的分子取向的貢獻占主導作用，也就是說，流動殘餘應力將影響分子的取向。

殘餘應力是注塑件形狀尺寸不穩定的重要原因，而且對製件的使用性能也有顯著的影響，所以近 20 年來一直是研究的重點。從殘餘應力的來源可以發現影響殘餘應力的因素，同時也能盡量減少工程中製品的殘餘應力。

從流動殘餘應力的產生過程可知，如果熔體在被「凍結」分子取向之前，由於流動引起的分子取向能夠達到新的平衡狀態，就不會產生流動應力，因此，對於注塑成型工藝而言，熔體的射出溫度、模壁溫度、熔體充填時間和充填速度、保壓壓力以及流道的長短都會對流動應力產生影響。

從熱殘餘應力的產生過程可知，模腔內注塑件各部分如果能夠達到均勻的冷卻過程，則就不會產生熱應力。在實際注塑成型加工過程中，由於製品的形狀複雜性，模具設計製造中的工藝限制，完全避免熱應力的產生是不可能的。科學合理的設計保壓壓力和保壓時間，冷卻管道的布置盡量使製件表面各部分以均勻的冷卻速率固化，模腔厚度均勻，避免出現大的變化，這些對於減小熱殘餘應力都是一些有效的措施。

5.2　模具模穴可視化

聚合物加工是一門複雜的學問，過去塑膠成型屬於暗箱操作，長期以來大量學者利用數學方法進行相關理論的研究，並得到了豐富的學術成果。但是，由於數值模擬過程中對於物埋、熱學或其他性質的簡化使得相關研究結果和實際結果存在一定的出入。於是，可視化技術因其能夠如實反映具體過程而成為研究聚合物加工成型過程的重要方法 [22]。採用潛望式光反射成像模具，利用超高速攝像機剖析瞬間充填行為以及可視化光源，創建模塑成型可

視化試驗台，觀測偏振光分析成型過程的應力變化，研究者可以清楚看到成型過程的具體變化情況，研究轉為明箱操作。可視化的新技術將大大推動塑膠成型技術的發展。

所謂可視化技術，是指對於聚合物的實際成型過程，由固體到熔融態、混煉和分散、熔體冷卻成型等全過程都可直接觀察的一項研究方法。

目前可視化技術在擠出、射出和中空成型工藝中都已得到實際應用。

可視化方法是研究聚合物加工成型過程的重要方法。近 20 年來它與 CAE 相輔相成，推動著聚合物加工成型科學與技術的快速發展。可視化方法對於發現加工成型過程中的某些未知現象，揭示成型缺陷的產生機理等方面有著不可替代的重要作用。

射出成型可視化技術主要有靜態和動態兩類 [23]。

（1）靜態可視化

靜態可視化是在射出前對物料進行處理，成型以後再分析製品。靜態可視化技術以得到的成型製品作為研究對象，一般採用以下兩種方法：

利用雙料筒雙色射出成型的著色靜態可視化和在物料中混入磁性材料的著磁靜態可視化方法（見圖 5-24）。

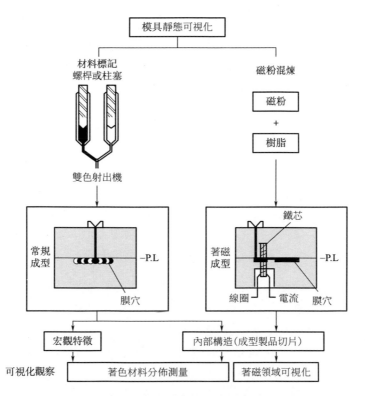

▲ 圖 5-24 射出成型靜態可視化方法

　　著色靜態可視化方法是在一成型週期中，通過入口切換裝置依次或交替將兩種不同顏色的樹脂射出到模穴中，利用成型結果中不同顏色的物料分布可直觀反映出整個成型過程。

　　脈衝磁顯影方式是將磁帶記錄的原理應用到可視化研究中 [24, 25]。

　　樹脂原料中首先混入一定比例的磁粉，射出過程中通過澆口位置鐵芯產生的脈衝磁場使一部分磁粉著磁，再將製品切片放入磁場檢測液中顯影實現可視化研究。該方法可對夾層、模穴內階梯處流動、補償流動、低速或高速充模過程、纖維取向和流動間的關係、流動前鋒的流動狀態、半導體封裝過程等進行可視化實驗分析。但磁粉的加入對樹脂性能有所改變，並且實驗條件要求苛刻，影響其應用效果。

(2) 動態可視化

動態可視化技術是利用高速攝影機直接拍攝模具內熔體流動，通過專門設計的可視化模具，使光線能夠進入到模具模穴中，再通過高速攝影機拍攝熔體充模過程影像。工作原理如圖 5-25 所示。

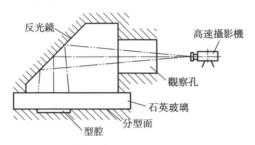

反光鏡　高速攝影機　觀察孔　石英玻璃　分型面　型腔

▲ 圖 5-25 動態可視化工作原理

動態可視化技術改進了靜態可視化技術只能通過加工前對材料的處理來追蹤加工後物料去處的弊端，並使得對物料加工過程的觀察從傳統意義上的靜態化、過程不可知化轉變成了可記錄化、過程可知化。通過即時觀察整個射出充模過程可以在一定程度上驗證以往的實際加工經驗是否和真實情況相符合，同時，還能通過對真實充模過程的觀察驗證各種模擬軟體，如 Mold Flow、Moldex3D 等對樹脂流動情況模擬的可靠性以及評估模擬中所採用的模型的合理性。

射出成型可視化技術的核心部件是射出成型可視化模具[22, 26-29]。已有的可視化射出模具主要分為以透射光方式觀察與以反射光方式觀察兩大類。

① 以透射光方式觀察的可視化模具：以透射光方式觀察的可視化模具如圖 5-26 所示，模穴的上、下表面都設置透明玻璃窗口。

圖 5-26 中，定模側與動模側都設置了石英稜鏡窗口，照明裝置與圖像擷取裝置將分別位於模穴的上、下兩側。當觀察窗口採用石英稜鏡時，可視化注塑模具的加工難度與製造成本都將大幅度提高，因為在塑膠熔體的高壓衝擊下石英玻璃窗口容易發生碎裂，所以難以避免多次更換石英玻璃窗口的問題。該模具只適於小尺寸的觀察窗口。

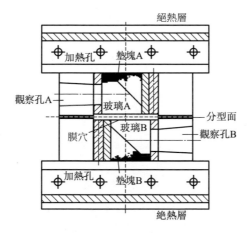

▲ 圖 5-26 以透射光方式觀察的可視化模具

② 以反射光方式觀察的可視化模具：可視化射出模多用來觀察射出成型的充模過程，因此多採用只需要模穴一側為透明玻璃窗口的反射光觀察方式。如圖 5-27 所示為日本東京大學產學共同研究所設計的以反射光方式觀察的可視化模具。光線通過石英稜鏡進入模穴觀察窗口，照亮模穴。照射光線經塑膠熔體與金屬模腔反射後返回，被攝影裝置收集，形成模穴區域內充填情況的圖像。

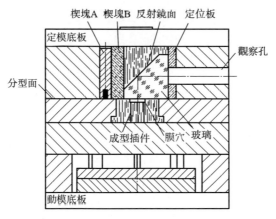

▲ 圖 5-27 以反射光方式觀察的可視化模具

圖 5-27 的可視化模具採用了梯形剖面的玻璃作為觀察視窗，形狀比較複雜，且玻璃各接觸面尺寸精確度要求很高，從而使玻璃的加工難度大大增

加。同時模具一側的觀察孔尺寸較小，限制了觀察區域的大小。

　　本章中採用的可視化模具在保證可視化功能不受影響的前提下，對原始設計方案作了改進和簡化。模具實物如圖 5-28 所示，其結構如圖 5-29 所示。

▲ 圖 5-28 可視化模具實物

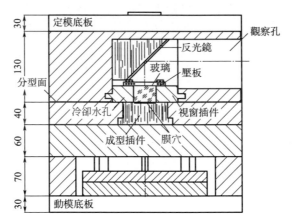

▲ 圖 5-29 可視化模具結構

　　與原始模具比較，玻璃形狀改為長方體結構，降低了玻璃視窗的複雜程度，易於加工，同時觀察區域更加開闊，由觀察孔進入的照明光源更加充足，原始模具採用在金屬表面塗抹反光塗料的方式來實現光線的反射，現行模具中反射座作為單獨的一個部件不受其他部件的影響，採用在反射座上固定反光鏡的方式，改善了光線反射效果，使收集到的影像更加清晰，最重要的是改進後的可視化模具結構大大簡化，成本大大降低。

5.3　3D 影印缺陷產生機制及解決辦法

　　射出成型是一項涉及模具設計製造、原材料特性、預處理方法、成型工藝和操作技術的系統工程。成型製品品質的好壞不但取決於注塑機的射出計量精確度和模具的設計加工技術，還和加工環境、製品冷卻時間、後處理工藝等息息相關。因此成型製品難免出現各種缺陷。通過分析各種缺陷的形成機制，可以看出塑膠的材料特性、模具的結構及其加工精度、射出成型工藝和成型設備的精密程度是導致缺陷產生的主要因素。

5.3.1　製品的常見缺陷 [30]

　　一般來說，根據聚合物射出成型製品的外觀品質、尺寸精確度、力、光、化學性能等，可以將射出製品的常見缺陷分為三大類。

① 外觀類：主要包括熔接痕、凹痕、暗斑、分層剝離、噴射、氣泡、流痕等。

② 工藝類：主要包括充填不足、飛邊、異常頂出、流道黏膜等。

③ 性能類：主要包括應力不均勻（殘餘應力）、脆化、翹曲變形、密度不均勻等。

　　射出製品常見缺陷如圖 5-30 所示。

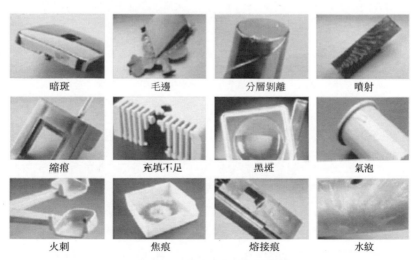

▲ 圖 5-30 射出製品常見缺陷

雖然射出製品缺陷可以分為上述三大類，但是這些成型缺陷都是相互關聯的。例如，熔接痕、氣泡等的出現往往伴隨著殘餘應力的存在。

常見成型缺陷的可視化結果如圖 5-31 所示。

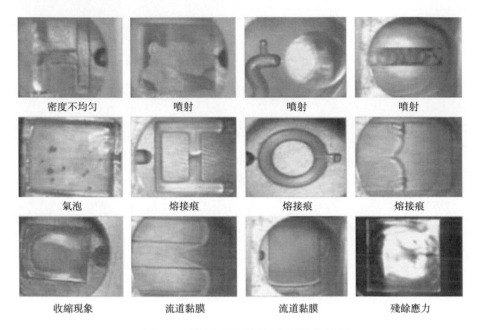

密度不均勻	噴射	噴射	噴射
氣泡	熔接痕	熔接痕	熔接痕
收縮現象	流道黏膜	流道黏膜	殘餘應力

▲ 圖 5-31 常見成型缺陷的可視化結果

5.3.2　典型缺陷產生機制 [30, 31]

在塑膠製品射出成型過程中，製品的缺陷是由多方面原因造成的。

為了方便討論缺陷的形成原因，本節將從材料、工藝、模具三方面進行討論。

① 材料方面：選材不當、原料中混入揮發氣體或其他雜質、材料未進行烘乾、顆粒不均勻等。

② 工藝方面：工藝方面主要包括壓力、溫度、時間、速度。其中壓力方面主要是射出壓力、保壓壓力、背壓三個方面影響著成型品質。溫度主要是模具的溫度、噴嘴的溫度、料筒的溫度、背壓螺桿轉速引起的摩擦生熱。時間主要包括保壓時間、開合模時間、材料的塑化時間這三

方面。速度則主要包括螺桿的轉速和射出速度。

③ 模具方面：主要包括澆注方式、澆口的位置和大小、排氣性、加工精確度等。

　　本章所採用的射出成型充模過程可視化實驗裝置是在上述可視化模具的基礎上，配備德國阿博格精密射出成型機（Arburg Allrounder 270S500-60）、美國 Giga View 高速攝影機（最短曝光時間 21µs，最大影格率 17000fps）、影像擷取電腦及專業資料分析測試軟體系統 IMAGEPROPLUS 建立的精密射出成型充模過程可視化系統，其中可視化模具便於更換模穴成型插件，如圖 5-32 所示，並以射出成型中的波流痕缺陷為例介紹射出成型可視化技術的應用。

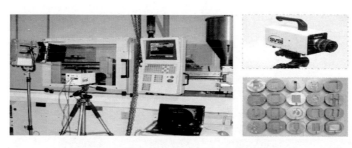

▲ 圖 5-32 精密射出充模過程可視化系統

　　流痕一般分為波流痕和噴射流痕，流痕又稱流紋、波紋、震紋，是射出製品上呈波浪狀的表面缺陷。通過精密射出成型充模過程可視化系統研究波流痕產生的現象和解決措施，製品缺陷如圖 5-33 所示。實驗材料為日本出光 PC 料，牌號 LCI500, NATURALED 76366，實驗設備為 Arburg Allrounder 270S500-60，工藝參數設定如表 5-4 和表 5-5 所示。波流痕可視化實驗結果如圖 5-34 所示。

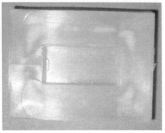

▲ 圖 5-33 波流痕缺陷

表 5-4 矩形模穴料筒溫度設定℃

料筒加料段	料筒後段	料筒中段	料筒前段	噴嘴
45	260	280	290	300

表 5-5 矩形模穴射出保壓參數設定

預塑位置 /mm	35	保壓一段時間 /s	0.1
射出速度 /（mm/s）	30	保壓一段壓力 /bar	200
射出壓力 /bar	500	保壓二段時間 /s	0.1
轉壓位置 /mm	9	保壓二段壓力 /bar	100

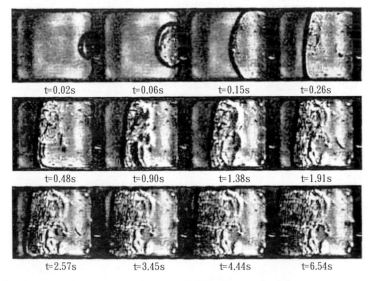

▲ 圖 5-34 波流痕可視化實驗結果（PC）

從圖 5-34 中可以看出，熔體流動前鋒進入模穴流動相對較快，然後流動

逐漸緩慢，射出速度不平穩導致流動不平穩，由於熔體充模時溫度高的熔體遇到溫度低的模具模穴壁而形成很硬的殼，殼層受到熔體流動力的作用，時而脫離模穴表面而造成冷卻不一致，最終在製品上形成波紋狀的痕跡。波流痕形成原因示意圖如圖 5-35 所示。

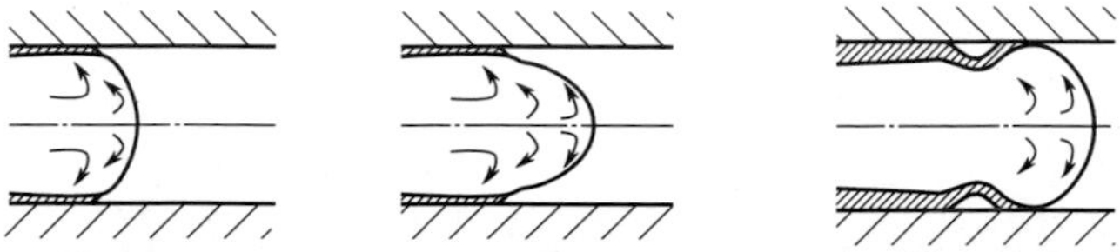

(a)熔體前沿在膜　　(b)冷凝的外層前沿阻止　(c) 熔體前沿再度接觸模壁，
壁附近冷卻下來　　熔體前沿直接捲至模壁　如此反復，形成波紋

▲ 圖 5-35 波流痕形成原因示意圖

圖 5-35(b) 中 PP 製品末端有一道很明顯的流痕，其可視化實驗結果如圖 5-36 所示，料筒溫度設定如表 5-6 所示，射出保壓參數設定如表 5-7 所示。

表 5-6 機筒溫度設定℃

料筒加料段	料筒後段	料筒中段	料筒前段	噴嘴
45	190	200	210	220

表 5-7 矩形模穴射出保壓參數設定

預塑位置 /mm	46	保壓一段時間 /s	0.1
射出速度 /（mm/s）	50	保壓一段壓力 /bar	300
射出壓力 /bar	500	保壓二段時間 /s	0
轉壓位置 /mm	8	保壓二段壓力 /bar	25

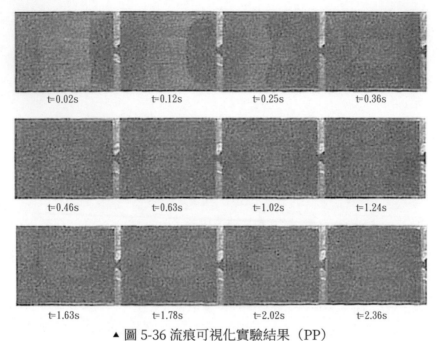

t=0.02s　　　　t=0.12s　　　　t=0.25s　　　　t=0.36s

t=0.46s　　　　t=0.63s　　　　t=1.02s　　　　t=1.24s

t=1.63s　　　　t=1.78s　　　　t=2.02s　　　　t=2.36s

▲ 圖 5-36 流痕可視化實驗結果（PP）

從圖 5-36 中可以看出，熔體在速度壓力切換後流動緩慢，保壓不足，熔體在速度壓力切換位置停留時間長，形成固化層，最終形成波紋。因此速度壓力切換不當、保壓不足、射出速度過低或者不平穩都有可能導致波流痕。

5.3.3　3D 影印製品缺陷產生原因及解決方案

（1）欠注（short shot）

欠注又稱短射、充填不足，是指料流末端出現部分不完整現象或成型製品整體有癟塌現象或一模多腔中一部分填充不滿（圖 5-37）。

▲ 圖 5-37 欠注

① 產生原因

材料：塑膠流動性差、熔體流程過長、潤滑劑過多或材料中有異物。

模具：流道尺寸過小造成流動阻力提高；流道或澆口太大或被堵塞；

無冷料井或冷料井太小；多模穴模具流道與澆口的分配不均衡；模具排氣不良；製品結構複雜，局部橫截面過薄。

成型工藝：射出速度過慢；射出壓力太低，射出時間短，螺桿退回太早；進料調節不當，缺料或多料；模具溫度過低；料溫過低，包括機筒前端，機筒後段，噴嘴溫度過低。

注塑機：注塑機塑化量小；噴嘴冷料進入模穴；噴嘴內孔直徑太大或太小；塑膠熔塊堵塞加料通道；溫控系統故障，實際料溫過低。

② 解決方案

材料：通過選擇流動性好的樹脂；對於流動性差的材料，加入潤滑劑，既提高塑膠的流動性，又提高穩定性，減少氣態物質的氣阻。

模具：調整澆注系統設計。如改變澆口位置，澆口尺寸加大、變短，流道尺寸加寬、變短，加大冷料井；噴嘴與模具口配合完好，改善模具的排氣。

成型工藝：改變成型條件。如提高射出溫度、射出壓力、射出速率、保壓壓力、模具溫度、延長保壓切換時間等；提高背壓可以增加熔體分子間的阻力和剪切熱，有利於更好的塑化物料。

注塑機：檢查注塑設備。設備的故障和螺桿料筒間磨損都有可能造成欠注現象的發生。

(2) 毛邊（flashes）

毛邊又稱溢料、溢邊、披鋒等，大多發生在模具分合位置，如模具的分型面、滑動機構、排氣孔、排氣頂針、鑲件的縫隙、頂桿的孔隙等處（圖5-38）。

▲ 圖 5-38 毛邊

① 產生原因

材料：材料黏度過低，吸水性強或水敏性塑膠會大幅度降低流動黏度，從而增加毛邊的可能性；材料黏度過高，由此造成流動阻力提高，產生較大背壓使模穴壓力提高，造成鎖模力不足而產生毛邊。

模具：分型面異物或模板周邊有突出毛刺；模具分型面精確度差，活動模板翹曲變形；模具剛度不足；模具設計不合理，模具模穴的開設位置過偏，會令射出時模具單邊產生張力，引起毛邊。

成型工藝：射出量過大；射出壓力過高或射出速度過快；鎖模力設定過低；保壓壓力過高，速度壓力切換過遲；熔體或模具溫度過高。

注塑機：注塑機鎖模力不足；合模裝置調節不佳，合模力施加不均勻；止迴環嚴重磨損，或料筒、螺桿磨損過大；模具平行度不佳，安裝不平行，或拉桿受力及變形分布不均。

② 解決方案

在設備方面，選擇具有合模機構剛性好、合模力符合標準的注塑機，最好選用有多級射出或反饋控制系統的注塑機。而在成型條件上，可從降低流動性方面著手。

　　a. 如在填充階段出現的毛邊現象，可能的解決辦法如下：模具發生損壞或者分型面配合有誤差，需修改模具；適當降低射出速度或者塑

膠的溫度；通過在模板中心加入墊片等方法減小模具的受熱變形。

b. 如在補縮階段出現的毛邊現象，可能的解決辦法如下：降低補縮壓力或者降低補縮速率，檢查鎖模力是否合適；射出速度太慢，物料具有較大有效黏度導致模腔內壓力損失加大。檢查和分析物料有效黏度變化的原因，並根據具體產生原因，調整射出工藝；檢測模具的變形情況，解決模具的變形。

（3）充填不平衡（filling unbalance）

對於注塑成型中，一模多腔常會發生充填不平衡現象（圖 5-39），在多模腔模具設計中必須考慮充填平衡。在多模腔射出成型模具中，通常將流道系統設計成「H」形結構。由於流道在幾何上完全對稱，因此也被稱為「幾何平衡」或「自然平衡」流道系統設計。

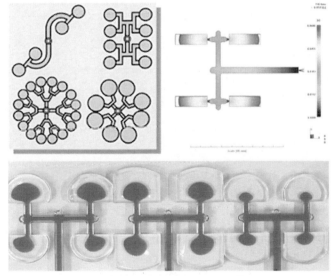

▲ 圖 5-39 流道充填不平衡

① 產生原因

由於剪切生熱對於流道中熔體溫度分布產生了明顯的影響，不均衡的溫度分布是充填不平衡的根本原因。低速射出時，熔體流過流道的時間相對較長，樹脂沿流道壁傳導散失熱量較多，因此相對高速射出情況其整體溫度值

較低，熔體溫度分布呈現由芯部的高溫區向流道壁逐漸降低的特點。低速充填時，熔體高溫區偏向上模壁，因此上模腔充填較快（圖 5-40）。

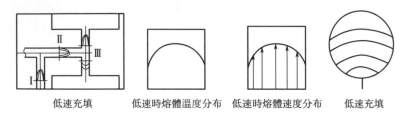

低速充填　　低速時熔體溫度分布　低速時熔體速度分布　低速充填

▲ 圖 5-40 低速充填不平衡

高速射出時，熔體流經流道的時間變短，沿流道壁傳導散失熱量減少且剪切生熱效果明顯，因此溫度分布值整體較高，而且越靠近流道壁剪切速率越大，剪切生熱也越顯著（圖 5-41）。使靠近流道壁面位置的溫度值升高形成波峰形狀，而芯部則是盆地形的相對低溫區。高速充填時，熔體高溫區偏向下模壁，因此下模腔充填較快。

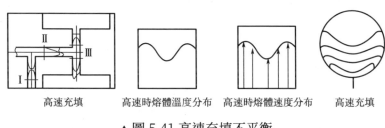

高速充填　　高速時熔體溫度分布　高速時熔體速度分布　高速充填

▲ 圖 5-41 高速充填不平衡

② 解決方案

對於多模穴射出模充填不平衡問題的根本在於改善或消除分流道中熔體溫度分布在流動平面的不對稱性。

a. 產品壁厚均勻，澆口位置盡量遠離產品薄壁位置；

b. 所設計的流道，兼顧幾何平衡和流變平衡，並通過 CAE 軟體模擬分析優化澆口位置和流道佈置。

(4) 縮痕縮孔（sink marks）

縮痕為製品表面的局部塌陷，又稱凹痕、縮坑、沉降斑。當塑件厚度不均時，在冷卻過程中有些部分就會因收縮過大而產生縮痕。但如果在冷卻

過程中表面已足夠硬，則發生在塑件內部的收縮往往會使塑件產生結構缺陷。縮痕容易出現在遠離澆口位置以及製品厚壁、肋、凸台及內嵌件處（圖 5-42）。

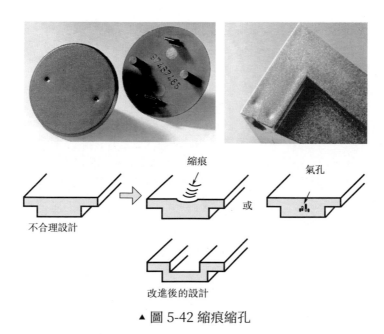

不合理設計

縮痕

氣孔

或

改進後的設計

▲ 圖 5-42 縮痕縮孔

① 產生原因

縮痕的發生主要是由於材料的收縮沒有被補償而引起的，而收縮性較大的結晶性塑膠容易產生縮痕。保壓壓力、保壓時間、熔體溫度、冷卻速率等都對縮痕有較大的影響，其中保壓不充分是重要的原因。

材料：材料收縮率過大。

模具：製品設計不合理，壁厚過大或不均勻；澆口位置不合理，澆口太小或流道過窄或過淺，熔體充填過程過早冷卻；多澆口模具應對稱開設澆口；模具冷卻不均勻，模具的關鍵部位應設置有效的冷卻水道。

成型工藝：射出量不足且沒有進行足夠補縮；射出速度過快，射出時間或保壓時間過短，保壓結束時澆口仍未固化；射出壓力或保壓壓力過低；熔體溫度過高，則壁厚處、加強筋或凸起背面易出現縮痕。

注塑機：螺桿磨損嚴重，射出及保壓時發生洩漏，降低了充模壓力和料量，造成熔料不足；噴嘴孔尺寸太大或太小。太小易堵塞進料通道，太大則造成射出壓力太小，充模困難。

② 解決方案

材料：改換收縮率較小的原料；在結晶型塑膠中加入成核劑以加快結晶。

模具：設計時使壁厚均勻，盡量避免壁厚突變；設置有效的冷卻水道，保證製品冷卻效果；調整各澆口的充模速度，開設對稱澆口。

成型工藝：提高射出速度使製品充滿並消除大部分的收縮；調整注射量和速度壓力切換位置；增加背壓，螺桿前段保留一定的緩衝墊等均有利於減少收縮現象；提高射出壓力、保壓壓力，調整優化保壓壓力曲線；提高射出和保壓時間，延長製品在模內冷卻停留時間，保持均勻的生產週期；降低熔體溫度和模具溫度。

(5) 熔接痕（weld line）

熔接痕又稱熔接線、熔接縫（圖 5-43），在充模過程中，兩股相向或平行的熔體前沿相遇，就會形成熔接線。熔接痕不僅使塑件的外觀品質受到影響，而且使塑件的力學性能如衝擊強度、拉伸強度、斷裂伸長率等受到不同程度的影響。通常兩股匯合熔體前端的夾角（熔接角）越小，產生的熔接線就越顯著，製品品質就越差。當熔接角達到 120° ~150°時，熔接線消失。

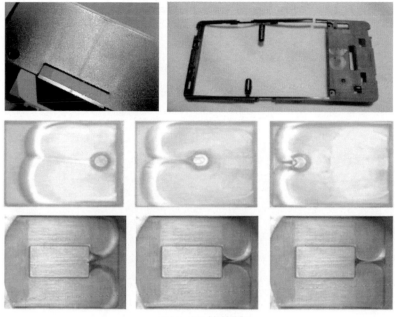

▲ 圖 5-43 熔接痕

① 產生原因

熔接線是常見的塑件缺陷，其存在不僅影響製品的外觀品質，而且對製品的力學性能影響也很大，特別是對纖維增強材料、多相共混聚合物等的影響更為顯著。

材料：塑膠流動性差，熔體前鋒經過較長時間後匯合產生明顯熔接痕。

模具：流道過細，冷料井小；排氣不良；製品壁厚過小或差異過大；

澆口截面、位置不合理，造成波前匯合角過小；模具溫度過低。

成型工藝：射出時間過短；射出壓力和射出速度過低；背壓設定不足；鎖模力過大造成排氣不良；料筒、噴嘴溫度設定過低。

注塑機：塑化不良，熔體溫度不均；射出及保壓時熔體發生洩漏，降低了充模壓力和料量。

② 解決方案

熔接痕實質上是兩股塑膠流動前沿結合沒有完全熔接。要消除和解決熔

接線，塑膠的黏度必須足夠低、溫度足夠高與足夠的壓力並保持足夠的時間讓塑膠完全熔接。通常，在排氣良好的情況下，加快填充和補縮速度，讓兩股塑膠流動前沿結合後壓力盡快升高，有助於解決熔接痕的問題。

　　材料：對流動性差或熱敏性高的塑膠適當添加潤滑劑及穩定劑，必要時改用流動性好的或耐熱性高的塑膠；原料應乾燥並盡量減少配方中的液體添加劑。

　　模具：模具溫度過低，應適當提高模具溫度或有目的地提高熔接縫處的局部溫度；改變澆口位置、數目和尺寸，改變模穴壁厚以及流道系統設計等以改變熔接線的位置；開設、擴張或疏通排氣通道，其中包括利用鑲件、頂針縫隙排氣。

　　成型工藝：提高射出壓力、保壓壓力；設定合理射出速度，高速可使熔料來不及降溫就到達匯合處，低速利於模穴內空氣排出；降低合模力，以利排氣；設定合理機筒和噴嘴的溫度，溫度高，塑膠的黏度小，流態通暢，熔接痕變淺，溫度低，減少氣態物質的分解；提高螺桿轉速，使塑膠黏度下降；增加背壓壓力，使塑膠密度提高。

(6) 噴射痕（jetting）

　　噴射痕是流痕中的一種，是從澆口沿著流動方向，彎曲如蛇行一樣的痕跡（圖 5-44）。主要是因為射出速率，塑膠進入澆口後，在接觸模穴之前，沒有遇到障礙飛射較長距離並迅速冷卻所致。

　　① 產生原因

　　當熔融物料高速流過噴嘴、流道或澆口等狹窄的區域後，突然進入開放的、相對較寬的區域。熔體沿著流動方向彎曲如蛇一樣前進，與模具表面接觸後迅速冷卻。如果這部分材料不能與後續進入模穴的樹脂很好地融合，就在製品上造成了明顯的噴流紋。

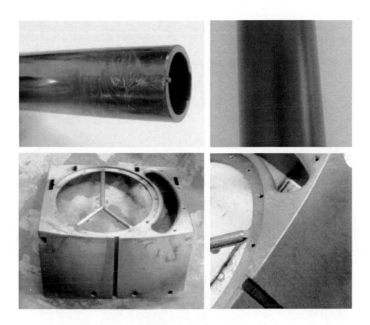

▲ 圖 5-44 噴射痕

材料：脆性材料會使噴射痕加劇；製品壁厚相差過大，熔體由薄處快速流入厚處產生的流動不穩定，可能產生噴射。

模具：澆口位置與類型設計不合理，尺寸過小；流道尺寸過小；澆口至模穴的截面積突然提高，流動不穩易產生噴流。

成型工藝：射出速度過大；射出壓力過大；熔體溫度、模具溫度過低。

② 解決方案

擴大澆口橫截面或調低射出速率都是可選擇的措施。

通常也可採用降低射出速度和塑膠黏度的方法。另外，提高模具溫度也能緩解與模穴表面接觸的樹脂的冷卻速率，防止在填充初期形成表面硬化皮。徹底的解決辦法還是通過修改澆口結構或在模穴中增加鑲件，使塑膠遇到障礙後形成典型的噴泉流動。

材料：選擇合適的材料，脆性材料噴射痕更明顯。

模具：設置合理的澆口位置避免噴射，盡量避免使其進入深、長、寬廣區域，避免發生噴射；適當增加澆口尺寸以避免發生噴射；採用恰當的澆口

類型避免噴射，如扇形澆口、膜狀澆口、護耳式澆口、搭接式澆口等。

成型工藝：降低射出速度、射出壓力；採用多段射出速度，使熔體前沿以低速通過澆口，等到熔體流過澆口以後再提高射出速度，可以一定程度上消除噴射現象；提高熔體溫度、模具溫度，以改善物料在充填過程中的流動性。

(7) 波流痕（flow mark）

波流痕又稱流紋、波紋、震紋，是射出製品上呈波浪狀的表面缺陷（圖 5-45）。波流痕是由於塑膠製品中心流動層與模穴表面的凝固層之間的阻力增加，導致模穴表面的凝固層起皺，通常是因為塑膠流動速度太慢導致黏度增加所造成的。

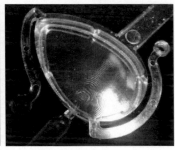

▲ 圖 5-45 波流痕

① 產生原因

波流痕形成機制如圖 5-46 所示。射出成型過程中，由於熔體前沿在模壁附近冷卻下來，冷凝的外層前沿阻止熔體前沿直接翻轉至模壁，此後熔體前沿再度接觸模壁。經過如此反復後形成波紋。

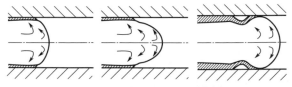

▲ 圖 5-46 波流痕形成機制

材料：物料流動性不良、潤滑劑選擇不良。

模具：冷料井過小，溫度過低的物料進入模穴；排氣不良；模穴內阻力

過大；流道或澆口過小，剪切速率和剪切應力大，熔體充填不穩定。

成型工藝：射出速度高時，熔體充填不穩定；射出速度低時，固化層延伸到前沿；射出速度過低，使得熔體在充填過程中溫度下降過快；V/P 轉壓切換不當。

注塑機：射出及保壓時，熔料產生洩漏，降低了充模壓力和料量，造成供料不足；止逆環、螺桿磨損嚴重。

② 解決方案

材料：選擇合適的材料，在條件允許的情況下，選用低黏度的樹脂。

模具：調整優化冷料井，防止低溫物料進入模穴；採用恰當的澆口截面，澆口及流道截面最好採用圓形，減少流料的流動阻力；採用恰當的澆口類型避免產生流紋，最好採用柄式、扇形或膜片式；改善模具的排氣條件。

成型工藝：選擇合適的射出速度、射出壓力；提高熔體溫度、模具溫度，以改善物料在充填過程中的流動性。

年輪狀波流痕：採取提高模具及噴嘴溫度，提高射出速率和充模速度；增加射出壓力及保壓時間；適當擴大澆口和流道截面積（如果在塑件的薄弱區域設置澆口，應採用正方形截面）。

螺旋狀波流痕：採用多段射出速度，射出速度採取慢、快、慢分級控制；適當擴大流道及澆口截面，減少流料的流動阻力；適當提高料筒及噴嘴溫度，有利於改善熔料的流動性能。

雲霧狀波流痕：適當降低模具及機筒溫度，改善模具的排氣條件，降低料溫及充模速率，適當擴大澆口截面，還應考慮更換潤滑劑品種或減少數量。

(8) 澆口暈（clod flow lines）

澆口暈，也稱太陽斑，霧斑，即在澆口附近產生的圓圈狀色變（見圖 5-47）。形狀是橢圓或圓，通常由進澆方式以及澆口大小決定的，原因是熔體破裂（melt fracture）產生。

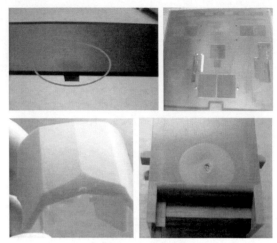

▲ 圖 5-47 澆口暈

① 產生原因

產生澆口暈的原因是多樣性的，其主要原因為射出壓力太大、模溫過低。模溫過低會讓塑膠降溫過快，導致冷料過多，然後衝到產品表面，導致缺陷的產生；料筒、噴嘴及模具溫度偏低；

澆口設置不平衡；澆口太小或進澆處模穴過薄導致。膠流量大、截面積小（澆口、模穴肉厚）時，剪切速率大，剪切應力隨之提高，並導致熔膠破裂而產生澆口暈現象。熔膠破裂還會導致流痕、色變、霧斑等其他缺陷。

② 解決方案

模具：調整澆口位置，使澆口盡量不影響製品的外觀品質；採用恰當的澆口截面，澆口及流道截面最好採用圓形，減少流料的流動阻力；採用恰當的澆口類型，側進澆和搭接式進澆效果比潛伏式進澆效果要好；合理的冷料井的佈置。

成型工藝：降低射出速度、射出壓力，採用多級注塑壓力及位置交換；提高熔體溫度、模具溫度，以改善物料在充填過程中的流動性。

模擬分析：可通過數值模擬，預測熔膠通過上述狹隘區時的溫度、剪切速率和剪切應力。可以根據分析結果作相應的調整，很快可以找出適當的澆口尺寸和進膠處模穴壁厚。

(9) 焦痕（burn mark）

　　焦痕的出現多是由於物料過熱分解而引起的。在充模時，模內空氣被壓縮後，溫度升高而燒傷聚合物，發生焦燒而出現焦痕，多在融合縫處發生此類缺陷，並可以發現製品表面表現出銀色和淡棕色暗條紋（見圖 5-48）。

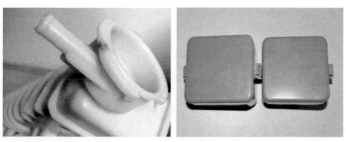

▲ 圖 5-48 焦痕

　　① 產生原因

　　燒焦暗紋是因為熔料過熱分解而造成的。淡棕色的暗紋是因為熔料發生氧化或分解。這些降解的熔料，會導致製品的力學性能下降。

　　材料：物料中揮發物含量高；揮發性潤滑劑、脫模劑用量過多；物料雜質過多或受污染，再生料過多；顆粒不均勻，且含有粉末。

　　模具：模具排氣不良；澆口小或位置不當；排氣不良，流道系統存在死角；模穴局部壓力過大，料流匯合較慢造成排氣困難。

　　成型工藝：射出壓力或預塑背壓太高；射出速度太快或射出週期太長；螺桿轉速過快，產生過熱；機筒噴嘴溫度太高；料筒中熔融樹脂停留時間過長造成分解。

　　注塑機：料筒未清洗乾净；加熱系統精確度差導致物料過熱分解；螺桿或料筒缺陷造成積料受熱分解；噴嘴或螺桿、止逆閥等部位熔體滯留後分解。

　　② 解決方案

　　材料：選擇合適的材料；適量使用揮發性潤滑劑、脫模劑。

　　模具：改善注塑機與模具排氣，保證射出過程中物料填充到模具內時所產生的氣體順利排到模具外面。

成型工藝：熔料溫度太高，降低料筒溫度；熱流道溫度太高，檢查熱流道溫度，降低熱流道溫度；熔料在料筒內殘留時間太長，採用小直徑料筒；射出速度太高，減小射出速度，採用多級射出；降低射出壓力和螺桿預塑背壓；降低射出速度並縮短射出週期。

注塑機：降低熔體溫度並縮短物料在料筒中的停留時間，防止物料因過熱分解；射出熱敏性塑膠後，要將料筒清洗乾淨；保證射出成型作業間、注塑機、模具的清潔；調整到適當的螺桿轉速，以適宜的背壓最大限度抑制氣體的進入。

(10) 氣泡（bubble）

氣泡，又稱氣穴、氣痕、氣孔，可分為水泡和氣穴兩種，氣泡的產生是由於模穴存在氣體，在熔體流動過程中會將氣體聚集在模穴內的某些部分，若這些氣體不能順利排出，氣體困在其中，則形成氣泡，或者使模穴的這些部分無法得到填充而形成氣穴（圖 5-49）。

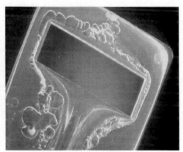

▲ 圖 5-49 氣泡

① 產生原因

氣穴的形成是由於一些厚壁製品其表面冷卻較快，中心冷卻較慢，從而導致不均勻的體積收縮，進而在壁厚部分形成空洞。氣泡的形成是由於塑膠中的水分和氣體在製品冷卻過程中無法排除，從而在製品內部形成氣泡。即使熔體能夠充填這些區域，熔體也常因為周圍氣體溫度過高產生焦痕，從而影響製品的表面品質。因此，通過調整澆注系統設計或注塑工藝消除氣泡現象。

材料：物料流動性差、塑膠乾燥不充分。

模具：製品壁厚急劇變化，各部分冷卻速率不一致，容易產生氣泡；模具排氣不良，或排氣孔道不足、堵塞，位置不佳等；模具設計缺陷，如，澆口位置不佳、澆口太小、多澆口排列不對稱、流道過細、模具冷卻系統不合理。

成型工藝：射出速度過快，熔體受剪切作用分解；塑化過程過快；

射出壓力過小；熔體溫度和模具溫度過高。

製品：製品壁厚過大，表裡冷卻速度不同；製品截面壁厚差異大，薄壁處熔體遲滯流動，厚壁處熔體對模穴內氣體進行包夾形成氣穴。

② 解決方案

要消除氣泡缺陷首先需確定塑膠中氣體的來源：水汽是因為塑膠沒有乾燥好；空氣則是由於背壓不足或射退距離太大。

材料：選擇合適的材料；對物料進行充分乾燥；對於具有揮發性的塑膠添加劑，需要改變熔膠溫度或改變塑膠添加劑。

模具：改善模具的排氣；適當加大主流道、分流道及澆口的尺寸。

成型工藝：延長保壓時間，提高模具溫度；厚度變化較大的成型品，降低射出速度，提高射出壓力；調整合理背壓，防止空氣進入物料中。

(11) 銀紋（silver mark）

銀紋也稱為銀線、銀絲，是由於塑膠中的空氣或濕氣揮發，或者有異種塑膠混入分解而燒焦，在製品表面形成的噴濺狀的痕跡（圖 5-50）。

▲ 圖 5-50 銀紋

在充模時，波前沿析出揮發性氣體，這些氣體往往是物料受熱分解出來

的或者是水蒸氣，氣體在前沿爆裂，分布在製品表面後被拉長成銀色條紋狀，形成製品表面條紋。這些銀紋通常形成 V 字形，尖端背向澆口。

① 產生原因

當含濕量過大時，加熱會產生水蒸氣。在塑化時，由於螺桿工作不利，物料所挾帶的空氣不能排出，會產生銀紋。在某些情況下，大氣泡被拉長成扁氣泡覆蓋在製品表面上，使製品表面剝層。有時因為從料筒至噴嘴的溫度梯度太大使剪切力過大，也會產生銀紋。

材料：物料流動性差，黏度過高；原料乾燥不良，混入水分或其他物料。

模具：模具排氣不良；冷料井過小，射出時冷料被帶入模穴，其中一部分迅速冷卻固化成薄層；模溫控制系統漏水；模具表面形成凝結水；

澆口與流道過小或變形，射出速度過快後造成物料分解。

成型工藝：物料停留時間過長過熱分解；射出速度過快，壓力過高；

熔體溫度過高分解；保壓時間過短；螺桿轉速過快，剪切速率過大；注射時間過長；模具溫度過低。

② 解決方案

在物料方面，選擇吸濕性小的，或者採用好的乾燥設備使物料充分乾燥；在工藝方面，降低熔體溫度，穩定噴嘴溫度，增加塑化時的背壓，選用較大壓縮比的螺桿；模具開設排氣槽，使氣體容易從模穴中排出。

材料：檢查原料是否被其他樹脂污染並進行充分的乾燥；換料時，把舊料從料筒中完全清除；選擇流動性好的物料。

模具：改善注塑機與模具的排氣；適當加大主流道、分流道及澆口的尺寸。

成型工藝：減小物料停留時間，降低熔體溫度，防止因溫度過高造成的物料分解；降低螺桿轉速、射出速度和射出壓力；提高背壓，防止空氣進入物料中；採用多級射出，中速射出充填流道→慢速填滿澆口→快速射出→低壓慢速將模注滿，使模內氣體能在各段及時排除乾淨；提高模具溫度。

(12) 色差（lusterless）

色差也稱變色，光澤不良（圖 5-51）。

① 產生原因

色差是注塑中常見的缺陷，色差影響因素眾多，涉及原料樹脂、色母、色母同原料的混合、注塑工藝、注塑機等。

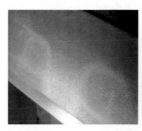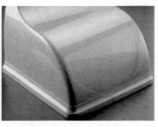

▲ 圖 5-51 色差

材料：物料被污染；水分及揮發物含量高；著色劑、添加劑分解；

顏色或色母不夠或者分散不均；原料及色母不同批次顏色有色差。

模具：模具排氣不良，物料燒灼；模具澆口太小；主流道及分流道尺寸太小；模具結構存在死角。

成型工藝：螺桿轉速太高、預塑背壓太大；機筒、噴嘴溫度不均；

射出壓力太高、時間過長，射出速度太快使製品變色；模溫過低，固化層被積壓或者推拉產生霧痕，導致色差。

注塑機：設備上存在粉塵污染，使物料變色；設備加熱系統失效；機筒內有障礙物，促使物料降解；機筒或螺槽內存有異物造成物料磨削後變色。

② 解決方案

材料：控制原材料，加強對不同批次的原料和色母進行檢驗，消除原料、色母的影響，揮發性潤滑劑、脫模劑用量適量。

模具：通過相應部分模具的維修，來解決模具澆注系統、排氣槽等造成色差的問題。

成型工藝：掌握料筒溫度、色母量對產品顏色變化的影響，通過試色過

程來確定其變化規律；避免物料局部過熱和分解造成的色差，嚴格控制料筒各加熱段溫度，特別是噴嘴和緊靠噴嘴的加熱部分；射出速度太高，減小射出速度；採用多級射出；降低射出壓力和螺桿預塑背壓，防止剪切過熱。

注塑機：選擇規格合適的注塑機，解決注塑機存在物料死角等問題；

生產中需經常檢查加熱部分，及時對加熱部分損壞或失控元件進行更換維修，減少色差產生概率；保證射出成型作業間、注塑機、模具的清潔；調整適當螺桿塑化轉速。

(13) 白化（whitening）

白化現象產生的主要原因是由於外力作用在製品表面，導致應力發白，脫模效果不佳。白化現象最常發生在 ABS 樹脂製品的頂出位置（見圖 5-52）。

▲ 圖 5-52 白化

① 產生原因

多數情況下，產生白化的部位總是位於塑件的頂出部位。另外，如果模溫過低，而且流經通道很窄，會導致熔體前沿溫度下降很快，固化層較厚，該固化層一旦因製件結構發生較大轉向，就會受到很大的剪切力，對高溫態的固化層進行拉扯，也會導致應力發白。

② 解決方案

出現白化後，可採用降低射出壓力，加大脫模斜度，增加推桿的數量或面積，減小模具表面粗糙度值等方法改善，特別是在加強筋和凸台附近應防止倒角。脫模機構的頂出裝置要設置在塑件壁厚處或適當增加塑件頂出部位的厚度。此外，應提高模穴表面的光潔度，減小脫模應力。當然，噴脫模劑也是一種方法，但應注意不要對後續工序，如燙印、塗裝等產生不良影響。

(14) 龜裂（crack）

龜裂是塑膠製品較常見的一種缺陷（圖 5-53）。包括製件表面絲狀裂紋、微裂、頂白、開裂及因製件黏模、流道黏模而造成創傷。按開裂時間分脫模開裂和應用開裂。主要原因是由於應力變形所致。

▲ 圖 5-53 龜裂

① 產生原因

龜裂主要是由殘餘應力、外部應力和外部環境所產生的應力變形所致。有些塑膠對應力作用很敏感，成型後不僅容易在製品中產生內應力，而且在較大外力作用下容易脆化斷裂而產生裂縫。塑膠熔體在模具中的充填過程受到了流動剪切應力和拉應力作用，使聚合物大分子發生取向，在冷凝過程中來不及鬆弛而形成內應力，從而降低塑件承受外載荷的能力。流動方向不一致往往產生非均勻取向，取向程度越大，產生的內應力就越大。

材料：物料濕度過大，塑膠與水蒸氣產生化學反應，降低強度而出現頂出開裂；混合材料相容性不佳；再生料含量過高，製件強度過低。

模具：頂出不平衡，從而導致頂出殘餘應力集中而開裂；製品設計不合理，導致局部應力集中；製件過薄，製品結構設計不合理；使用金屬嵌件時，嵌件與製件收縮率不同造成內應力加大；成型過程中使用了過量的脫模劑。

成型工藝：調節開模速度與壓力不合理對製品造成的拉伸作用，導致脫模開裂；模具溫度低，使得製品脫模困難；料溫過高造成分解或熔接痕；射出壓力過大、速度過快，射出、保壓時間過長，從而造成內應力過大。

② 解決方案

材料：適當使用脫模劑，注意經常消除模面附著的氣霧等物質；成型加工前對物料進行充分的乾燥處理；注意選用不會發生開裂的塗料和稀釋劑。

　　成型工藝：避免塑化階段因進料不良而捲入空氣；提高熔體溫度和模具溫度，保證熔體流動的基礎上，應盡量降低射出壓力；降低螺桿轉速、射出速度，減緩通過澆口初期的速度，採用多級射出；調節開模速度與壓力，避免因快速強拉製品造成的脫模開裂；避免由於熔接痕，塑料降解造成機械強度變低而出現開裂；通過在成型後立即進行退火熱處理來消除內應力而減少裂紋的生成。

　　如果塑件表面已經產生了龜裂，可以考慮採取退火的辦法予以消除。退火處理是以低於塑件熱變形溫度 5℃左右的溫度充分加熱塑件 1h 左右，然後將其緩慢冷卻，最好是將產生龜裂的塑件成型後立即進行退火處理，這有利於消除龜裂。但龜裂裂痕中留有殘餘應力，塗料中的熔劑很容易使裂痕處發展成為裂紋。

(15) 表面浮纖（glass fiber steaks）

　　浮纖是由於玻纖與樹脂的流動性不一致及樹脂與玻纖結合能力不強，玻纖外露所導致的，白色的玻纖在塑膠熔體充模流動過程中浮露於外表，待冷凝成型後便在塑膠件表面形成放射狀的白色痕跡（見圖 5-54）。當塑料件為黑色時會因色澤的差異加大而更加明顯。

▲ 圖 5-54 表面浮纖

① 產生原因

　　在塑膠熔體流動過程中，由於玻纖與樹脂的流動性有差異，而且密度也不同，使兩者具有分離的趨勢，密度小的玻纖浮向表面，密度大的樹脂沉入內裏，於是形成了玻纖外露現象。而塑膠熔體在流動過程中受到螺桿、噴嘴、流道及澆口的摩擦剪切作用，會造成局部黏度差異，同時又會破壞玻纖表面的界面層，熔體黏度越小，界面層受損越嚴重，玻纖與樹脂之間的黏結

力也越小，當黏結力小到一定程度時，玻纖便會擺脫樹脂基體的束縛，同樣也會造成逐漸向表面累積而外露。此外，塑膠熔體注入模穴時會形成噴泉效應，即玻纖會由內部向外表流動，與模穴表面接觸。由於模具模穴表面溫度較低，品質輕、冷凝快的玻纖被瞬間凍結，若不能及時被熔體充分包圍，產生外露而形成浮纖。

材料：玻纖過長；材料黏度過大。

模具：澆口過小，流道過窄；澆口位置不當；製品的壁厚設計不均勻。

成型工藝：加料量不夠；射出壓力太低；射出速度太慢；料筒、噴嘴及模具溫度偏低。

② 解決方案

浮纖是增強改性裡的常見缺陷。如果能把玻纖長度控制在 0.6~0.8mm 之間的話，基本不會有浮纖的出現，但由於玻纖品質、樹脂的黏度、改性所用的機器及工藝、模具及工藝等影響，還是難以避免不會出現浮纖。

材料：材料的黏度在力學性能許可的範圍內盡量選低黏度材料；玻纖盡量用短纖或空心玻璃微珠，使其具有較好的流動性和分散性；黏度較高的材料，可以考慮加入一些低黏度的樹脂和回料以增加流動性。

模具：合理模具結構設計，適當加大主流道、分流道及澆口的尺寸，縮短流道流程；澆口可以是薄片式、扇形及環形，亦可採用多澆口形式，以使料流混亂、玻纖擴散並減小取向性；良好的排氣功能，以免造成熔接不良、缺料及燒傷等缺陷。

成型工藝：提高背壓有助於改善浮纖現象；射出速度調高，螺桿速度可以調到 70%~90%，採用較快的射出速度，可使玻纖增強塑膠快速充滿模腔，有利於增加玻纖的分散性，減小取向性；較高的射出壓力有利於充填，提高玻纖分散性，降低製品收縮率；整個螺桿回退 1~2mm，防止澆口浮纖；對於複雜製件採取分級注塑；提高料筒溫度，可使熔體黏度降低，改善流動性，加大玻纖分散性和減小取向性；提高模具溫度。目前有採用變模溫技術實現高模溫和快速冷卻，可消除浮纖；降低螺桿轉速，以避免摩擦剪切力過大而對玻纖造成傷害，破壞玻纖表面狀態，降低玻纖與樹脂之間的黏結強度。

(16) 翹曲變形（warpage）

翹曲變形是由於不適合的成型條件和模具設計會使塑件在脫模後收縮不均勻，在製品內部產生內應力，這樣的塑件在使用過程中常會產生翹曲變形，導致製品失效或引起尺寸誤差和裝配困難（圖 5-55）。

變形位置

▲ 圖 5-55 翹曲變形

① 產生原因

材料：物料收縮率大。

模具：模具冷卻水路位置分配不均勻，沒有對溫度很好的控制；製品兩側，模穴與型芯間溫度差異較大；設計的製品壁厚不均，突變或壁厚過小。

成型工藝：射出壓力過高或者射出速度過大；料筒溫度、熔體溫度過高；保壓時間過長或冷卻時間過短；尚未充分冷卻就頂出，由於頂桿對表面施壓造成翹曲變形。

製品：製品壁厚不均勻；製品結構不對稱導致不同收縮；長條形結構翹曲加劇；製品冷卻設計不當，各部分冷卻不均勻，薄壁部分的物料冷卻較快引起翹曲。

② 解決方案

翹曲變形是塑件最嚴重的品質缺陷之一，主要應從製品和模具設計方面著手解決，而依靠成型工藝調整的效果是非常有限的。翹曲變形的解決方法如下。

材料：選擇收縮率較小的材料。

模具：盡量使製品壁厚均勻；模具的冷卻系統設計合理，使得製品能夠冷卻均勻平衡；控制模芯與模壁的溫差；合理確定澆口位置及澆口類型，可以較大程度上減少製品的變形，一般情況下，可採用多點式澆口；模具設計合理，確定合理的拔模斜度，頂桿位置和數量，檢查和校正模芯，提高模具的強度和定位精確度；改善模具的排氣功能。

成型工藝：降低射出壓力、射出速度，採用多級射出，減小殘餘應力導致的變形；降低熔體溫度和模具溫度，熔體溫度高，則製品收縮小，但翹曲大，反之則製品收縮大、翹曲小；模具溫度高，製品收縮小，但翹曲大，反之製品收縮大、翹曲小。因此，必須根據製品結構不同，採取不同的方案，對於細長塑件可採取模具固定後冷卻的方法；調整冷卻方法或延長冷卻時間，保證塑件冷卻均勻；設置螺桿回退來減小壓縮應力梯度，使製品平整。

(17) 脆化（embrittlement）

脆化通常是由於塑膠降解後內應力產生造成的（圖 5-56）。溫度過高、時間過長或化學腐蝕使分子鏈斷裂導致降解使得塑膠製品變脆。其他如物料污染、模溫過低、有熔接痕存在等均可能造成脆化。

▲ 圖 5-56 脆化

① 產生原因

材料：原料中混入雜質，或摻雜不當或過量的其他添加劑；物料未乾燥，加熱產生的水汽發生反應；塑膠本身品質不佳，再生次數過多或再生料含量過高。

模具：製品帶有易出現應力開裂的尖角、缺口或厚度相差很大部位；

製品設計不合理，存在過薄或鏤空結構；分流道、澆口尺寸過小；製品

使用金屬嵌件，造成冷熱比容大，材料脆性大；模具結構不良造成注塑週期反常。

成型工藝：射出速度、壓力過小；模具溫度設定不合理；溫度過高造成脫模困難；溫度過低造成製品過早冷卻，均易造成開裂；料筒、噴嘴溫度過低；螺桿預塑背壓、轉速過高造成物料降解；殘餘應力過大或熔接痕造成強度下降。

注塑機：機筒內存在死角或障礙物加劇熔料降解；機器塑化容量太小，塑膠塑化不充分；頂出裝置不平衡，頂桿截面積過小或分布不當。

② 解決方案

對於製品變脆，需要找出降解的根本原因，針對性解決問題。其改進措施如下。

材料：選用強度高、分子量大的材料，盡量不使用脆性物料，或使用共混改性材料；材料進行充分乾燥。

模具：分流道安排平衡合理，增加分流道尺寸；模具的冷卻系統設計合理，使得製品能夠冷卻均勻平衡；在製品上設加強筋；改進模具澆口位置、改進澆口設計或增設輔助澆口；模具設計合理，設置排氣槽、在熔接部分設置護耳；改善模具的排氣功能。

成型工藝：提高射出速度、射出壓力，採用多級射出，減小殘餘應力導致的變形；調整模具溫度到合適的值。模具溫度過高，脫模困難；

模溫過低，則塑膠過早冷卻，熔接痕融合不良，容易開裂；減少或消除並合線，提高熔接線區域的品質；降低預塑背壓、螺桿轉速，以防止物料因剪切過熱而降解；延長射出時間、保壓時間。

(18) 殘餘應力（residual stress）

殘餘應力是指出模後未鬆弛而殘餘在製品中的各種應力之和，是在聚合物加工，特別是射出成型過程中，注塑件在脫模後由於內部存在殘餘應力，發生表面翹曲變形的現象（圖 5-57）。注塑製品殘餘應力通常會導致翹曲變形，引起形狀和尺寸誤差；同時殘餘應力導致的銀紋及其他缺陷都會使構件

在使用過程中過早失效，影響其使用性。所以，只有殘餘應力接近零時，脫模比較順利，並能獲得滿意的製品。

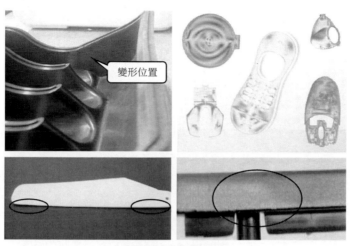

變形位置

▲ 圖 5-57 殘餘應力

一般認為在注塑成型過程中，薄壁塑膠熔體在模腔中做非等溫流動形成的剪切應力，由於快速冷卻不能完全鬆弛是造成流動殘餘應力產生的主要原因。

注塑製品的殘餘應力有兩個來源：一個是取向殘餘應力，一個是收縮殘餘應力。對於注塑成型工藝而言，熔體的射出溫度、模壁溫度、熔體充填時間和充填速度、保壓壓力以及流道的長短都會對流動應力產生影響。流動殘餘應力和熱殘餘應力是相互作用的，熱殘餘應力比流動殘餘應力大一個數量級，因此工程中主要考慮熱殘餘應力對注塑件的影響。殘餘應力產生機制如圖 5-58 所示。

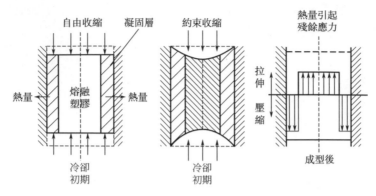

▲ 圖 5-58 殘餘應力產生機制

　a. 取向殘餘應力產生位置。

　　・澆口位置：因射速快或保壓時間長而容易產生擠壓取向應力；

　　・壁厚急劇變化處：會因壁薄位置剪切力強而產生擠壓取向應力特別是由厚到薄處；

　　・料流充填不平衡處：會因為過度充填造成局部擠壓而產生擠壓取向應力。

　b. 收縮殘餘應力產生位置。主要發生在壁厚不均產品上，壁厚變化劇烈的位置，由於熱量散發不均勻，所以容易產生不同的收縮取向。

① 產生原因

　模具：澆口大小及位置設置不當也會導致料流填充不平衡，局部位置可能會過度充填，產生較大擠壓剪切應力。

　成型工藝：在確保射出速度的前提下，保證合理的射出壓力可避免局部壓力過大產生應力；保壓壓力與時間過長都會提高澆口處的分子取向而產生較大殘餘應力；模具溫度太低會導致應力不能及時釋放而殘留；提高熔體成型溫度會因降低黏度而降低分子鏈的取向應力，從而降低殘餘應力。

　製品結構：壁厚分布不均勻。在壁厚變化區域，產生剪切速率的變化，導致應力的發生；尖角位置易產生應力集中。

② 解決方案

　　殘餘應力測定方法具體可分為有損測定法（機械測定法）和無損測定法（物理測定法）兩大類。對注塑製品而言，典型的殘餘應力的方法有雙折射法、剝層法、鑽孔法和應力鬆弛法，它們具有不同的測試機制及其優缺點，其中雙折射法屬於無損測定法，而剝層法、鑽孔法和應力鬆弛法屬於有損測定法。在這些方法中，雙折射法與剝層法得到了廣泛的應用。

　　模具：分流道安排平衡合理，增加分流道尺寸；模具的冷卻系統設計布置合理，盡量使製件表面各部分以均勻的冷卻速率固化；模腔厚度均勻，避免出現大的變化；改進模具澆口位置、澆口設計，避免流程太長導致不同位置壓力傳遞不同；合理的模具設計，避免尖角的存在而形成應力集中。

　　成型工藝：提高射出速度、射出壓力，採用多級射出，減小殘餘應力導致的變形；調整模具溫度到合適的值；提高熔體溫度；適當減少保壓壓力、保壓時間，避免澆口應力集中。

　　熱處理：升高溫度，使之達到可使塑件分子鏈活動的程度，讓被凍結的分子鏈經升溫後鬆弛產生亂序，從而達到消除殘留應力的目的。方式包括烘箱熱處理和遠紅外線加熱處理。

參考文獻

[1] 王松杰 . 注射成型過程中非牛頓塑料熔體的流變特性 [J.] 上海塑料，2003, 2:12-16.

[2] 周華民，燕立唐，黃稜，李德群 . 塑料材料的流變實驗與流變參數擬合 [J]. 塑膠工業，2004, 1:39-42.

[3] 嚴正，申開智，宋大勇，張杰 . 聚合物熔體在振動場中的流變行爲研究 [J].2000, 14(12): 63-67.

[4] 申開智，李又兵，高雪芹 . 振動注射成型技術研究 [J.]2005, 19(9): 6-12.

[5] 張海，趙素合 . 橡膠及塑料加工工藝 [M]. 北京：化學工業出版社，1997.

[6] 王興天 . 注塑技術與注塑機 [M]. 北京：化學工業出版社，2005.

[7] 陳鋒 . 高聚物及其共混物 p-V-T 特性的研究進展 [J.] 輕工機械，2000, 4:4-9.

[8] 盧強華，王態成，高英俊 . 固體比熱測量的實驗改進 [J]. 廣西大學學報 (自然科學版)，2006, 31(增刊): 96-98.

[9] 梁基照 . 應用 DSC 測量 HDPE 熔體的熱性能參數 II . 熔點與比熱 [J] . 上海塑料，1995(2): 25-27.

[10] N.Sombatsompop, A.K.Wood. Measurement of Thermal Conductivity of Polymers using an Improved Lee's Disc Apparatus[J].Polymer Testing, 16(1997)203-223.

[11] Wilson Nunes dos Santos.Thermal properties of polymers by non-steady-state techniques[J.]Polymer Testing, 26(2007)556-566.

[12] 戴文利，薛良，王鵬駒 . 結晶性塑料在注射成型條件下的形態結構與性能 [J]. 塑料 .1997, 1:16-20.

[13] 王中任，吳宏武 . 塑料動態注射成型技術及其製品的結晶與取向研究 [J]. 塑料科技 .2002, 4:6-12.

[14] 吳維 . 注射 . 成型中壓力對聚丙烯製品性能的影響 [J]. 華東理工大學學報 .1994, 20(4): 773-777.

[15] 王文生，王旭霞 . 聚合物結晶度對注塑製品性能影響的研究 [J]. 科技研討 .2002, 12(3): 116-117.

[16] 謝剛，唐瑞敏，張新，范雪蕾，李澤文 . 注射成型工藝參數對聚丙烯結晶度的影響 [J] 黑龍江大學自然科學學報 .2007, 24(2): 155-158.

[17] 邱斌，陳鋒 . 注射成型中的纖維取向 [J]. 現代塑料加工應用 .2005, 17(2): 50-52.

[18] 陳璞，孫友松，陳綺麗，羅勇武，黎勉，彭玉 . 動態注射成型方式探討 [J]. 廣東工業大學學報 .1999, 16(4): 1-4.

[19] 賈崇明，賈穎 . 剪切控制取向注射成型概述 [J]. 現代塑料加工應用 .1997, 9(6): 24-29.

[20] 陳靜波，申長雨，劉春太，王利霞 . 聚合物注射成型流動殘餘應力的數值分析 [J]. 力學學報 .2005, 37(3): 272-279.

[21] 王鬆杰，陳靜波 . 注塑件殘餘應力的分析研究 [J]. 廣東塑料 .2005.5:49-50.

[22] 謝鵬程 . 精密注射成型若干關鍵問題的研究 [D.] 北京：北京化工大學，2007.

[23] 橫井秀俊 . 射出成形金型における可

視化·計測技術 [J]. 精密工學會志，2007, 73(2): 188-192.

[24] Takashi Ohta, Hidetoshi Yokoi. Visual analysis of cavity filling and packing process in injection molding of thermoset phenolic resin by the gate-magnetization method[J]. Polymer Engineering & Science, 2004, 41(5): 806-819.

[25] 宮内英和，今出政明，等 . ツイン·ゲート着磁法による射出成形金型内樹脂流動パターンの可視化 [A.] 電子情報通訊學會総合大會講演論文集 [C]. 東京：情報·システム，1998:159.

[26] 張強 . 注塑成型過程可視化實驗裝置的研製 [D.] 大連：大連理工大學，2006.

[27] 謝鵬程，楊衛民 . 注射充模過程可視化實驗裝置的研製 [J]. 塑料，2004, 33(2): 87-89.

[28] 祝鐵麗，宋滿倉，張強，等 . 注塑製品模内收縮可視化模具設計 [J.] 塑料工業，2009, 37(4): 39-42.

[29] 嚴志雲，謝鵬程，丁玉梅，楊衛民 . 注射成型可視化研究 [J]. 模具製造 .2010, 10(7): 43-47.

[30] 杜彬 . 光學級製品的動態内應力可視化實驗研究 [D.] 北京：北京化工大學，2011.

[31] 杜彬，安瑛，嚴志雲，楊衛民，謝鵬程 . 矩形型腔熔體充填規律的可視化實驗 [J]. 中國塑料 .2010, 39(6): 1-4.

第 5 章　聚合物 3D 影印用材料及缺陷分析

第 6 章

聚合物 3D 影印技術的未來

聚合物 3D 影印技術（即模塑成型技術），在工業生產中廣泛應用，包括注塑、吹塑、擠出、壓鑄或鍛壓成型、冶煉、沖壓等加工方式，75% 以上的金屬製品（含半成品）、95% 以上的塑膠製品都是通過模具（包括壓延輥筒）來成型的 [1]。模具的生產能力直接決定 3D 影印技術的發展。3D 影印技術在硬體方面最重要的發展方向是模具的快速智慧製造。

智慧化一直是未來發展的重要趨勢，隨著智慧物聯網和工業 4.0 概念的提出和發展，3D 影印技術也必將發生智慧化革命。

6.1　模具智慧製造

3D 影印技術的本質是模塑成型，模具是 3D 影印技術的核心部件。傳統的模具製造往往加工週期長、模具製造困難、價格昂貴，使其很難像 3D 列印機一樣進入大眾生活。所以模具快速製造顯得尤為重要。一開始，人們稱之為快速經濟模具，這是傳統意義上的快速模具技術，並且強調了其廉價性。

傳統模具製造的方法很多，如數控銑削加工、成形磨削、放電加工、線切割加工、鑄造模具、電解加工、電鑄加工、壓力加工和照相腐蝕等。而傳統的快速模具（如中低熔點合金模具、電鑄模、噴塗模具等）又由於工藝較粗糙、精確度低、壽命短，很難完全滿足用戶的要求，即使是傳統的快速模具，也常常因為模具的設計與製造中出現的問題無法改正，而不能做到真正的「快速」。

隨著科技的不斷發展，模具製造的這些缺點正在不斷被克服，例如，基於 3D 列印技術興起的 3D 列印模具，以及由「活字印刷術」獲得靈感的響應式模具。這些技術在不久的將來將不斷發展和成熟。

6.1.1　3D 列印模具

模具行業是一個跨度非常大的行業，它與製造業的各個領域都有關聯。在現代社會，製造和模具是高度依存的，無數產品的部件都要通過模制（射出、吹塑和矽膠）或鑄模（熔模、翻砂和旋壓）來製造。無論什麼應用，製造模具都能在提高效率和利潤的同時保證品質。

　　CNC 加工是在製造模具時最常用的技術，如圖 6-1 所示。雖然它能夠提供高度可靠的結果，但同時也非常昂貴和費時。所以很多模具製造企業也開始尋找更加有效的替代方式。而通過增材製造（ALM，即 3D 列印）製作模具就成了一個極具吸引力的方法，因為模具一般都屬於小量生產且形狀都比較複雜，很適合用 3D 列印來完成。

▲ 圖 6-1 CNC 數控加工模具

　　如今，3D 列印和各種列印材料（塑膠、橡膠、複合材料、金屬、蠟、砂）已經給許多行業，如汽車、航空航太、醫療等帶來了很大的便利，很多企業都在其供應鏈裡集成了 3D 列印，這其中也包括模具製造（見圖 6-2）。

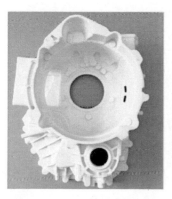

▲ 圖 6-2 離合器殼體的 3D 列印蠟模（左）以及精密鑄造後得到的金屬件（右）

（1）3D 列印製造模具的優點

　　① 模具生產週期縮短：3D 列印模具縮短了整個產品開發週期，並成為驅

動創新的源頭。在以往，考慮到還需要投入大量資金製造新的模具，公司有時會選擇推遲或放棄產品的設計更新。通過降低模具的生產準備時間，以及使現有的設計工具能夠快速更新，3D 列印使企業能夠承受得起模具更加頻繁的更換和改善。它能夠使模具設計週期跟得上產品設計週期的步伐。

此外，有的公司自己採購了 3D 列印設備以製造模具，這樣就進一步加快了產品開發的速度，提高了靈活性、適應性。在戰略上，它提升了供應鏈預防延長期限和開發停滯風險的能力，比如從供應商那裡獲得不合適的模具。

② 製造成本降低：如果說當下金屬 3D 列印的成本要高於傳統的金屬製造工藝成本，那麼成本的削減在塑膠製品領域更容易實現。

金屬 3D 列印的模具在一些小的、不連續的系列終端產品生產上具有經濟優勢（因為這些產品的固定費用很難攤銷），或者針對某些特定的幾何形狀（專門為 3D 列印優化的）更有經濟優勢，尤其是當使用的材料非常昂貴，而傳統的模具製造導致材料報廢率很高的情況下，3D 列印具有成本優勢。

此外，3D 列印在幾個小時內就能製造出精確模具的能力也會對製造流程和利潤產生積極的影響，尤其是當生產停機或模具庫存十分昂貴的時候。

最後，有時經常會出現生產開始後還要修改模具的情況。3D 列印的靈活性使工程師能夠同時嘗試無數次的迭代，並可以減少因模具設計修改引起的前期成本。

③ 模具設計的改進為終端產品增加了更多的功能性：通常，金屬 3D 列印的特殊冶金方式能夠改善金屬微觀結構並能產生完全緻密的列印部件，與那些鍛造或鑄造的材料（取決於熱處理和測試方向）相比，其機械和物理性能一樣或更好。增材製造為工程師帶來了更多的選擇以改進模具的設計。當目標部件由幾個子部件組成時，3D 列印具有整合設計，並減少零部件數量的能力。這樣就簡化了產品組裝過程，並減少了公差。

此外，它能夠整合複雜的產品功能，使高功能性的終端產品製造速度更快、產品缺陷更少。例如，注塑件的總體品質要受到注入材料和流經工裝夾具的冷卻流體之間熱傳遞狀況的影響。如果用傳統技術來製造的話，引導冷卻材料的通道通常是直的，從而在模製部件中產生較慢的和不均勻的冷卻效

果。而 3D 列印可以實現任意形狀的冷卻通道，以確保實現隨形的冷卻，更加優化且均勻，最終導致更高品質的零件和較低的廢品率（見圖 6-3）。此外，更快的除熱顯著減少了注塑的週期，因為一般來說冷卻時間最高可占整個注塑週期的 70%。

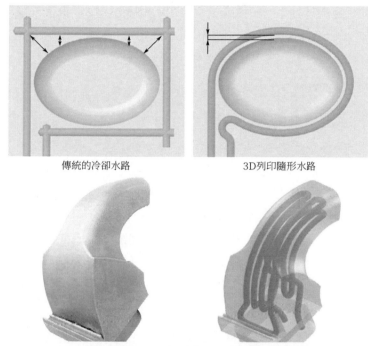

傳統的冷卻水路　　　　　　　　3D列印隨形水路

▲ 圖 6-3 3D 列印金屬隨形、異型水路模具

④ 優化工具、提升最低性能：3D 列印降低了驗證新工具（它能夠解決在製造過程中未能滿足的需求）的門檻，從而能夠在製造中投入更多移動夾具和固定夾具。傳統上，由於重新設計和製造它們需要相當的費用和精力，所以工具的設計和相應的裝置總是盡可能使用更長的時間。

隨著 3D 列印技術的應用，企業可以隨時對任何工具進行翻新，而不僅限於那些已經報廢和不符合要求的工具。

由於需要很小的時間和初始成本，3D 列印使得對工具進行優化以獲得更好的邊際性能變得更加經濟。於是技術人員可以在設計的時候更多地考慮人體工學，以提高其操作舒適性、減少處理時間，以及更加方便易用、易於儲

存。雖然這樣做有可能只是減少了幾秒鐘的裝配操作時間，但是積少成多。此外優化工具設計，也可以減少零件的廢品率。

⑤ 定製模具幫助實現最終產品的客製化：更短的生產週期、製造更為複雜的幾何形狀，以及降低最終製造成本的能力，使得企業能夠製造大量的個性化工具來支持定製部件的製造。3D 列印模具非常利於客製化生產，如醫療設備和醫療行業。它能夠為外科醫生提供 3D 列印的個性化器械，如外科手術導板和工具，使他們能夠改善手術效果，減少手術時間。

下面介紹幾種基於 3D 列印的快速模具製造技術 [2]。

(2) 高性能金屬模具直接 3D 製造技術

高性能金屬模具直接 3D 製造技術由於其技術的先進性，一直是人們關注的重點。應用最廣泛的是金屬粉末雷射光選區燒結（SLS）工藝。它藉助於電腦輔助設計與製造，利用高能雷射光束的熱效應使一層層材料軟化或熔化而黏接成形並逐層疊加，獲得 3D 實體零件。早在 1998 年，德國 EOS 公司就推出了直接利用 SLS 工藝形成任意複雜的高精確度鋼模製造技術，不再需要二次燒結成型、金屬滲透等繁瑣工藝，其成型件可直接用做注塑等模具，進行批量生產。

美國發展的雷射光近淨成形（LENS）技術是其重要代表。LENS 工藝是一種直接由 CAD 實體模型直接製造金屬模具的工藝。此工藝將 Nd：

YAG 雷射光束聚焦於由金屬粉末射出形成的熔池表面，而整個裝置處於惰性氣體保護之下。通過雷射光束的掃描運動，使金屬粉末材料逐層堆積，最終形成複雜形狀的模具。北京航空航太大學最近在鈦合金的大型金屬件的直接製造方面取得了突破性的進展，是中國 3D 列印技術發展的指標性成果，目前研究團隊將注意力集中到高強鋼金屬件的製造上，它亦有望應用於高性能金屬模具直接 3D 製造。

隨著 3D 列印和快速模具技術自身的不斷成熟和應用，我們必須關注以下 3 個問題：

① 材料的加工製備裝備直接關係到成品的品質，大功率雷射光器等部件是材料製備的關鍵裝備，目前還基本上依靠進口，這也是我們今後要

著重解決的技術難點。

② 基於 3D 列印的高性能金屬粉末的製備對於 3D 列印金屬模具製造技術而言是至關重要的，是行業關注的新熱點。

③ 成品的材料性能是考量高性能金屬構件直接製造技術先進程度的最終標準，抗疲勞強度、疲勞裂紋擴散速率等性能需要達到應用標準，這也是我們需要今後進一步突破的關鍵點。

其他類似技術還有以下幾種。

採用形狀沉積製造（SDM）工藝直接製造出含複雜內流道的多組元材料金屬射出模，經過一定的後處理之後，模具的尺寸精確度與表面光潔度均達到要求。這種射出模由於包含其他方法所不能做到的內流道，注射時的冷卻效果非常好，因此受到人們的重視。

與高速銑削（HSM）技術相結合的金屬沉積快速模具製造，是另一個例子。雖然由於高速銑削裝備與工藝的發展對 3D 列印快速模具技術形成了競爭，這在 20 世紀末尤為明顯，HSM 不可能完成更複雜的形狀（如具有冷卻內流道的模具），也不可能製造具有功能梯度、材料梯度的模具，只能是同種材料的切削加工。其實高科技技術都是可以相輔相成的，最近提出的組裝模，人們將不同組件採用不同的快速製造方式，產生了合力的效果。許多快速模具公司同時採用 3D 列印和 HSM 兩種技術，正是利用了它們之間相輔相成的特點。從製造科學發展的根本方向來說，離散 / 堆積成形必然會在許多方面取代去除成形，3D 列印必會占據它的一席之地。

（3）無燒焙陶瓷型精密鑄造快速模具技術

此技術屬於間接 3D 列印快速模具技術，關鍵是精密陶瓷型的製造。

精密陶瓷型製造的基本原理是以耐火度高、熱膨脹係數小的耐火材料作為骨料，水解液作為黏接劑，配製成陶瓷漿料，在催化劑的作用下，經過灌漿、結膠、硬化、起模、噴燒、燒焙等一系列工序製成表面光潔、尺寸精確度高的陶瓷型，用以澆鑄各種精密鑄件，非常適合生產各種金屬快速模具。

將精密陶瓷型製造技術應用於金屬模具製造具有下列顯著優點：無需特殊設備，投資少；生產週期短，一般有了母模後 2~3 天內即可得到成品；節

約機械加工和材料消耗；精密陶瓷型鑄造模具與機械加工模具相比，其成本可降低幾倍到幾十倍；材料耐火度高，可以用來鑄造各種合金、鑄鐵及碳鋼等鑄件；極好的影印性：鑄件的尺寸精確度和表面光潔度高；可以鑄造大型的精密鑄件等。

對陶瓷型進行高溫燒焙會產生裂紋、形變等影響陶瓷型鑄件精確度的問題；對於大型陶瓷型，其燒焙爐的規模及爐內溫度場的均勻性也是較難解決的問題。無燒焙精密陶瓷型製造技術是針對陶瓷型在進行燒焙的過程中出現的各種問題，在精密陶瓷型製造工藝基礎上研究開發的。無燒焙精密陶瓷型製造技術能夠較好地克服對陶瓷型進行高溫燒焙所產生的裂紋、形變等問題，可以大幅度提高鑄件的精確度；同時由於採用無燒焙技術，無須修建燒焙爐，對於大型鑄件來說意義尤為重大，這樣不僅可以省去修建大型燒焙爐的費用，而且還可以節約大量的電力資源，從而大大降低鑄件成本。

無燒焙精密陶瓷型製造技術在大型金屬模具的製造領域具有廣闊的應用前景。無燒焙法雖然原理簡單，但是實際操作比較困難，工藝參數可變化的範圍窄，從而影響了技術的推廣，應當引起充分注意。

(4) 鑄造用蠟模和砂型的 SLS 成形製造

雷射光選區燒結技術（SLS）獲得 3D 實體金屬零件可用於金屬模具的快速直接製造，如果採用其他材料，則可以用於金屬模具的快速間接製造。

SLS 技術成形材料廣泛，適用於多種粉末材料，除金屬外，如高分子、陶瓷及覆膜砂粉末等均可採用。與傳統工藝相比，SLS 技術製造鑄造用熔模或砂型（芯），可以在更短的製造週期內成形較高複雜度和強度的鑄造用熔模或砂型（芯），縮短新產品開發週期，降低開發成本。

基於 SLS 的快速鑄造技術，其工藝特徵是簡捷、準確、可靠和具有延展性，可有效應用於發動機設計開發階段中樣機的快速製造；其適合單件、小量試製和生產的特點，可迅速響應市場和提供小量產品進行檢測和試驗，有助於保證產品開發速度；其成形工藝過程的可控性，可在設計開發階段低成本即時修改，以便檢驗設計或提供裝配模型，有助於提高產品的開發品質；其原材料的多元性，為產品開發階段提供了不同的工藝組合；由於 SLS 原材料的國產化和成形工藝可與傳統工藝有機結合，有助於降低開發成本；其組

合工藝的快捷性，支持產品更新換代頻次的提高，有助於推動產品早日進入市場。

類似的技術是用各種 3D 列印成形機先製作出產品樣件再翻製模具，是一種既省時又節省費用的方法。在航空等領域，許多關鍵零部件用傳統機加工方法很難加工，必須通過模具成形。例如，某幫浦體部件，傳統開模時間要 8 個月，費用至少 30 萬。如果產品設計有誤，整套模具就全部報廢。而用 SLS 為該產品製作了聚合物樣件，作為模具母模用於翻製矽膠模。將該母模固定於標準鋁模框中，澆入配好的矽橡膠，靜置 12~20h，矽橡膠完全固化，打開模框，取出矽橡膠，用刀沿預定分型線劃開，將母模取出，用於澆鑄幫浦殼蠟型的矽膠模即翻製成功。通過該模製出蠟型，經過塗殼、燒焙、失蠟、加壓澆鑄、噴砂，合格的幫浦殼鑄件在短短的兩個月內製造出來，經過必要的機械加工，即可裝機運行，使整個試製週期比傳統方法縮短了 2/3，費用節省了 3/4。

(5) 基於 3D 列印的中硬模具和軟模具的快速製造

以 3D 列印的原型作母模，澆注蠟、矽橡膠、環氧樹脂、聚氨酯等軟材料，構成軟模具，這些軟模具可用作試製、小量生產用注塑模，或製造硬模具的中間過渡模、低熔點合金鑄造模。這些軟模具具有很好的彈性、影印性和一定的強度，在澆注成形複雜工模具時，可以大大簡化模具的結構設計，並便於脫模。如 TEK 高溫硫化矽橡膠的抗壓強度可達 12.4~62.1MPa，承受工作溫度 150~500℃，模具壽命一般為 200~500 件；一般室溫固化矽橡膠構成的軟模具壽命為 1025 件，環氧樹脂合成材料構成的軟模具壽命為 300 件。又如，美國杜邦公司開發出一種高溫下工作的光固化樹脂，用光固化（SL）工藝直接成形模具，用於注塑工藝其壽命可達 22 件以上。

採用 SLS 工藝、狹義的 3D 列印（3D-P）工藝可直接燒結塗敷有黏接劑的金屬粉末或採用 LOM 工藝直接切割塗敷有黏接劑的金屬薄片，當模型製造完成後，加熱去除黏接劑，對模型進行低熔點金屬浸滲，製造獲得具有中等硬度金屬複合材料模具，可用於大量生產中。現已製造出形狀很複雜的金屬複合材料模具。另外，鋅基合金是一種中熔點合金，它也具有中等硬度。而低熔點合金（Bi-Sn 合金），雖然硬度更低，但是相比較而言，亦可歸為中等

硬度。它們可以採用傳統的成熟的快速模具技術。近年來，也有人將它們與 3D 列印技術相結合，推出了一些複合工藝，既提高了模具的精確度，也進一步加快了模具設計製造週期。

此外，傳統的噴塗模（包括電弧噴塗、等離子噴塗等）、電鑄模、矽膠模、電解加工模等，在母模或原型的製造上，更加廣泛採用了 3D 打印技術，它們也不再是傳統意義上的快速模具了，也應當歸類為基於 3D 列印的快速模具技術。

(6) 基於網際網路快速模具的網絡製造技術

主要利用以網際網路為標誌的資訊高速公路，靈活迅速組織製造資源，把分散在不同地區的現有 3D 列印設備資源、智力資源和各種核心能力，迅速組合成一種沒有圍牆、超越空間約束、靠電子化方法聯繫、統一指揮的經營實體 - 網絡聯盟企業，以迅速推出高品質、低成本的 3D 列印原型、模具和新產品，是現代製造業所急需的。

例如，汽車覆蓋件模具製造對於其快速性有極高的要求。中國已經開始組織面向覆蓋件模具的網絡化製造聯盟，這是分布於各地的企業或組織為共同的目標形成相互協作的網絡。覆蓋件及其模具的相關資訊是整個網絡化製造聯盟協作的基礎。資訊建模的目的在於建立電腦可以理解和處理的統一的產品模型，用於組織、管理、控制網絡化聯盟中產品設計、製造的過程，實現資訊的有效共享。這對於新車型的適時推出意義重大。當前，各種基於 3D 列印的快速模具技術正在許多大中型汽車企業中得到應用，相關的網絡化製造也已經提到議事日程上了。

根據 3D 列印成形製造技術的特點可知，該技術非常適合製造形狀結構複雜、材料組成複雜的機械零部件，包括大中型零部件乃至精微零部件，因此，可以與快速模具製造技術相得益彰。目前，3D 列印技術發展到一個新的階段，不僅能直接製造金屬零部件，成形精確度可以達到要求，而且在尺寸非常大的成形件、微奈米尺寸的成形件製造上也能發揮很大的作用，這對於尺寸範圍分布廣、精確度要求十分苛刻、設計製造週期短的快速模具，也具有極大的吸引力。3D 列印可在很多領域發揮著傳統加工難以替代的作用，並得到了越來越廣泛的應用，基於 3D 列印的快速模具技術應當受到更大的

重視。

　　總之，在產品、模具的設計和製造領域，特別是快速模具技術中更加充分應用 3D 列印技術，能顯著縮短產品投放市場的週期、降低成本、提高品質、增強企業的競爭能力。加速這一技術的研究，能替經濟建設做出貢獻，並且將取得良好的社會效益和經濟效益。

　　圖 6-4 所示為 BOY 公司在 K2016 展出的 3D 列印塑膠注塑模具。對於注塑製品來講，製造商往往需要在產品正式投入大量注塑生產之前，生產小量的注塑件做進一步的產品驗證。在這種情況下，如果通過金屬注塑模具來生產小量注塑件，則會產生高昂的成本，以及等待較長的金屬模具製造週期。但是隨著 3D 列印技術的不斷成熟，用 3D 列印的塑膠模具進行小量注塑可以解決這些問題。

▲ 圖 6-4 BOY 公司在 K2016 展出的 3D 列印塑膠注塑模具

　　盡管 3D 列印的塑膠注塑模具比製造金屬模具節約了時間和成本，但是在注塑過程中，聚合物熔體的溫度較高，只有在射出之後均勻迅速的冷卻，才能保證塑膠製品的品質。這就要求模具具有良好的導熱性能，而我們不難想象塑膠的導熱性能無法與金屬相比。塑膠模具的導熱性能弱，注塑週期變長。因此，3D 列印的塑膠模具更適合用於生產處於研發階段的少量新產品，或者少量急用的產品以及中小型的注塑製品。

6.1.2　響應式模具

對於模具的快速製造，筆者由「活字印刷術」獲得靈感，提出響應式組裝模具的概念，包括響應式射出模具、響應式吸塑模具、響應式吹塑模具等。

傳統的模具往往一個模具只能成型一種製品，就像雕版印刷術一樣，每一本著作印製都要雕刻成版。而響應式模具的概念就是指將模具設計成一種可以隨著成型製品形狀不同而變化的單元柱組合模。模具單元化，根據成型製品的輪廓進行再組裝，得到相應的成型模具，以適應不同製品的需要。

（1）響應式射出模具

專利「一種 3D 影印技術方法及設備」提到一種響應式射出模具。通過注塑機模具的微分單元化，再分配組合，形成適合所成型製品的模具，實現模具對 3D 實體的響應式匹配。具體方法為，對 3D 實體進行 3D 掃描或使用 3D 軟體直接建模，然後通過電腦程序語言對 3D 模型進行單元化處理，進而控制模具各微分單元模組組合成所對應製品的模具模穴，然後通過射出成型的方式實現 3D 實體的快速高效影印。

其核心裝置是單元組合模具裝置，如圖 6-5 所示，由動模底板、動模電磁鐵系統、動模四周固定板、動模單元模組、定模四周固定板、定模單元模組、定模電磁鐵系統、定模底板等組成。動模單元模組和定模單元模組可分別在動模電磁鐵系統和定模電磁鐵系統作用下線性移動。

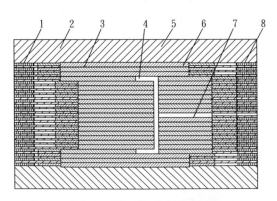

▲ 圖 6-5 單元組合模具裝置

1—動模電磁鐵系統；2—動模四周固定板；3—動模單元模組；4—模具模穴；
5—定模四周固定板；6—定模單元模組；7—澆口；8—定模電磁鐵系統

動模單元模組和定模單元模組結構一致，均由單元桿、永磁鐵桿、石墨烯鍍層組成，單元桿與永磁鐵桿上下連接，單元桿外圍覆蓋石墨烯鍍層。

通過改變電磁鐵中電流的方向可以實現與永磁鐵桿的相吸與相斥，通過改變電磁鐵中電流的大小可以實現與永磁鐵桿末端距離的調節。單元組合模具裝置通過電腦程序控制電磁鐵中電流的大小與方向，使單元桿和永磁鐵桿精確移動，通過動模單元模組和定模單元模組的位置配合形成模具模穴與澆口，進而射出成型得到 3D 製品。

該專利中還提到一種方法，通過改變磁流體內部磁場以控制磁流體的形狀來形成模具模穴，如圖 6-6 所示。

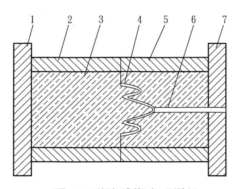

▲ 圖 6-6 磁流體響應式模具

1—動模底板；2—動模四周固定板；3—磁流體；4—模具模穴；
5—定模四周固定板；6—澆口；7—定模底板

磁流體又稱磁性液體、鐵磁流體或磁液，是一種新型的功能材料，它既具有液體的流動性又具有固體磁性材料的磁性，是由直徑為奈米級（10 奈米以下）的磁性固體顆粒、基載液（也叫媒體）以及界面活性劑三者混合而成的一種穩定的膠狀液體。該流體在靜態時無磁性吸引力，當外加磁場作用時，才表現出磁性，並且做出反應，外形隨磁場而變化。

該方法可形成複雜模穴，成型複雜製品，適用於模穴壓力較小的情況。

（2）響應式吸塑模具

專利「個性化口罩快速製造 3D 列印影印一體機」[3] 提到一種響應式吸塑模具，如圖 6-7 所示。其核心在於數位化控制 3D 吸塑模具。數位化控制

3D 吸塑模具包括單元柱、單元柱支撐板、復位彈簧、電磁位移發生器、真空通道和模具箱體；復位彈簧套在單元柱下部分以實現自動復位功能；每個單元柱下端存在磁鐵，磁鐵的極性與其下方的電磁發生器產生的磁場的極性相同，同性磁極相互排斥以實現單元柱上下移動，電磁位移發生器設置在單元柱的正下方從而使得單元柱受力比較均勻穩定，真空通道開設在模具箱體底部正中央，單元柱中心有氣孔或單元柱間有通氣的通道，單元柱支撐板為單元柱的安裝板，單元柱支撐板上開孔的個數與單元柱的個數相同，單元柱支撐板為單元柱導向，單元柱的上部分截面直徑大於單元柱支撐板上單元柱安裝孔的截面直徑，復位彈簧頂在單元柱支撐板下方，單元柱支撐板位於模具箱體內的高度接近中間位置，單元柱在彈簧和電磁力的作用下在單元柱支撐板的空中可上下自由移動。

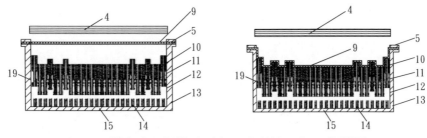

▲ 圖 6-7 響應式吸塑模具（左：成型前；右：成型後）

4—預熱及冷卻裝置；5—夾持裝置；9—片材；10—通氣孔；11—單元柱；12—復位彈簧；13—模具箱體；14—真空通道；15—電磁位移發生器；19—單元柱支撐板

　　該發明中的數位化控制 3D 吸塑模具的工作原理是通過電腦控制系統控制，使電磁位移發生器中的線圈產生不同的電流值，從而形成不同大小的電磁力，再根據磁場同極相斥的原理使單元柱向上移動，單元柱通過上下移動達到不同的位移，組合形成不同的模具表面，實現模具的可變性。

　　響應式吹塑模具與響應式吸塑模具基本一致，不同之處在於吸氣還是吹氣。

　　雖然響應式模具目前還只是一個概念，僅見於專利中。但是隨著製造業的不斷發展，它不失為模具快速製造與製品個性化定製 3D 影印成型提供了一種可能性。

6.2　3D 印製技術

　　針對於發泡板材、纖維預浸料片材等板件的成型，筆者提出了「3D 印製成型」的概念。聚合物 3D 印製技術，又可稱作聚合物 3D 壓熨技術，本質上也屬於 3D 影印的範疇。它是指對聚合物板材進行一點或多點熱壓成型的技術，從而達到板件製品的快速高效複製。

　　專利「熱力磁多場偶合電控磁流體壓塑 3D 列印成型裝置及方法」[4]

　　提出一種對發泡材料進行 3D 印製浮雕壁紙的方法，如圖 6-8 所示。其工作原理為利用特定磁場控制磁流體的波峰，進而對發泡材料進行熱塑雕刻。因為磁流體形狀具有隨著磁場的變化而變化的特性，因此可以透過控制系統發出特定的磁場以得到所需的磁流體形狀，對發泡材料進行多點壓熨成型。

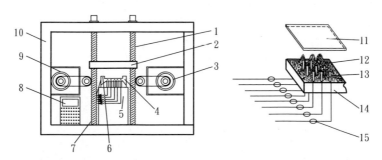

▲ 圖 6-8 熱力磁多場偶合電控磁流體 3D 印製成型裝置（左）及其原理圖（右）

1—滾珠螺桿;2—壓板（固定板）;3—馬達;4—磁流體器皿;5—永磁鐵;6—可輸送導軌;7—控制線；8—控制系統；9—輸送帶；10—機座；11—發泡材料；12—磁流體；13—描繪計；14—永磁鐵;15—脈衝電極

　　主要包括以下步驟：第一步，輸送系統通過輸送帶將發泡材料輸送到磁流體正上方的導軌上，壓板將其固定；第二步，控溫系統控制電磁加熱器對磁流體的加熱通過溫度感測器調節，達到發泡材料最優化的熱塑成型溫度；第三步，控制系統對圖案花紋的立體模型進行分析，然後控制各個描繪計相對應的脈衝電極產生電壓，以調節產生的磁流體波峰高度；第四步，列印系統因脈衝電極產生的電壓，由描繪計所特有的磁化作用，磁流體形成以描繪計為中心的、持有波峰突起的狀態，從而對發泡材料進行熱塑成型；第五步，可輸送導軌將熱塑好的 3D 浮雕壁紙輸送到傳送帶上。

專利「機械手操控磁流體壓熨成型裝置及方法」[5] 提到一種 3D 壓熨成型的裝置以用來實現纖維預浸料片材的成型，採用單模系統即可完成纖維預浸料材料的成型，如圖 6-9 所示，左邊為 3D 壓熨成型的裝置示意圖，右邊為壓熨成型的人臉模型。

在加工成型開始時，送料預熱裝置的放卷輥將纖維預浸料展開放卷，輸送電機帶動輸送輥對卷曲的纖維預浸料進行輸送，纖維預浸料經預熱輥預熱後進入單模；此時輸送停止，剪切壓緊裝置下移，剪切並壓緊纖維預浸料；然後壓熨裝置對其進行壓熨，成型結束後頂出機構頂出製品；最後取件機器手臂取出製品，進行下一個循環。

該發明中的核心部件為壓熨裝置。壓熨裝置的壓熨頭能在三自由度導軌上實現三軸向運動，並對物料進行充分壓熨。壓熨頭內部有電磁鐵，通電後能在磁流體內部產生磁場，並使磁流體形狀隨設定磁場的變化而變化。壓熨頭內部裝有電加熱棒，能對磁流體進行加熱。

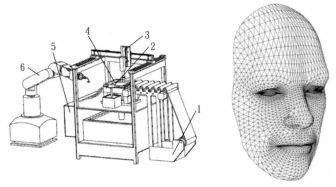

▲ 圖 6-9 機械手臂操控磁流體壓熨成型裝置（左）及其成型製品（右）

1—送料預熱裝置；2—剪切壓緊裝置；3—壓熨裝置；4—單模系統；5—模具加熱裝置；
6—取件機器手臂

專利「浮雕壁畫數位點陣熱壓 3D 列印成型方法及裝置」[6] 提出一種利用加熱的特製列印頭擊打發泡材料熱塑成型立體花紋的方法，如圖 6-10 所示。其基本方法是通過控制系統驅動多個列印頭組成數位點陣以「面」為單位進行 3D 印製。

主要包括以下步驟：第一步，電磁加熱器對特製列印頭進行加熱，通過

溫度感測器調節以達到材料所需塑化熔融溫度；第二步，控制系統控制激磁線圈通電，進行試列印，壓力感測器反饋出所列印的深度和力的大小到控制系統，控制系統通過調節激磁線圈電流的大小以達到所需的列印圖案凹槽深度；第三步，滾筒或輸送帶將發泡材料輸送到特製打印頭部位，進入正式列印階段；第四步，控制系統由所建立圖案花紋的立體模型，進行控制多針列印，在發泡材料上形成數位點陣列印成型花紋圖案。

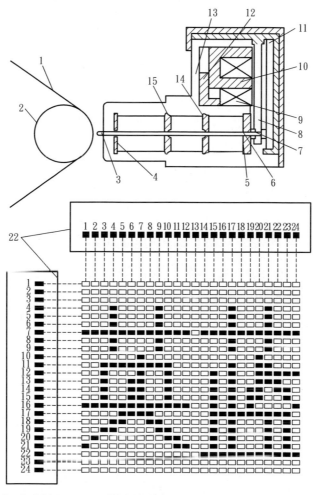

▲ 圖6-10 數位點陣熱壓3D印製成型裝置原理圖（左）及其印製效果圖（右）

1—發泡材料；2—滾筒或輸送帶；3—特製列印頭；4—針向導片一；5—彈簧壓阻片；
　6—復位彈簧；7—壓簧塊；8—銜鐵；9—激磁線圈；10—電磁鐵芯；11—永磁鐵；

12—定位阻擋片；13—列印頭殼體；14—針向導片二；15—針向導片三；22—控制系統

6.3 智慧物聯時代

物聯網（the internet of things, IOT），顧名思義是把所有物品通過網路連接起來，實現任何物體、任何人、任何時間、任何地點的智慧化識別、資訊交換與管理。而我們對於物聯網的理解則為 intelligent interconnection of things (IIOT)，體現出了「智慧」和「泛在網絡」的含義，所以我們稱之為「智慧物聯網」，簡稱「智慧物聯」。

智慧物聯的本質就是將 IT 基礎設施融入到物理基礎設施中，也就是把感應器嵌入和裝備到電網、鐵路、橋梁、隧道、公路、建築、供水系統、大壩、油氣管道等各種物體中，並且被普遍連接，形成所謂「智慧物聯網」，即時、智慧、動態的管理和控制。

智慧物聯前景非常廣闊，它將極大改變我們目前的生活方式，我們的未來將是一個智慧化的世界，將廣泛運用於智慧交通、環境保護、政府工作、公共安全、平安家居、智慧消防、工業監測、老人護理、個人健康等多個領域，這一技術將會發展成為一個上萬億元規模的高科技市場。

當今製造業也面臨新一輪的技術革命，智慧製造將會是整個製造業的發展趨勢，對此，德國率先提出了工業 4.0 的思想，代表著第四次工業革命的到來。注塑工業作為製造業的一個重要部分，也應該應勢而為，尋求突破，著力發展注塑工業 4.0。

注塑工業 4.0 以智慧製造為核心，其思想是將傳統注塑工業和資訊通訊技術深度融合，在整個製造過程、製造產品及生產設備上，都融入資訊技術，能夠即時反饋、監控產品和設備的運行參數，並對整個製造過程進行自行優化。

注塑工業 4.0 中，最重要的一個環節就是智慧生產。智慧生產是一種「負責任的」「有針對性」的生產活動。所謂「負責任」是指利用先進的感測器技術（如視覺檢測技術等），即時反饋產品在管線上的資訊，產品是否符合要求、哪裡有缺陷等資訊都可傳送到控制總部，從而檢出不良品並自行及時調

整工藝，使產品正常生產；所謂有「針對性」是指充分遵循客戶個性化定製的要求，根據產品身上的「標籤」（產品定製資訊）自動進行個性化，小量的生產。

在注塑工業中，產品的生產過程包括原料的處理與輸送、射出成型、產品取出、自動化流水、後續處理過程（因產品而異）等，因此在整個注塑過程中實現智慧生產的具體表現為以下幾點。

(1) 高度自動化集成

注塑機周邊應配置多項自動化設備，如自動供料系統、機械手臂、自動管線等。所有配置的周邊設備應遵循兩點原則：減少人工密集化、重複性的勞動；為實現提高產品的品質、生產效率和個性化生產的需求。

(2) RFID 技術的應用

通過無線射頻辨識技術（radio frequency identification, RFID），可編碼原料、原料處理設備、模具，並將收集的資訊傳送給注塑機控制系統。

即將產品從原料到成品整個流程的所有資訊記錄並連接起來。

(3) 設備智慧化

① 注塑機應具有高度智慧化：注塑機作為注塑工業中的主體設備，其自身應集成先進的傳感技術，即時監測產品資訊以及機器運行資訊。

同時，注塑機應具有高度的通訊能力，能夠集成周邊設備的資訊，並可進行智慧工藝調整。

此外，注塑機還應該將收集的資訊（包括自身資訊、周邊設備資訊、產品資訊）傳送到更高層的智慧系統，如製造執行系統 MES。

② 周邊設備具有一定智慧化：周邊設備輔助注塑機成型製品，其應具備一定的資訊接收能力、自動調整能力，以及資訊反饋能力。如周邊輔助設備應能夠針對不同的產品和模具，自動調節所需的工藝，並將該工藝條件數據即時傳送給注塑機或其他集成控制器。

(4) 資訊的通訊

注塑工業 4.0 要求原料、設備、產品以及控制系統之間需進行即時、快

速、準確地資訊通訊。具體表現為：注塑機與周邊設備及原材料的資訊通訊；注塑機與 MES 的資訊通訊；產品反饋資訊與注塑機或 MES 系統的資訊通訊；ERP 與 MES 的資訊通訊。

（5）資訊的集成

注塑機、周邊設備以及產品的資訊需集成在某一個或多個控制器上，方便操作、查看與監控。

（6）對反饋資訊的智慧反應

建立設備異常、產品缺陷等情況的大資料庫，當某台設備運行參數異常，應能夠快速智慧分析原因並進行自行調整運行參數或停機報警，並將該資訊發送到製造執行系統（MES）和管理系統（如 ERP），以及時調整訂單和交期等。

當某種產品的次品檢出率升高時，應能夠迅速核查從原料到成品整個生產過程中，各個環節的工藝參數是否偏離設定公差，設備運行是否有異常，材料批次是否更換等，並將這些資訊匯總並智慧分析和初步智能調整工藝參數，或匯總成報告顯示，供技術人員迅速查明原因並做出正確反應。

其次，在實現注塑智慧生產的基礎上，可思考構建智慧注塑工廠。

智慧注塑工廠要求資訊充分互通，可以以注塑機控制系統為單位，將其收集的所有資訊，包括注塑機自身資訊，原料資訊及周邊設備資訊等，傳送給更高層的控制系統，如 MES。

通過 MES 系統，可監控、查看及操作注塑作業間的所有設備，並有條理地追蹤產品從原料到成品整個流程中所經歷的所有設備及設備的運行情況、工藝參數等，當產品生產出現問題應能迅速追溯源頭，查明原因。

在智慧注塑工廠中，生產製造執行系統 MES 應與管理系統 ERP 充分進行資訊互通，建立強大的虛實整合系統（CPS）。

計劃執行者可通過即時產線上注塑機的資訊（停產狀態、故障狀態、運行狀態）合理安排訂單的生產情況。當作業間出現突發情況（如機器故障），能夠及時調整生產計劃。業務部門可通過查看作業間設備生產狀況，對其訂單量、交期等進行評估。

這樣，有效解決了業務部門和生產部門的資訊不對稱的問題。

對於注塑設備供應商來說，應考慮藉助大數據、雲端服務等網際網路技術，布局智慧服務網絡，即時監控設備運行狀況，及時通知客戶設備是否需要檢修等，以實現智慧服務。

目前，注塑生產商阿博格（ARBURG）、克勞斯瑪菲（Krauss-Maffei）、恩格爾（ENGLE）等企業相繼推出了自己的工業 4.0 方案，在智慧檢測、智慧控制、資訊記錄跟蹤、數據共享、遠程維護等方面取得了很大的進展。

注塑工業 4.0 目前還處於起步階段，仍需要突破許多的技術屏障，仍需要融入更多新的思想和創意，但其宏大的遠景是值得注塑行業的有識之士去探索、去嘗試。相信隨著工業 4.0 的不斷發展與智慧物聯時代的到來，3D 影印技術及模具製造技術也將更加智慧、更加高效、更加方便。

參考文獻

[1] 申開智 . 塑料成型模具［M］. 北京：
中國輕工業出版社，2002.

[2] 顏永年，張人佶，張磊 .3D 打印技術
與快速模具製造 [C.]// 中國模協技術委
員會第七屆委員會換屆會議論文集，
浙江黃岩，2013.

[3] 楊衛民，鑒冉冉，焦志偉，等 . 個
性化口罩快速製造 3D 打印複印一體
機 [P]. 中 國：2015104155792, 2015-
07-15.

[4] 楊衛民，鑒冉冉，李發飛，等 . 熱
力磁多場耦合電控磁流體壓塑 3D
打 印 成 型 裝 置 及 方 法 [P.] 中 國：
2014102733755, 2014-06-18.

[5] 楊衛民，鑒冉冉，閆華，等 . 機械手
操控磁流體壓熨成型裝置及方法 [P].
中國：2015103864768, 2015-06-30.

[6] 楊衛民，鑒冉冉，戴正文，等 . 浮雕
壁畫數字點陣熱壓 3D 打印成型方法及
裝置 [P.] 中國：2014103649362, 2014-
07-29.

聚合物 3D 列印與 3D 影印技術

作　　者：楊衛民

發 行 人：黃振庭

出 版 者：崧燁文化事業有限公司

發 行 者：崧燁文化事業有限公司

E-mail：sonbookservice@gmail.com

粉 絲 頁：https://www.facebook.com/
　　　　　sonbookss/

網　　址：https://sonbook.net/

地　　址：台北市中正區重慶南路一段六十一號八
　　　　　樓 815 室

Rm. 815, 8F., No.61, Sec. 1, Chongqing S. Rd.,
Zhongzheng Dist., Taipei City 100, Taiwan

電　　話：(02) 2370-3310

傳　　真：(02) 2388-1990

印　　刷：京峯彩色印刷有限公司（京峰數位）

律師顧問：廣華律師事務所 張珮琦律師

國家圖書館出版品預行編目資料

聚合物 3D 列印與 3D 影印技術 /
楊衛民著 . -- 第一版 . -- 臺北市：
崧燁文化事業有限公司 , 2022.03
　面；　公分
POD 版
ISBN 978-626-332-120-5(平裝)
1.CST: 印刷術
477.7　　111001505

電子書購買

臉書

定　　價：550 元

發行日期：2022 年 03 月第一版

◎本書以 POD 印製